Jürgen Lehn, Helmut Wegmann, Stefan Rettig

Aufgabensammlung zur Einführung in die Statistik

3. überarbeitete Auflage

Springer Fachmedien Wiesbaden GmbH

Die Deutsche Bibliothek – CIP-Einheitsaufnahme
Ein Titeldatensatz für diese Publikation ist bei
Der Deutschen Bibliothek erhältlich.

Prof. Dr. rer. nat. Jürgen Lehn

Geboren 1941 in Karlsruhe. Studium der Mathematik an den Universitäten Freiburg und Karlsruhe. Wiss. Assistent an den Universitäten Karlsruhe und Regensburg. 1968 Diplom in Karlsruhe, 1972 Promotion in Regensburg, 1978 Habilitation in Karlsruhe. 1978 Professor für Mathematik an der Universität Marburg, seit 1979 an der Technischen Hochschule Darmstadt.

Prof. Dr. rer. nat. Helmut Wegmann

Geboren 1938 in Worms. Studium der Mathematik und Physik an den Universitäten Mainz und Tübingen. Wiss. Assistent an den Universitäten Mainz und Stuttgart. 1962 Staatsexamen in Mainz, 1964 Promotion in Mainz, 1969 Habilitation in Stuttgart. Seit 1970 Professor für Mathematik an der Technischen Hochschule Darmstadt.

Dr. rer. nat. Stefan Rettig

Geboren 1959 in Heppenheim/Bergstraße. Studium der Mathematik und Informatik an der Technischen Hochschule Darmstadt. Wiss. Mitarbeiter am Fachbereich Mathematik und am Zentrum für Praktische Mathematik der Technischen Hochschule Darmstadt. 1985 Diplom in Darmstadt, 1990 Promotion in Darmstadt. 1991 wiss. Assistent am Fachbereich Mathematik der Technischen Hochschule Darmstadt. 1996 Leiter der Abteilung Data Management und Statistical Operations eines internationalen Dienstleistungsunternehmens im Bereich der Arzneimittelentwicklung. Seit 1997 Geschäftsführer des Unternehmens.

1. Auflage 1988
2. Auflage 1994
3. Auflage August 2001

Umschlaggestaltung: Ulrike Weigel, www.CorporateDesignGroup.de

ISBN 978-3-519-22075-6   ISBN 978-3-663-01601-4 (eBook)
DOI 10.1007/978-3-663-01601-4

Vorwort

Statistische Methoden werden heute in allen empirischen Wissenschaften angewandt. Die mathematische Begründung statistischer Verfahren ist dabei unverzichtbar. Sie allein eröffnet dem Lernenden jedoch nicht das Verständnis für statistische Schlussweisen, das in zunehmendem Maße auch in den verschiedensten Bereichen des täglichen Lebens benötigt wird. Statistik kann nicht als mathematische Theorie, sondern nur vor dem Hintergrund konkreter Anwendungssituationen erlernt werden. Deshalb kommt den Beispielen und praktischen Aufgabenstellungen besondere Bedeutung zu. Im Studientext „Einführung in die Statistik" von Lehn und Wegmann wurde bereits versucht, mit Hilfe von zahlreichen Beispielen die Theorie zu veranschaulichen, in stochastische Denkweisen einzuführen und Anwendungsmöglichkeiten für statistische Verfahren aufzuzeigen. Mit der vorliegenden Aufgabensammlung, die sich in ihrem Aufbau am Studienbuch orientiert, werden die gleichen Ziele verfolgt. Sie enthält zunächst ein Glossar, in dem entsprechend der Stoffauswahl im Studienbuch die statistischen Verfahren und die zur Lösung der Aufgaben benötigten Formeln zusammengestellt sind. Es folgt der Katalog der Aufgaben, gegliedert nach bestimmten Themenkreisen. Aufgaben ohne vollständige und ausführliche Lösungen, die vom Lernenden nachvollzogen werden können, erfüllen nur sehr bedingt ihren Zweck, das Verständnis für die Anwendung statistischer Schlussweisen zu wecken. Deshalb enthält der dritte Teil der Aufgabensammlung zu jeder Aufgabe eine detailliert ausgearbeitete Lösung mit Verweisen auf das Glossar. Der vierte Teil besteht aus Tabellen, die bei der Bearbeitung der Aufgaben Verwendung finden.

Die Aufgaben dieser Sammlung wurden ausgewählt unter den ca. 500 Übungs-, Klausur- und Prüfungsaufgaben, die in den letzten 10 Jahren von den wissenschaftlichen Mitarbeitern und Professoren der Arbeitsgruppe Stochastik und Operations Research im Fachbereich Mathematik der Technischen Hochschule Darmstadt bei der Ausbildung von Mathematikern, Informatikern, Wirtschaftswissenschaftlern, Naturwissenschaftlern und Ingenieuren verwendet wurden. Bei der Auswahl wurde angestrebt, alle Aufgaben auszusondern, die in der gleichen oder ähnlicher Form in den gängigen Lehrbüchern zu finden sind. Wenn dies nicht immer gelungen ist, liegt es auch daran, dass man auf gewisse Standardaufgaben nicht verzichten kann.

In der vorliegenden dritten Auflage unserer Sammlung von Übungs- und Prüfungsaufgaben zur Einführung in die Statistik wurden gegenüber der zweiten Auflage Korrekturen vorgenommen und Verbesserungsvorschläge aufgegriffen, die uns von Darmstädter Studierenden und Fachkollegen gemacht wurden. Unser Dank gilt allen, die sich bei der Prüfungsvorbereitung oder der Durchführung von Lehrveranstaltungen mit dem Text intensiv befassten und uns Hinweise gaben.

Darmstadt, im Juli 2001

J. Lehn, H. Wegmann, S. Rettig

Inhaltsverzeichnis

Glossar

1.1 Beschreibende Statistik

Ausgangspunkt für viele statistische Untersuchungen sind **Messreihen**, d.h. endliche Folgen

$$x_1, x_2, \ldots, x_n \tag{1}$$

reeller Zahlen, oder auch **zweidimensionale Messreihen**, d.h. endliche Folgen

$$(x_1, y_1), (x_2, y_2), \ldots, (x_n, y_n) \tag{2}$$

von Paaren reeller Zahlen. Ordnet man die Werte der Messreihe (1) der Größe nach, so entsteht die **geordnete Messreihe**

$$x_{(1)}, x_{(2)}, \ldots, x_{(n)}, \tag{3}$$

die aus den gleichen Zahlen besteht und für die $x_{(1)} \leq x_{(2)} \leq \ldots \leq x_{(n)}$ gilt.

Die **empirische Verteilungsfunktion** der Messreihe (1) ist die Funktion

$$F_n(z; x_1, \ldots, x_n) = \frac{1}{n} \cdot \Big(\text{Anzahl der Messwerte } x_i \text{ mit } x_i \leq z\Big), \quad z \in \mathbf{R} \tag{4}$$

Die empirische Verteilungsfunktion ist eine stückweise konstante Funktion, die an den Stellen $x_1, \ldots, x_n$ Sprungstellen besitzt, wobei die Sprunghöhe an der Stelle x_k gleich der **relativen Häufigkeit** des Messwertes x_k in der Messreihe (1) ist.

Wählt man auf der reellen Achse $r - 1$ Unterteilungspunkte $a_1, \ldots, a_{r-1}$, so entsteht eine Klasseneinteilung

$$\mathbf{R} = (-\infty, a_1] \cup (a_1, a_2] \cup \ldots \cup (a_{r-2}, a_{r-1}] \cup (a_{r-1}, \infty)$$

in r **Klassen**. Mit der Abkürzung $F_n(z) = F_n(z; x_1, \ldots, x_n)$, $z \in \mathbf{R}$, lassen sich durch

$$F_n(a_1), \quad F_n(a_j) - F_n(a_{j-1}), \, j = 2, \ldots, r - 1, \quad \text{sowie} \quad 1 - F_n(a_{r-1})$$

die **relativen Klassenhäufigkeiten** mit Hilfe der empirischen Verteilungsfunktion ausdrücken. Wählt man auf der reellen Achse noch zusätzlich zwei Punkte a_0 und a_r mit $a_0 \leq x_{(1)} \leq \ldots \leq x_{(n)} \leq a_r$, so können die relativen Klassenhäufigkeiten in einem **Histogramm** graphisch dargestellt werden, indem über den Intervallen $(a_{i-1}, a_i]$, $i = 1, \ldots, r$, Rechtecke errichtet werden, deren Flächeninhalte den jeweiligen Klassenhäufigkeiten entsprechen. Wird eine äquidistante Einteilung gewählt, d. h. haben alle Intervalle die gleiche Länge, so kann als Höhe der Rechtecke auch die relative Klassenhäufigkeit selbst abgetragen werden.

Messreihen kann man durch die Angabe von **Maßzahlen** beschreiben. Wir unterscheiden **Lage–** und **Streuungsmaßzahlen** sowie im Falle zweidimensionaler Messreihen **Korrelationsmaßzahlen**. Beispiele von Lagemaßzahlen für die Messreihe (1) mit der geordneten Messreihe (3) sind

- **das arithmetische Mittel**

$$\bar{x} = \frac{1}{n}(x_1 + \ldots + x_n)$$

- der **Median**

$$\tilde{x} = \begin{cases} x_{\left(\frac{n+1}{2}\right)}, & \text{falls } n \text{ ungerade} \\ x_{\left(\frac{n}{2}\right)}, & \text{falls } n \text{ gerade} \end{cases}$$

- das p-**Quantil** $(0 < p < 1)$

$$x_p = \begin{cases} x_{(np)}, & \text{falls } np \text{ ganzzahlig} \\ x_{([np]+1)}, & \text{falls } np \text{ nicht ganzzahlig} \end{cases}$$

sowie

- das α-**gestutzte Mittel** $(0 < \alpha < \frac{1}{2})$

$$\bar{x}_\alpha = \frac{1}{n - 2k}(x_{(k+1)} + \ldots + x_{(n-k)}) \tag{5}$$

und

- das α-**winsorisierte Mittel** $(0 < \alpha < \frac{1}{2})$

$$w_\alpha = \frac{1}{n}(kx_{(k+1)} + x_{(k+1)} + \ldots + x_{(n-k)} + kx_{(n-k)}), \tag{6}$$

wobei jeweils $k = [n\alpha]$ zu setzen ist. Dabei bezeichnet $[x]$ die größte ganze Zahl $\leq x$. Beispiele für Streuungsmaßzahlen für die Messreihe (1) bzw. (3) sind

- die **empirische Varianz**

$$s^2 = \frac{1}{n-1}\sum_{i=1}^{n}(x_i - \bar{x})^2 = \frac{1}{n-1}\left(\sum_{i=1}^{n} x_i^2 - n\bar{x}^2\right)$$

- die **empirische Standardabweichung** oder **Streuung**

$$s = \sqrt{\frac{1}{n-1}\sum_{i=1}^{n}(x_i - \bar{x})^2}$$

- die **Spannweite**

$$v = x_{(n)} - x_{(1)}$$

und

- der **Quartilabstand**

$$q = x_{0.75} - x_{0.25}$$

Für zweidimensionale Messreihen (2) verwendet man neben den oben genannten Maßzahlen, die sich für beide Komponenten getrennt berechnen lassen, die **empirische Kovarianz**

$$s_{xy} = \frac{1}{n-1}\sum_{i=1}^{n}(x_i - \bar{x})(y_i - \bar{y}) = \frac{1}{n-1}\left(\sum_{i=1}^{n} x_i y_i - n\bar{x}\bar{y}\right)$$

und den sich daraus ergebenden empirischen **Korrelationskoeffizienten**

$$r_{xy} = \frac{s_{xy}}{s_x s_y},$$

wobei s_x und s_y die empirischen Standardabweichungen der eindimensionalen Messreihen $x_1, \ldots, x_n$ bzw. $y_1, \ldots, y_n$ sind.

Zur Veranschaulichung und übersichtlichen Darstellung einer zweidimensionalen Messreihe (2) dient das **Punktediagramm**, die Darstellung der Paare (x_i, y_i), $i = 1, \ldots, n$, als Punkte in der Ebene, und eine **Kontingenztafel**. Letztere ist eine Tabelle, die man mit Hilfe zweier Intervallzerlegungen $I_1, \ldots, I_r$ und $J_1, \ldots, J_s$ der reellen Achse erhält, wenn zu jedem Paar von Intervallen I_j und J_k die Anzahl jener Zahlenpaare (x_i, y_i) in der Messreihe (2) angegeben ist, für die $x_i \in I_j$ und $y_i \in J_k$ gilt.

1.2 Grundbegriffe der Wahrscheinlichkeitstheorie

1.2.1 Wahrscheinlichkeitsräume

Ein **Wahrscheinlichkeitsraum** $(\Omega, \mathcal{A}, P)$ dient der mathematischen Beschreibung von Zufallsexperimenten. Er besteht aus

- der **Ergebnismenge** Ω, die allen möglichen **Ergebnissen** des Experiments entspricht,

- dem **System $\mathcal{A}$ der Ereignisse**, dessen Elemente Teilmengen von Ω sind, und

- dem **Wahrscheinlichkeitsmaß** P, das jedem Ereignis $A \in \mathcal{A}$ eine Wahrscheinlichkeit $P(A)$ zuordnet.

Das System $\mathcal{A}$ der Ereignisse hat folgende Eigenschaften:

$$\Omega \in \mathcal{A}, \quad \emptyset \in \mathcal{A}$$

$$A, B \in \mathcal{A} \quad \Rightarrow \quad A \cup B, A \cap B, A \backslash B, B \backslash A, A^c, B^c \in \mathcal{A}$$

$$A_i \in \mathcal{A} \text{ für } i \in I\!N \quad \Rightarrow \quad \bigcup_{i=1}^{\infty} A_i, \bigcap_{i=1}^{\infty} A_i \in \mathcal{A}$$

Dabei bezeichnet $A^c = \Omega \backslash A$ das komplementäre Ereignis, wobei $\backslash$ als Zeichen für die Bildung der mengentheoretischen Differenz zu lesen ist. Ein Mengensystem mit diesen Eigenschaften bezeichnet man als σ–**Algebra**.

Das Wahrscheinlichkeitsmaß P genügt u.a. folgenden Regeln:

$$P(A_1 \cup A_2 \cup \ldots) = \sum_{i=1}^{\infty} P(A_i), \quad \text{falls } A_i \in \mathcal{A}, A_i \cap A_j = \emptyset \text{ für } i \neq j, i, j \in \mathbf{N} \qquad (7)$$

$$P(A_1 \cup A_2) \; = \; P(A_1) + P(A_2) - P(A_1 \cap A_2), \quad A_1, A_2 \in \mathcal{A} \tag{8}$$

$$P(A_1 \cup \ldots \cup A_n) \; = \; \sum_{1 \leq i \leq n} P(A_i) - \sum_{1 \leq i < j \leq n} P(A_i \cap A_j) + \sum_{1 \leq i < j < k \leq n} P(A_i \cap A_j \cap A_k)$$

$$- \ldots + (-1)^{n+1} P(A_1 \cap \ldots \cap A_n), \quad A_1, \ldots, A_n \in \mathcal{A} \tag{9}$$

$$P(A^c) \; = \; 1 - P(A), \quad A \in \mathcal{A} \tag{10}$$

Ist Ω eine endliche oder abzählbar unendliche Menge mit den Elementen $\omega_1, \omega_2, \ldots$, so wählt man in der Regel für $\mathcal{A}$ das System aller Teilmengen von Ω. In diesem Fall ist ein Wahrscheinlichkeitsmaß P durch die Wahrscheinlichkeiten

$$P(\{\omega_i\}), \quad i = 1, 2, \ldots$$

festgelegt und es gilt

$$P(A) = \sum_{\omega_i \in A} P(\{\omega_i\}) \quad \text{für } A \subset \Omega.$$

Wird im Falle einer endlichen Ergebnismenge $\Omega = \{\omega_1, \ldots, \omega_n\}$ die Annahme

$$P(\{\omega_i\}) = \frac{1}{n}, \quad i = 1, \ldots, n,$$

gemacht, so sprechen wir von der **Laplace–Annahme**. Unter dieser Annahme gilt

$$P(A) = \frac{\text{Anzahl der Elemente von } A}{\text{Anzahl der Elemente von } \Omega}, \quad A \subset \Omega.$$

Die Bestimmung von Wahrscheinlichkeiten lässt sich in diesem Fall zurückführen auf die Berechnung der Elementanzahl von Ereignissen. Dies geschieht häufig mit Hilfe kombinatorischer Formeln. Einige seien hier angegeben. Dazu sei M eine Menge mit n Elementen und k eine natürliche Zahl.

Ein k–Tupel $(x_1, \ldots, x_k)$ mit $x_i \in M$, $i = 1, \ldots, k$, heißt eine **geordnete Probe** aus M vom Umfang k **mit Wiederholungen**. Es gibt

$$n^k$$

solcher Proben. Sei im folgenden $k \leq n$.

Ein k–Tupel $(x_1, \ldots, x_k)$ mit verschiedenen Komponenten $x_i \in M$, $i = 1, \ldots, k$, heißt eine **geordnete Probe** aus M vom Umfang k **ohne Wiederholungen**. Es gibt

$$n \cdot (n - 1) \cdot \ldots \cdot (n - k + 1)$$

solcher Proben. Im Falle $k = n$ spricht man von einer Permutation der n–elementigen Menge M. Davon gibt es

$$n! = n \cdot (n - 1) \cdot \ldots \cdot 2 \cdot 1$$

verschiedene.

Eine Teilmenge $\{x_1, \ldots, x_k\}$ von M heißt eine **ungeordnete Probe** aus M vom Umfang k **ohne Wiederholungen**. Die Anzahl solcher (ungeordneter) Proben ist gegeben durch

$$\binom{n}{k} = \frac{n \cdot (n - 1) \cdot \ldots \cdot (n - k + 1)}{k \cdot (k - 1) \cdot \ldots \cdot 1}$$

Ist B ein Ereignis mit $P(B) > 0$, so bezeichnet

$$P(A|B) = \frac{P(A \cap B)}{P(B)}$$

die **bedingte Wahrscheinlichkeit des Ereignisses A unter der Bedingung B**. Für das Rechnen mit Wahrscheinlichkeiten und bedingten Wahrscheinlichkeiten sind die folgenden Regeln nützlich. Dabei sind $A, B, A_1, \ldots, A_n$ Ereignisse und $B_1, B_2, \ldots$ eine (endliche oder unendliche) Folge von Ereignissen mit $B_i \cap B_j = \emptyset$ für $i \neq j$ und $\bigcup_i B_i = \Omega$.

$$
\begin{aligned}
P(A_1 \cap \ldots \cap A_n) &= P(A_1) \cdot P(A_2|A_1) \cdot P(A_3|A_1 \cap A_2) \cdot \ldots \\
&\quad \ldots \cdot P(A_n|A_1 \cap \ldots \cap A_{n-1})
\end{aligned}
\tag{11}
$$
(Multiplikationsformel)

$$P(A) = \sum_i P(A|B_i) \cdot P(B_i), \quad \text{falls } P(B_i) > 0, \ i = 1, 2, \ldots \tag{12}$$
(Regel von der vollständigen Wahrscheinlichkeit)

$$
\begin{aligned}
P(B|A) &= \frac{P(A|B) \cdot P(B)}{P(A)} \\
&= \frac{P(A|B) \cdot P(B)}{\sum_i P(A|B_i) \cdot P(B_i)}, \quad \text{falls } P(A), P(B_i) > 0, \ i = 1, 2, \ldots
\end{aligned}
\tag{13}
$$
(Formel von Bayes)

Zwei Ereignisse heißen **(stochastisch) unabhängig**, wenn

$$P(A \cap B) = P(A) \cdot P(B)$$

gilt. Die Ereignisse $A_1, \ldots, A_n$ heißen **(vollständig) unabhängig**, wenn

$$P(A_{i_1} \cap \ldots \cap A_{i_k}) = P(A_{i_1}) \cdot \ldots \cdot P(A_{i_k})$$

für jede nichtleere Teilmenge $\{i_1, \ldots, i_k\}$ von $\{1, \ldots, n\}$ gilt.

1.2.2 Zufallsvariablen

Eine **Zufallsvariable** X ist eine Abbildung $X : \Omega \longrightarrow \mathbf{R}$ mit der Eigenschaft, dass für jedes Intervall $I \subset \mathbf{R}$ die Menge

$$A = \{\omega \in \Omega : X(\omega) \in I\}$$

zum Ereignissystem $\mathcal{A}$ gehört, d.h. $A \in \mathcal{A}$ gilt. Die Wahrscheinlichkeit dieses Ereignisses bezeichnen wir abkürzend mit $P(X \in I)$, in Worten: „Die Wahrscheinlichkeit dafür, dass die Zufallsvariable X Werte im Intervall I annimmt". In den Fällen $I = (-\infty, x]$, $I = (x, \infty)$ bzw. $I = (a - b, a + b)$ schreiben wir auch $P(X \leq x)$, $P(X > x)$ bzw. $P(|X - a| < b)$ usw.

Die Funktion

$$F(x) = P(X \leq x), \quad x \in \mathbf{R},$$

heißt die **Verteilungsfunktion** von X . Mit den Abkürzungen

$$F(x+) = \lim_{h \searrow 0} F(x+h), \quad F(x-) = \lim_{h \searrow 0} F(x-h)$$

$$F(-\infty) = \lim_{x \to -\infty} F(x), \quad F(\infty) = \lim_{x \to \infty} F(x)$$

lässt sich zusammenfassend sagen: Verteilungsfunktionen sind monoton nicht fallende
Funktionen mit den Eigenschaften

$$F(-\infty) = 0 \quad , \quad F(\infty) = 1$$
$$F(x+) \;=\; F(x), \quad x \in \mathbf{R}.$$

Sie lassen sich zur Berechnung von Wahrscheinlichkeiten verwenden:

$$\begin{aligned}
P(X = a) &= F(a) - F(a-) \\
P(a < X \leq b) &= F(b) - F(a) \\
P(a \leq X < b) &= F(b-) - F(a-) \\
P(a \leq X \leq b) &= F(b) - F(a-) \\
P(X > a) &= 1 - F(a)
\end{aligned}$$

Eine Zufallsvariable X heißt **diskret verteilt**, wenn sie nur endlich oder abzählbar viele
Werte $x_1, x_2, \ldots$ annimmt. Eine Zufallsvariable heißt **stetig verteilt mit der Dichte** f,
falls ihre Verteilungsfunktion durch

$$F(x) = \int\limits_{-\infty}^{x} f(t)dt, \quad x \in \mathbf{R},$$

gegeben ist. Die Verteilungsfunktion einer solchen Zufallsvariablen ist stetig, und es gilt

$$F'(x) = f(x) \quad \text{für alle Stetigkeitspunkte } x \text{ von } f.$$

Das durch die Verteilungsfunktion F festgelegte „Wahrscheinlichkeitsgesetz", nach dem
die Zufallsvariable X ihre Werte annimmt, bezeichnet man als die **Verteilung** von X.
Verteilungen von diskret verteilten Zufallsvariablen werden durch Stabdiagramme graphisch dargestellt, bei stetig verteilten Zufallsvariablen lassen sich die Verteilungen durch
die Graphen der Dichten veranschaulichen.

1.2.3   Kennzahlen von Verteilungen

Ist X eine diskret verteilte Zufallsvariable, die die Werte $x_1, x_2, \ldots$ annimmt, so heißt

$$E(X) = \sum_i x_i \cdot P(X = x_i) \tag{14}$$

Erwartungswert von X, falls $\sum_i |x_i| \cdot P(X = x_i)$ konvergiert. Ist X eine stetig verteilte Zufallsvariable mit der Dichte f, so heißt

$$E(X) = \int\limits_{-\infty}^{\infty} t\, f(t)dt \tag{15}$$

Erwartungswert von X, falls das uneigentliche Integral $\int_{-\infty}^{\infty} |t|\, f(t)dt$ existiert.

Ist X eine diskret verteilte Zufallsvariable und ist $h : \mathbf{R} \longrightarrow \mathbf{R}$ eine beliebige Funktion, so ist $h(X)$ ebenfalls eine diskret verteilte Zufallsvariable, und es gilt

$$E(h(X)) = \sum_i h(x_i) \cdot P(X = x_i), \tag{16}$$

falls $\sum_i |h(x_i)| \cdot P(X = x_i) < \infty$. Ist X eine mit der Dichte f stetig verteilte Zufallsvariable und $h : \mathbf{R} \longrightarrow \mathbf{R}$ eine stetige Funktion, so ist $h(X)$ ebenfalls eine Zufallsvariable, und es gilt

$$E(h(X)) = \int\limits_{-\infty}^{\infty} h(x) \cdot f(x)dx, \tag{17}$$

falls $\int_{-\infty}^{\infty} |h(x)| \cdot f(x)dx < \infty$.

Der Erwartungswert

$$Var(X) = E((X - E(X))^2)$$

(sofern er existiert) heißt die **Varianz** von X. Die Wurzel $\sqrt{Var(X)}$ heißt die **Standardabweichung** oder **Streuung** von X. Den Quotienten $\frac{\sqrt{Var(X)}}{E(X)}$ bezeichnet man als **Variationskoeffizient** von X (falls $E(X) \neq 0$). Die Varianz einer Zufallsvariablen existiert genau dann, wenn $E(X^2)$ existiert. Es gilt dann

$$Var(X) = E(X^2) - E(X)^2 \tag{18}$$

Ist X eine Zufallsvariable mit positiver Varianz, so heißt

$$Y = \frac{X - E(X)}{\sqrt{Var(X)}}$$

die **Standardisierung** von X. Für Y gilt nämlich $E(Y) = 0$ und $Var(Y) = 1$.

Die Erwartungswerte

$$E(X^k),\ E(|X|^k),\ E((X - E(X))^k),\ E(|X - E(X)|^k)$$

heißen, falls sie existieren, das k–te Moment, das k–te absolute Moment, das k–te **zentrale Moment** und das k–te **zentrale absolute Moment** von X. Den Quotienten

$$\frac{E([X - E(X)]^3)}{Var(X)^{\frac{3}{2}}}$$

bezeichnet man als **Schiefe** von X und die Größe

$$\frac{E([X - E(X)]^4)}{Var(X)^2} - 3$$

als **Exzeß** von X. Für $0 < p < 1$ nennt man den Zahlwert

$$x_p = \sup\{x \in \mathbf{R} : F(x) < p\} = \inf\{x \in \mathbf{R} : F(x) \geq p\}$$

das p–**Quantil** von X oder auch das p–**Quantil der Verteilung** von X. Den Wert $x_{0.5}$ bezeichnet man als den **Median** von X.

Einen Zusammenhang zwischen dem Erwartungswert und der Varianz einer Zufallsvariablen X gibt die **Tschebyscheffsche Ungleichung** an: Für jedes $c > 0$ gilt

$$P(|X - E(X)| \geq c) \leq \frac{Var(X)}{c^2} \tag{19}$$

1.2.4 Beispiele von Verteilungen

Im folgenden stellen wir Beispiele von Verteilungen und zugehörigen Kennzahlen zusammen. Für einige dieser Verteilungen sind Werte der Verteilungsfunktionen und wichtige Quantile im Tabellenteil dieses Textes zu finden.

Diskrete Verteilungen

X **geometrisch verteilt** mit Parameter p, $0 < p < 1$

$$P(X = i) = p \cdot (1 - p)^{i-1}, \quad i = 1, 2, \ldots \tag{20}$$

$$E(X) \;=\; \frac{1}{p} \qquad\qquad Var(X) \;=\; \frac{1 - p}{p^2}$$

$$\text{Schiefe} \;=\; \frac{2 - p}{\sqrt{1 - p}} \qquad\qquad \text{Exzess} \;=\; \frac{p^2 - 6p + 6}{1 - p}$$

X **binomialverteilt** mit den Parametern $n \in \mathbf{N}$ und $p \in (0, 1)$ (B(n,p)–verteilt)

$$P(X = i) = \binom{n}{i} p^i (1 - p)^{n-i}, \quad i = 0, 1, \ldots, n \tag{21}$$

$$E(X) \;=\; np \qquad\qquad Var(X) \;=\; np(1 - p)$$

$$\text{Schiefe} \;=\; \frac{1 - 2p}{\sqrt{np(1 - p)}} \qquad\qquad \text{Exzess} \;=\; \frac{1 - 6p(1 - p)}{np(1 - p)}$$

X **hypergeometrisch verteilt** mit Parametern $M, N, n \in \mathbf{N}$ mit $n \leq N$, $M \leq N$ (H(n, N, M)–verteilt)

$$P(X = i) = \frac{\binom{M}{i}\binom{N-M}{n-i}}{\binom{N}{n}}, \quad i = 0, 1, \ldots, \min(n, M) \tag{22}$$

$$E(X) \;=\; \frac{n \cdot M}{N} \qquad Var(X) \;=\; n \cdot \frac{M}{N} \cdot \left(1 - \frac{M}{N}\right) \cdot \left(1 - \frac{n-1}{N-1}\right)$$

X **Poisson–verteilt** mit Parameter $\lambda > 0$

$$P(X = i) = \frac{\lambda^i}{i!} \cdot e^{-\lambda}, \quad i = 0, 1, 2, \dots \tag{23}$$

$$E(X) \;=\; \lambda \qquad\qquad Var(X) \;=\; \lambda$$

$$\text{Schiefe} \;=\; \frac{1}{\sqrt{\lambda}} \qquad\qquad \text{Exzess} \;=\; \frac{1}{\lambda}$$

Stetige Verteilungen mit Dichte f

X **rechteckverteilt** auf (a,b), $-\infty < a < b < \infty$ ($R(a,b)$–verteilt)

$$f(t) = \begin{cases} \dfrac{1}{b-a} & \text{für } a < t < b \\ 0 & \text{sonst} \end{cases} \qquad F(x) = \begin{cases} 0 & \text{für } -\infty < x \le a \\ \dfrac{x-a}{b-a} & \text{für } a < x < b \\ 1 & \text{für } b \le x \end{cases} \tag{24}$$

$$E(X) \;=\; \frac{a+b}{2} \qquad\qquad Var(X) \;=\; \frac{(b-a)^2}{12}$$

$$\text{Schiefe} \;=\; 0 \qquad\qquad \text{Exzess} \;=\; -\frac{6}{5}$$

X **exponentialverteilt** mit Parameter $\lambda > 0$ ($Ex(\lambda)$–verteilt)

$$f(t) = \begin{cases} \lambda e^{-\lambda t} & \text{für } t \ge 0 \\ 0 & \text{für } t < 0 \end{cases} \qquad F(x) = \begin{cases} 1 - e^{-\lambda x} & \text{für } x \ge 0 \\ 0 & \text{für } x < 0 \end{cases} \tag{25}$$

$$E(X) \;=\; \frac{1}{\lambda} \qquad\qquad Var(X) \;=\; \frac{1}{\lambda^2}$$

$$\text{Schiefe} \;=\; 2 \qquad\qquad \text{Exzess} \;=\; 6$$

X **Weibull–verteilt** mit den Parametern $\alpha > 0$ und $\beta > 0$.

$$f(t) = \begin{cases} \alpha \cdot \beta \cdot t^{\beta-1} \cdot e^{-\alpha t^\beta} & \text{für } t > 0 \\ 0 & \text{für } t \le 0 \end{cases} \qquad F(x) = \begin{cases} 1 - e^{-\alpha x^\beta} & \text{für } x > 0 \\ 0 & \text{für } x \le 0 \end{cases} \tag{26}$$

$$E(X) \;=\; \frac{1}{\alpha^{1/\beta}} \Gamma\left(1 + \frac{1}{\beta}\right) \qquad Var(X) \;=\; \frac{1}{\alpha^{2/\beta}} \cdot \left(\Gamma\left(1 + \frac{2}{\beta}\right) - \Gamma\left(1 + \frac{1}{\beta}\right)^2\right)$$

Dabei bezeichnet Γ die Gamma–Funktion, die durch

$$\Gamma(x) = \int\limits_0^\infty e^{-t} \cdot t^{x-1} dt\,, \quad x > 0\,,$$

definiert wird.

X **normalverteilt** mit den Parametern $\mu \in \mathbf{R}$ und $\sigma^2 > 0$ ($N(\mu, \sigma^2)$–verteilt)

$$f(t) = \frac{1}{\sqrt{2\pi} \cdot \sigma} \cdot e^{-\frac{1}{2}\left(\frac{t-\mu}{\sigma}\right)^2}, \quad t \in \mathbf{R}, \qquad F(x) = \Phi\left(\frac{x-\mu}{\sigma}\right), \quad x \in \mathbf{R}, \qquad (27)$$

wobei Φ die Verteilungsfunktion einer N(0,1)–verteilten Zufallsvariablen ist

$$\Phi(x) = \frac{1}{\sqrt{2\pi}} \int\limits_{-\infty}^x e^{-\frac{1}{2}t^2} dt\,, \quad -\infty < x < \infty$$

Es gilt $\Phi(0) = \frac{1}{2}$ und $\Phi(-x) = 1 - \Phi(x)$ für $x > 0$.

$$E(X) \;=\; \mu \qquad\qquad Var(X) \;=\; \sigma^2$$
$$\text{Schiefe} \;=\; 0 \qquad\qquad \text{Exzess} \;=\; 0$$

Ist X eine $N(\mu, \sigma^2)$–verteilte Zufallsvariable, so ist für $a \neq 0$ und $b \in \mathbf{R}$ die Zufallsvariable

$$Y = a \cdot X + b$$

$N(a\mu + b, a^2\sigma^2)$–verteilt. Speziell ist die Standardisierung

$$Y = \frac{1}{\sigma} \cdot (X - \mu) \tag{28}$$

N(0,1)–verteilt.

X **chi–quadrat–verteilt** mit r **Freiheitsgraden**, $r \in \mathbf{N}$ (χ_r^2–verteilt)

$$f(t) = \begin{cases} \dfrac{1}{2^{r/2}\Gamma(r/2)} \cdot t^{\frac{r}{2}-1} \cdot e^{-t/2} & \text{für } t > 0 \\[2mm] 0 & \text{für } t \leq 0 \end{cases} \tag{29}$$

$$E(X) \;=\; r \qquad\qquad Var(X) \;=\; 2r$$
$$\text{Schiefe} \;=\; \sqrt{\frac{8}{r}} \qquad\qquad \text{Exzess} \;=\; \frac{12}{r}$$

Eine χ_2^2–verteilte Zufallsvariable ist $Ex(\frac{1}{2})$–verteilt.

X t–verteilt mit r **Freiheitsgraden**, $r \in \mathbf{N}$ (t_r–verteilt)

$$f(t) = \frac{1}{\sqrt{r} \cdot B(\frac{1}{2}, \frac{1}{2}r)} \left(1 + \frac{t^2}{r}\right)^{-\frac{1}{2}(r+1)}, \quad t \in \mathbf{R}, \tag{30}$$

wobei B die für $\alpha, \beta > 0$ durch

$$B(\alpha, \beta) = \int\limits_0^1 t^{\alpha-1} \cdot (1-t)^{\beta-1} dt$$

erklärte Beta–Funktion ist.

$$E(X) \;=\; 0 \text{ für } r > 1 \qquad Var(X) \;=\; \frac{r}{r-2} \text{ für } r > 2$$

$$\text{Schiefe} \;=\; 0 \text{ für } r > 3 \qquad \text{Exzess} \;=\; \frac{6}{r-4} \text{ für } r > 4$$

X F–**verteilt mit** r **und** s **Freiheitsgraden**, $r, s \in \mathbf{N}$ ($F_{r,s}$–verteilt)

$$f(t) = \begin{cases} \dfrac{r^{r/2} \cdot s^{s/2}}{B(r/2, s/2)} \cdot \dfrac{t^{\frac{r}{2}-1}}{(rt+s)^{(r+s)/2}} & \text{für } t > 0 \\[2ex] 0 & \text{für } t \leq 0 \end{cases} \tag{31}$$

$$E(X) \;=\; \frac{s}{s-2} \text{ für } s > 2 \qquad Var(X) = \frac{2s^2 \cdot (r+s-2)}{r \cdot (s-2)^2 \cdot (s-4)} \quad \text{für } s > 4$$

$$\text{Schiefe} \;=\; \sqrt{\frac{8(s-4)}{(r+s-2) \cdot r} \cdot \frac{(2r+s-2)}{s-6}} \quad \text{für } s > 6$$

$$\text{Exzess} \;=\; \frac{12[(s-2)^2 \cdot (s-4) + r \cdot (r+s-2) \cdot (5s-22)]}{r \cdot (s-6) \cdot (s-8) \cdot (r+s-2)} \quad \text{für } s > 8$$

Ist X t_r–verteilt, so ist X^2 $F_{1,r}$–verteilt.

Wichtig für die Bestimmung von Quantilen aus Tabellen ist der folgende Zusammenhang: Ist X $F_{r,s}$–verteilt, so ist $1/X$ $F_{s,r}$–verteilt.

1.2.5   Mehrdimensionale Zufallsvariablen

Seien $X_1, \ldots, X_n$ Zufallsvariablen mit den Verteilungsfunktionen $F_1, \ldots, F_n$. Dann ist $(X_1, \ldots, X_n)$ eine **n–dimensionale Zufallsvariable** (Zufallsvektor) und

$$F(x_1, \ldots, x_n) = P(X_1 \leq x_1, \ldots, X_n \leq x_n), \quad (x_1, \ldots, x_n) \in \mathbf{R}^n,$$

die zugehörige **Verteilungsfunktion**. Es gilt

$$F_i(x_i) = \lim_{\substack{x_k \to \infty \\ \text{für } k \neq i}} F(x_1, \ldots, x_n), \quad x_i \in \mathbf{R}, \quad i = 1, \ldots, n \tag{32}$$

Die Zufallsvariable $(X_1, \ldots, X_n)$ heißt **stetig verteilt** mit der Dichte f, wenn

$$F(x_1, \ldots, x_n) = \int\limits_{-\infty}^{x_1} \ldots \int\limits_{-\infty}^{x_n} f(t_1, \ldots, t_n)\, dt_n \ldots dt_1, \quad (x_1, \ldots, x_n) \in \mathbf{R}^n,$$

gilt. In diesem Falle sind auch $X_1, \ldots, X_n$ stetig verteilt mit den Dichten

$$f_i(x) = \int\limits_{-\infty}^{\infty} \ldots \int\limits_{-\infty}^{\infty} f(t_1, \ldots, t_{i-1}, x, t_{i+1}, \ldots, t_n)\, dt_n \ldots dt_{i+1} dt_{i-1} \ldots dt_1, \quad x \in \mathbf{R} \tag{33}$$

und es gilt für (geeignete) Integrationsbereiche $B \subset \mathbf{R}^n$:

$$P((X_1, \ldots, X_n) \in B) = \int\limits_{B} \ldots \int f(t_1, \ldots, t_n)\, d(t_1, \ldots, t_n) \tag{34}$$

Die Zufallsvariablen $X_1, \ldots, X_n$ heißen **unabhängig**, wenn

$$F(x_1, \ldots, x_n) = F_1(x_1) \cdot \ldots \cdot F_n(x_n), \quad (x_1, \ldots, x_n) \in \mathbf{R}^n, \tag{35}$$

gilt. Im Falle, daß die n–dimensionale Zufallsvariable $(X_1, \ldots, X_n)$ stetig verteilt ist und $f_1, \ldots, f_n$ Dichten von $X_1, \ldots, X_n$ sind, gilt: Die Zufallsvariablen $X_1, \ldots, X_n$ sind genau dann unabhängig, wenn

$$f(x_1, \ldots, x_n) = f_1(x_1) \cdot \ldots \cdot f_n(x_n), \quad (x_1, \ldots, x_n) \in \mathbf{R}^n, \tag{36}$$

eine Dichte von $(X_1, \ldots, X_n)$ ist.

Sind die Zufallsvariablen $X_1, \ldots, X_n$ unabhängig und stetig verteilt mit den Dichten $f_1, \ldots, f_n$, so ist auch die n–dimensionale Zufallsvariable $(X_1, \ldots, X_n)$ stetig verteilt. Eine Dichte f von $(X_1, \ldots, X_n)$ ist in diesem Fall gegeben durch die Gleichung (36).

Die Zufallsvariablen $X_1, \ldots, X_n$ seien unabhängig, und Y sei eine Zufallsvariable der Form $Y = h(X_{i_1}, \ldots, X_{i_k})$, wobei $h : \mathbf{R}^k \to \mathbf{R}$ eine Funktion, $\{i_1, \ldots, i_k\}$ eine Teilmenge von

$\{1,\ldots,n\}$ und $\{j_1,\ldots,j_{n-k}\}$ ihr Komplement seien. Dann sind die Zufallsvariablen Y, $X_{j_1},\ldots,X_{j_{n-k}}$ ebenfalls unabhängig.

Die zweidimensionale Zufallsvariable (X,Y) sei stetig verteilt mit der Dichte f. Die (eindimensionalen) Zufallsvariablen $X+Y$ und $X-Y$ sind dann ebenfalls stetig verteilt mit den Dichten g und h, die durch

$$g(z) = \int\limits_{-\infty}^{\infty} f(x,z-x)dx \quad bzw. \quad h(z) = \int\limits_{-\infty}^{\infty} f(x,x-z)dx, \quad z \in \mathbb{R} \tag{37}$$

gegeben sind.

1.2.6 Erwartungswerte, Varianzen und Kovarianz

Sind X und Y diskret verteilte Zufallsvariablen mit den Werten $x_1,x_2,\ldots$ bzw. $y_1,y_2,\ldots$ und ist $h : \mathbb{R}^2 \to \mathbb{R}$ eine beliebige Funktion, dann gilt für den Erwartungswert der Zufallsvariablen $h(X,Y)$

$$E(h(X,Y)) = \sum_{i,j} h(x_i,y_j) \cdot P(X = x_i, Y = y_j), \tag{38}$$

vorausgesetzt $\sum_{i,j} |h(x_i,y_j)| \cdot P(X = x_i, Y = y_j)$ konvergiert. Falls die zweidimensionale Zufallsvariable (X,Y) stetig verteilt ist mit der Dichte f und $h : \mathbb{R}^2 \to \mathbb{R}$ eine stetige Funktion ist, so gilt für den Erwartungswert der Zufallsvariablen $h(X,Y)$

$$E(h(X,Y)) = \int\limits_{-\infty}^{\infty} \int\limits_{-\infty}^{\infty} h(x,y) \cdot f(x,y)dxdy, \tag{39}$$

falls $\int_{-\infty}^{\infty} \int_{-\infty}^{\infty} |h(x,y)| \cdot f(x,y)dxdy$ existiert.

Sind X und Y Zufallsvariablen mit positiven Varianzen, so heißt

$$Cov(X,Y) = E([X - E(X)] \cdot [Y - E(Y)]) = E(XY) - E(X) \cdot E(Y) \tag{40}$$

die **Kovarianz** von X und Y, und der Quotient

$$\rho(X,Y) = \frac{Cov(X,Y)}{\sqrt{Var(X) \cdot Var(Y)}}$$

der **Korrelationskoeffizient** von X und Y. Gilt $\rho(X,Y) = 0$, so heißen X und Y **unkorreliert**. Unabhängige Zufallsvariablen X und Y sind unkorreliert.

Es gelten die folgenden Rechenregeln:

$$E(X + Y) = E(X) + E(Y) \tag{41}$$

$$Var(X + Y) = Var(X) + Var(Y) + 2 \cdot Cov(X,Y) \tag{42}$$

$$E(a_1 X_1 + \ldots + a_n X_n) = a_1 E(X_1) + \ldots + a_n E(X_n) \tag{43}$$

Sind $X_1, X_2, \ldots, X_n$ paarweise unkorreliert, so gelten die Gleichungen

$$Var(a_1 X_1 + \ldots + a_n X_n) = a_1^2 Var(X_1) + \ldots + a_n^2 Var(X_n) \tag{44}$$

$$Cov(a_1 X_1 + \ldots + a_n X_n, b_1 X_1 + \ldots + b_n X_n) = a_1 b_1 Var(X_1) + \ldots + a_n b_n Var(X_n) \tag{45}$$

Besitzen zusätzlich alle $X_1, \ldots, X_n$ den gleichen Erwartungswert μ und die gleiche Varianz σ^2, so gilt für das arithmetische Mittel $\bar{X}_{(n)} = \frac{1}{n}(X_1 + \ldots + X_n)$

$$E(\bar{X}_{(n)}) = \mu \quad \text{und} \quad Var(\bar{X}_{(n)}) = \frac{1}{n} \cdot \sigma^2$$

1.2.7   Normalverteilte Zufallsvariablen

Sind X_1 und X_2 unabhängige normalverteilte Zufallsvariablen (siehe (27)) mit $E(X_i) = \mu_i$ sowie $Var(X_i) = \sigma_i^2$ $(i = 1, 2)$, so ist auch $a_1 X_1 + a_2 X_2$ normalverteilt, und zwar eine $N(a_1\mu_1 + a_2\mu_2, a_1^2\sigma_1^2 + a_2^2\sigma_2^2)$-verteilte Zufallsvariable.

Es bestehen folgende Zusammenhänge zwischen χ^2-, t-, F- und Normalverteilung: Sind $X_1, \ldots, X_n$ unabhängige $N(0,1)$-verteilte Zufallsvariablen, dann ist

$$X_1^2 + \ldots + X_n^2 \qquad \chi_n^2\text{-verteilt.}$$

Sei X eine $N(0,1)$-verteilte Zufallsvariable und sei Y eine χ_n^2-verteilte Zufallsvariable. Sind außerdem X und Y unabhängig, so ist der Quotient

$$\frac{X}{\sqrt{Y/n}} \qquad t_n\text{-verteilt.}$$

Sei Y eine χ_m^2-verteilte Zufallsvariable, und sei Z eine χ_n^2-verteilte Zufallsvariable. Sind außerdem Y und Z unabhängig, so ist der Quotient

$$\frac{Y/m}{Z/n} \qquad F_{m,n}\text{-verteilt.}$$

Seien $X_1, X_2, \ldots, X_n$ unabhängige $N(\mu, \sigma^2)$-verteilte Zufallsvariablen und $S_{(n)} = \sqrt{S_{(n)}^2}$, wobei $S_{(n)}^2 = \frac{1}{n-1}((X_1 - \bar{X}_{(n)})^2 + \ldots + (X_n - \bar{X}_{(n)})^2)$. Dann sind $\bar{X}_{(n)}$ und $S_{(n)}^2$ unabhängig und

$$\bar{X}_{(n)} = \frac{1}{n}(X_1 + \ldots + X_n) \qquad N\left(\mu, \frac{\sigma^2}{n}\right)\text{-verteilt,} \tag{46}$$

$$\frac{1}{\sigma^2}((X_1 - \mu)^2 + \ldots + (X_n - \mu)^2) \qquad \chi_n^2\text{-verteilt,} \tag{47}$$

$$\frac{n-1}{\sigma^2} \cdot S_{(n)}^2 \qquad \chi_{n-1}^2\text{-verteilt und} \tag{48}$$

$$\sqrt{n} \cdot \frac{\bar{X}_{(n)} - \mu}{S_{(n)}} \qquad t_{n-1}\text{-verteilt.} \tag{49}$$

1.2.8 Gesetze der großen Zahlen und Grenzwertsätze

Eine Folge $X_1, X_2, \ldots$ von Zufallsvariablen heißt unabhängig, falls für jedes n die Zufallsvariablen $X_1, \ldots, X_n$ unabhängig sind.

Sei $X_1, X_2, \ldots$ eine unabhängige Folge von identisch verteilten Zufallsvariablen mit dem Erwartungswert μ und der Varianz σ^2. Weiter sei $\bar{X}_{(n)} = \frac{1}{n}(X_1 + \ldots + X_n)$, $n = 1, 2, \ldots$, die Folge der arithmetischen Mittel aus den ersten n Zufallsvariablen.

Schwaches Gesetz der großen Zahlen

$$\lim_{n \to \infty} P(|\bar{X}_{(n)} - \mu| \leq \varepsilon) = 1 \quad \text{für jedes } \varepsilon > 0 \tag{50}$$

Starkes Gesetz der großen Zahlen

$$P(\lim_{n \to \infty} \bar{X}_{(n)} = \mu) = 1 \tag{51}$$

Zentraler Grenzwertsatz

$$\lim_{n \to \infty} P\left(\sqrt{\frac{n}{\sigma^2}}(\bar{X}_{(n)} - \mu) \leq x \right) = \lim_{n \to \infty} P\left(\frac{X_1 + \ldots + X_n - n\mu}{\sqrt{n} \cdot \sigma} \leq x \right) = \Phi(x) \quad \text{für } x \in \mathbb{R} \tag{52}$$

Daraus ergeben sich die folgenden Näherungsformeln für große Anzahlen n:

$$P(X_1 + \ldots + X_n \leq x) \simeq \Phi\left(\frac{x - n\mu}{\sqrt{n\sigma^2}} \right), \quad x \in \mathbb{R} \tag{53}$$

$$P(a \leq X_1 + \ldots + X_n \leq b) \simeq \Phi\left(\frac{b - n\mu}{\sqrt{n\sigma^2}} \right) - \Phi\left(\frac{a - n\mu}{\sqrt{n\sigma^2}} \right), \quad -\infty \leq a < b \leq \infty \tag{54}$$

Nehmen die Zufallsvariablen $X_1, X_2, \ldots$ nur ganzzahlige Werte an, und sind auch a sowie b ganze Zahlen, so erhält man einen i.a. besseren Näherungswert durch eine „Stetigkeitskorrektur"

$$P(a \leq X_1 + \ldots + X_n \leq b) \simeq \Phi\left(\frac{b - n\mu + \frac{1}{2}}{\sqrt{n\sigma^2}} \right) - \Phi\left(\frac{a - n\mu - \frac{1}{2}}{\sqrt{n\sigma^2}} \right) \tag{55}$$

Ist Y eine $B(n, p)$-verteilte Zufallsvariable, so gilt für große Werte n und ganzzahlige a, b

$$P(a \leq Y \leq b) \simeq \Phi\left(\frac{b - np + \frac{1}{2}}{\sqrt{np(1 - p)}} \right) - \Phi\left(\frac{a - np - \frac{1}{2}}{\sqrt{np(1 - p)}} \right) \tag{56}$$

Für unabhängige Folgen von Zufallsvariablen $X_1, X_2, \ldots$ mit Erwartungswerten $\mu_1, \mu_2, \ldots$ und Varianzen $\sigma_1^2, \sigma_2^2, \ldots$ gilt der **Zentrale Grenzwertsatz** in der folgenden Form

$$\lim_{n \to \infty} P\left(\frac{X_1 + \ldots + X_n - (\mu_1 + \ldots + \mu_n)}{\sqrt{\sigma_1^2 + \ldots + \sigma_n^2}} \leq x \right) = \Phi(x), \ x \in \mathbb{R},$$

falls die Folge der Zufallsvariablen einer zusätzlichen Bedingung genügt, und zwar sollen die dritten zentralen absoluten Momente $\tau_i^3 = E(|X_i - \mu_i|^3)$, $i = 1, 2, \ldots$, existieren und es soll

$$\lim_{n \to \infty} \frac{\sqrt[3]{\tau_1^3 + \ldots + \tau_i^3}}{\sqrt{\sigma_1^2 + \ldots + \sigma_n^2}} = 0$$

gelten.

Poissonscher Grenzwertsatz

Sei $Y_1, Y_2, \ldots$ eine Folge von Zufallsvariablen, wobei Y_n als $B(n, p_n)$-verteilte Zufallsvariable angenommen wird. Außerdem gelte für ein $\lambda > 0$

$$\lim_{n \to \infty} n p_n = \lambda.$$

Dann gilt

$$\lim_{n \to \infty} P(X_n = i) = \frac{\lambda^i}{i!} e^{-\lambda} \qquad \text{für} \quad i = 1, 2, \ldots \tag{57}$$

Binomialapproximation der hypergeometrischen Verteilung

Sei n eine natürliche Zahl und für jedes $N \geq n$ sei Y_N eine $H(n, N, M(N))$-verteilte Zufallsvariable. Für ein p mit $0 < p < 1$ gelte

$$\lim_{N \to \infty} \frac{M(N)}{N} = p.$$

Dann gilt

$$\lim_{N \to \infty} P(Y_N = i) = \binom{n}{i} p^i (1 - p)^{n-i} \qquad \text{für} \quad i = 0, 1, \ldots, n \tag{58}$$

Grenzwertsätze für empirische Verteilungsfunktionen

Es sei $X_1, X_2, \ldots$ eine unabhängige Folge von identisch verteilten Zufallsvariablen mit der Verteilungsfunktion F. Für jedes n und jede Messreihe $(x_1, \ldots, x_n)$ der Länge n bezeichne wiederum $F_n(\cdot; x_1, \ldots, x_n)$ die zugehörige empirische Verteilungsfunktion. Für jedes feste $z \in \mathbb{R}$ ist dann $F_n(z; X_1, \ldots, X_n)$ eine Zufallsvariable. Sie nimmt den Wert $F_n(z; x_1, \ldots, x_n)$ an, falls die n-dimensionale Zufallsvariable $(X_1, \ldots, X_n)$ den Wert $(x_1, \ldots, x_n)$ annimmt. Bei festem $z \in \mathbb{R}$ folgt daher aus dem Starken Gesetz der großen Zahlen für die Folge der Zufallsvariablen $F_n(z; X_1, \ldots, X_n)$, $n = 1, 2, \ldots$

$$P(\lim_{n \to \infty} F_n(z; X_1, \ldots, X_n) = F(z)) = 1$$

Darüber hinaus besagt der **Satz von Glivenko und Cantelli**

$$P(\lim_{n \to \infty} \sup_{z \in \mathbb{R}} |F_n(z; X_1, \ldots, X_n) - F(z)| = 0) = 1$$

Wird in der obigen Situation vorausgesetzt, dass die Verteilungsfunktion F stetig ist, so gilt

$$\lim_{n \to \infty} P(\sqrt{n} \sup_{z \in \mathbb{R}} |F_n(z; X_1, \ldots, X_n) - F(z)| \leq y) = K(y), \quad y \in \mathbb{R}, \tag{59}$$

wobei K die durch die Formel

$$K(y) = \begin{cases} 1 + 2\sum_{k=1}^{\infty}(-1)^k e^{-2k^2 y^2} & \text{für } y > 0 \\ 0 & \text{sonst} \end{cases} \tag{60}$$

gegebene **Kolmogoroffsche Verteilungsfunktion** ist.

1.3 Schließende Statistik

Wir setzen voraus, dass der Zufallsmechanismus, der für die Entstehung der Messreihen von der Form (1) oder (2) verantwortlich ist, durch unabhängige Zufallsvariablen

$$X_1, \ldots, X_n \tag{61}$$

bzw.

$$(X_1, Y_1), \ldots, (X_n, Y_n) \tag{62}$$

beschrieben werden kann. Die Verteilungen dieser Zufallsvariablen sind nicht vollständig bekannt und Gegenstand der Untersuchung. In den meisten Beispielen statistischer Verfahren, die wir im folgenden beschreiben, wird angenommen, dass die Zufallsvariablen (61) identisch wie X bzw. dass die Zufallsvariablen (62) identisch wie (X, Y) verteilt sind. Ferner wird angenommen, dass ihre Verteilungsfunktion zu einer Familie $\{F_\theta : \theta \in \Theta\}$ von Verteilungsfunktionen gehört, die durch einen Parameter $\theta \in \mathbf{R}^l$ ($l \geq 1$) parametrisiert ist, d.h. $\Theta \subset \mathbf{R}^l$. F_θ heißt die Verteilungsfunktion zum Parameter θ.

Zur Beschreibung statistischer Verfahren werden wir häufig die in Abschnitt 1.2.3 definierten **Quantile** verschiedener Verteilungen benötigen. Wir verwenden folgende Bezeichnungen für $0 < p < 1$:

$$\begin{aligned}
u_p &= p\text{-Quantil der N}(0,1)\text{-Verteilung} \\
t_{m;p} &= p\text{-Quantil der } t_m\text{-Verteilung} \\
\chi^2_{m;p} &= p\text{-Quantil der } \chi^2_m\text{-Verteilung} \\
F_{r,s;p} &= p\text{-Quantil der } F_{r,s}\text{-Verteilung}
\end{aligned}$$

Hinweise zur Bestimmung von Quantilen:

$$\begin{aligned}
t_{m;p} &\simeq u_p & \text{für große Werte } m \\
\chi^2_{m;p} &\simeq m + u_p \cdot \sqrt{2m} & \text{für große Werte } m \\
F_{r,s;p} &= \frac{1}{F_{s,r;1-p}}
\end{aligned}$$

1.3.1 Schätzverfahren

Aus der Messreihe (1) bzw. (2) soll auf den unbekannten Parameter θ oder auf eine durch
θ bestimmte Größe $\tau(\theta)$ geschlossen werden. τ ist hier eine Funktion $\tau : \Theta \to \mathbf{R}$. Eine
Abbildung

$$T_n : \mathbf{R}^n \to \mathbf{R},$$

die jeder Messreihe $x_1, \ldots, x_n$ einen **Schätzwert** $T_n(x_1, \ldots, x_n)$ für $\tau(\theta)$ zuordnet, heißt
Schätzverfahren oder **Schätzer**. Die Zufallsvariable $T_n(X_1, \ldots, X_n)$ für die zum Zwecke
der Abkürzung auch einfach T_n geschrieben wird, nennen wir **Schätzvariable.**

Der Erwartungswert der Schätzvariablen $T_n(X_1, \ldots, X_n)$ ist (wie auch der Erwartungswert
der Zufallsvariablen X) abhängig davon, welche der Verteilungsfunktionen F_θ, $\theta \in \Theta$, die
zutreffende ist. Wir schreiben daher $E_\theta(T_n)$ bzw. $E_\theta(X)$ und $Var_\theta(T_n)$ bzw. $Var_\theta(X)$, um
die Abhängigkeit vom Parameter θ anzudeuten. Ebenso verwenden wir die Schreibweise

$$P_\theta(a \le T_n(X_1, \ldots, X_n) \le b), \qquad P_\theta(a \le X \le b) \quad \text{usw.}$$

für Wahrscheinlichkeiten, die mit Hilfe von F_θ zu berechnen sind.

Ein Schätzer T_n heißt **erwartungstreu für** τ, wenn

$$E_\theta(T_n) = \tau(\theta)$$

für alle $\theta \in \Theta$ gilt. Für einen nicht erwartungstreuen Schätzer T_n heißt die Differenz

$$E_\theta(T_n) - \tau(\theta), \quad \theta \in \Theta,$$

der **Bias** des Schätzers T_n. Für den sogenannten **mittleren quadratischen Fehler** gilt

$$E_\theta([T_n - \tau(\theta)]^2) = Var_\theta(T_n) + [E_\theta(T_n) - \tau(\theta)]^2, \quad \theta \in \Theta. \tag{63}$$

Die Existenz der Erwartungswerte und Varianzen sei immer vorausgesetzt.

Eine Folge $T_n : \mathbf{R}^n \to \mathbf{R}$, $n = 1, 2, \ldots$, von Schätzern heißt **konsistent für** τ, wenn

$$\lim_{n \to \infty} P_\theta(|T_n(X_1, \ldots, X_n) - \tau(\theta)| > \varepsilon) = 0 \tag{64}$$

für alle $\varepsilon > 0$ und $\theta \in \Theta$ gilt. Eine Folge erwartungstreuer Schätzer für τ ist konsistent
für τ, falls

$$\lim_{n \to \infty} Var_\theta(T_n(X_1, \ldots, X_n)) = 0 \tag{65}$$

für alle $\theta \in \Theta$ gilt.

Soll der Erwartungswert geschätzt werden, d.h. $\tau(\theta) = E_\theta(X)$, so besteht die Folge der
arithmetischen Mittel

$$\bar{X}_{(n)} = \frac{1}{n} \cdot \sum_{i=1}^{n} X_i, \quad n = 1, 2, \ldots$$

aus erwartungstreuen Schätzern für τ, die nach dem Schwachen Gesetz der großen Zahlen
auch konsistent für τ ist. Soll die Varianz geschätzt werden, d.h. $\tau(\theta) = Var_\theta(X)$, so
besteht die Folge der Stichprobenvarianzen

$$S^2_{(n)} = \frac{1}{n-1} \sum_{i=1}^{n} (X_i - \bar{X}_{(n)})^2, \quad n = 2, 3, \ldots$$

aus erwartungstreuen Schätzern für τ, die unter der Voraussetzung $E_\theta(X^4) < \infty$, $\theta \in \Theta$, auch konsistent für τ ist.

Schätzer $T_n : \mathbf{R}^n \longrightarrow \Theta$ für den Parameter $\theta \in \Theta \subset \mathbf{R}^l$ kann man häufig mit Hilfe der **Maximum–Likelihood–Methode** finden: Sei im Falle einer stetig verteilten Zufallsvariablen X für $\theta \in \Theta$

$$f_\theta \quad \text{eine zur Verteilungsfunktion } F_\theta \text{ gehörende Dichte}$$

bzw. im Falle einer diskret verteilten Zufallsvariablen X für $\theta \in \Theta$

$$f_\theta(x) = P_\theta(X = x) \quad \text{für alle } x \text{ aus dem Wertevorrat von } X.$$

Dann heißt für eine Stichprobe $x_1, \ldots, x_n$ die Funktion

$$L(\theta; x_1, \ldots, x_n) = f_\theta(x_1) \cdot \ldots \cdot f_\theta(x_n), \quad \theta \in \Theta, \tag{66}$$

die zu $x_1, \ldots, x_n$ gehörende **Likelihood–Funktion**. Ein Parameterwert

$$\hat{\theta} = \hat{\theta}(x_1, \ldots, x_n)$$

mit

$$L(\hat{\theta}; x_1, \ldots, x_n) \geq L(\theta; x_1, \ldots, x_n)$$

für alle $\theta \in \Theta$, heißt ein **Maximum-Likelihood-Schätzwert** für θ. Existiert zu jeder Stichprobe ein Maximum-Likelihood-Schätzwert, so heißt

$$T_n : \mathbf{R}^n \to \Theta \quad \text{mit} \quad T_n(x_1, \ldots, x_n) = \hat{\theta}(x_1, \ldots, x_n)$$

ein **Maximum–Likelihood–Schätzer**.

1.3.2 Konfidenzintervalle

Sei $0 < \alpha < 1$, und sei wieder eine Funktion $\tau : \Theta \longrightarrow \mathbf{R}$ gegeben. Durch ein Paar $U(X_1, \ldots, X_n)$, $O(X_1, \ldots, X_n)$ von Schätzvariablen mit

$$U(X_1, \ldots, X_n) \leq O(X_1, \ldots, X_n)$$

wird ein „zufälliges Intervall"

$$I(X_1, \ldots, X_n) = [U(X_1, \ldots, X_n), O(X_1, \ldots, X_n)]$$

definiert. Dieses zufällige Intervall heißt ein **Konfidenzintervall** für $\tau(\theta)$ **zum Konfidenzniveau** $1 - \alpha$, falls

$$P_\theta\left(U(X_1, \ldots, X_n) \leq \tau(\theta) \leq O(X_1, \ldots, X_n)\right) \geq 1 - \alpha$$

für alle $\theta \in \Theta$ gilt. Man spricht auch von einem **Konfidenzschätzverfahren zum Niveau** $1 - \alpha$. Das zu einer Stichprobe gehörende Intervall

$$I(x_1, \ldots, x_n) = [U(x_1, \ldots, x_n), O(x_1, \ldots, x_n)]$$

nennen wir **konkretes Schätzintervall für** τ **zum Niveau** $1 - \alpha$.

Im Falle normalverteilter Zufallsvariablen lassen sich die Verteilungsfunktionen F_θ durch den Erwartungswert μ und die Varianz σ^2 charakterisieren, d.h. durch den 2-dimensionalen Parameter $\theta = (\mu, \sigma^2)$ wird die Verteilungsfunktion F_θ einer $N(\mu, \sigma^2)$–verteilten Zufallsvariablen bestimmt. Mit den Bezeichnungen

$$\bar{X}_{(n)} = \frac{1}{n} \sum_{i=1}^{n} X_i \qquad \text{und}$$

$$S^2_{(n)} = \frac{1}{n-1} \sum_{i=1}^{n} \left(X_i - \bar{X}_{(n)} \right)^2$$

erhält man folgende Konfidenzintervalle zum Niveau $1 - \alpha$:

Konfidenzintervall für μ **bei bekannter Varianz** $\sigma^2 = \sigma_0^2$

$$\Theta = \{(\mu, \sigma_0^2) \in \mathbf{R}^2 : \mu \in \mathbf{R}\}, \qquad \tau(\theta) = \mu$$

$$\left[\bar{X}_{(n)} - u_{1-\frac{\alpha}{2}} \cdot \frac{\sigma_0}{\sqrt{n}}, \bar{X}_{(n)} + u_{1-\frac{\alpha}{2}} \cdot \frac{\sigma_0}{\sqrt{n}} \right] \tag{67}$$

Konfidenzintervall für μ **bei unbekannter Varianz** σ^2

$$\Theta = \{(\mu, \sigma^2) \in \mathbf{R}^2 : \mu \in \mathbf{R}, \sigma^2 > 0\}, \qquad \tau(\theta) = \mu$$

$$\left[\bar{X}_{(n)} - t_{n-1;1-\frac{\alpha}{2}} \cdot \sqrt{\frac{S^2_{(n)}}{n}}, \bar{X}_{(n)} + t_{n-1;1-\frac{\alpha}{2}} \cdot \sqrt{\frac{S^2_{(n)}}{n}} \right] \tag{68}$$

Konfidenzintervall für σ^2 **bei bekanntem Erwartungswert** $\mu = \mu_0$

$$\Theta = \{(\mu_0, \sigma^2) \in \mathbf{R}^2 : \sigma^2 > 0\}, \qquad \tau(\theta) = \sigma^2$$

$$\left[\frac{\sum_{i=1}^{n}(X_i - \mu_0)^2}{\chi^2_{n;1-\frac{\alpha}{2}}}, \frac{\sum_{i=1}^{n}(X_i - \mu_0)^2}{\chi^2_{n;\frac{\alpha}{2}}} \right] \tag{69}$$

Konfidenzintervall für σ^2 **bei unbekanntem Erwartungswert** μ

$$\Theta = \{(\mu, \sigma^2) \in \mathbf{R}^2 : \mu \in \mathbf{R}, \sigma^2 > 0\}, \qquad \tau(\theta) = \sigma^2$$

$$\left[\frac{(n-1)S^2_{(n)}}{\chi^2_{n-1;1-\frac{\alpha}{2}}}, \frac{(n-1)S^2_{(n)}}{\chi^2_{n-1;\frac{\alpha}{2}}} \right] \tag{70}$$

Ohne die Voraussetzung normalverteilter Zufallsvariablen lassen sich in vielen Fällen mit Hilfe von Grenzwertsätzen „approximative" Konfidenzintervalle angeben. Sind beispielsweise $X_1, \ldots, X_n$ unabhängige $B(1,\theta)$-verteilte Zufallsvariablen, so ist mit $Z = X_1 + \ldots + X_n$ und $c = u_{1-\frac{\alpha}{2}}$ durch

$$U(Z) = \frac{1}{n + c^2} \cdot \left(Z + \frac{c^2}{2} - c \cdot \sqrt{\frac{Z \cdot (n - Z)}{n} + \frac{c^2}{4}} \right) \tag{71}$$

$$O(Z) = \frac{1}{n + c^2} \cdot \left(Z + \frac{c^2}{2} + c \cdot \sqrt{\frac{Z \cdot (n - Z)}{n} + \frac{c^2}{4}} \right) \tag{72}$$

ein Konfidenzintervall $[U(Z), O(Z)]$ für $\tau(\theta) = \theta$ definiert, dessen Niveau näherungsweise gleich $1 - \alpha$ ist.

1.3.3 Testverfahren

Ein **Test** ist ein Verfahren zur Überprüfung von statistischen **Hypothesen**, d.h. von Annahmen über Verteilungen, die das Zustandekommen von Beobachtungsdaten beschreiben. Grundvoraussetzung ist im Folgenden, dass die Beobachtungsdaten in Form von Messreihen vorliegen, die als „Realisierungen" von unabhängigen identisch verteilten Zufallsvariablen angesehen werden können.

Ausgangspunkt für einen statistischen Test ist eine **Nullhypothese** H_0, d.h. eine ganz bestimmte Annahme über die Verteilung der Zufallsvariablen. Aufgrund der tatsächlich beobachteten Messreihe soll entschieden werden, ob die Nullhypothese H_0 abzulehnen ist.

Wir formulieren die wichtigsten Grundbegriffe der Testtheorie für den Fall eindimensionaler Messreihen $x_1, \ldots, x_n$ der Form (1), die als „Realisierungen" von unabhängigen, identisch verteilten Zufallsvariablen $X_1, \ldots, X_n$ angesehen werden. Bei anderen Messreihen, wie z.B. bei zweidimensionalen Messreihen der Form (2), sind entsprechende Definitionen vorzunehmen. Zunächst gehen wir wieder von der generellen Annahme aus, dass die Zufallsvariablen $X_1, \ldots, X_n$ eine Verteilungsfunktion F_θ haben, die zu einer bestimmten Klasse $\{F_\theta : \theta \in \Theta\}$ gehört. Die Nullhypothese H_0 kann dann mit Hilfe einer nichtleeren Teilmenge Θ_0 von Θ in der Form

$$H_0 : \theta \in \Theta_0$$

beschrieben sein. Ein Test ist durch die Angabe eines **Ablehnungsbereiches** $K \subset \mathbf{R}^n$ gegeben. Wird eine Messreihe $x_1, \ldots, x_n$ beobachtet, für die $(x_1, \ldots, x_n) \in K$ gilt, so wird die Nullhypothese H_0 abgelehnt.

Trifft die Nullhypothese H_0 zu und wird sie trotzdem abgelehnt, da ein Beobachtungsergebnis aus K vorliegt, so spricht man von einem **Fehler 1. Art**. Trifft umgekehrt die Nullhypothese nicht zu und wird sie nicht abgelehnt, da die beobachtete Stichprobe nicht in K liegt, so begeht man einen **Fehler 2. Art**. Die Wahrscheinlichkeiten für Fehler 1. Art und 2. Art werden in Abhängigkeit vom unbekannten Parameter θ durch die **Operationscharakteristik (OC–Funktion)**

$$\beta(\theta) = P_\theta((X_1, \ldots, X_n) \notin K), \quad \theta \in \Theta,$$

bzw. durch die **Gütefunktion**

$$g(\theta) = 1 - \beta(\theta) = P_\theta((X_1,\ldots,X_n) \in K), \quad \theta \in \Theta,$$

gegeben. Ist für den Parameter $\theta \in \Theta$ die Nullhypothese H_0 nicht erfüllt, so beschreibt $\beta(\theta) = 1 - g(\theta)$ die Wahrscheinlichkeit für das Auftreten eines Fehlers 2. Art. Ist dagegen für $\theta \in \Theta$ die Nullhypothese H_0 erfüllt, so ist $g(\theta) = 1 - \beta(\theta)$ die Wahrscheinlichkeit für einen Fehler 1. Art. Bezeichnet Θ_0 die Menge aller Parameter $\theta \in \Theta$, für die die Nullhypothese H_0 zutrifft, so heißt die größtmögliche Wahrscheinlichkeit für das Auftreten eines Fehlers 1. Art, genauer die Zahl

$$\sup_{\theta \in \Theta_0} g(\theta)$$

das **Niveau** des Tests mit dem Ablehnungsbereich K. Man spricht allgemeiner von einem **Test zum Niveau** α, wenn

$$\sup_{\theta \in \Theta_0} g(\theta) \leq \alpha$$

gilt. Häufig wird der kritische Bereich K beschrieben mit Hilfe einer Funktion

$$T : \mathbf{R}^n \to \mathbf{R}$$

und einer Menge $I \subset \mathbf{R}$ in der Form

$$K = \{(x_1,\ldots,x_n) : T(x_1,\ldots,x_n) \in I\}$$

Die Zufallsvariable $T(X_1,\ldots,X_n)$ heißt dann **Testgröße**.

Das allgemeine Vorgehen bei der Beschreibung eines Tests zum Niveau α lässt sich in vielen Fällen in folgende Schritte gliedern, die auch den Beispielen zugrundeliegt:

1. Verteilungsannahmen formulieren

2. Nullhypothese H_0 formulieren

3. Testgröße T auswählen und ihre Verteilung unter der Annahme, dass die Nullhypothese zutrifft, bestimmen

4. Kritischen Bereich K so wählen, dass sich ein Test zum Niveau α ergibt (α vorgegeben mit $0 < \alpha < 1$)

1.3.4 Tests bei Normalverteilungsannahmen

Gauß–Test

1. $X_1,\ldots,X_n$ unabhängig identisch $N(\mu,\sigma_0^2)$–verteilt; σ_0^2 bekannt

2. a) $H_0 : \mu = \mu_0$ (zweiseitiger Test)

   b) $H_0 : \mu \leq \mu_0$ c) $H_0 : \mu \geq \mu_0$ (einseitige Tests)

3. Die Testgröße

$$T(X_1, \ldots, X_n) = \frac{\sqrt{n}}{\sigma_0} \cdot (\bar{X}_{(n)} - \mu_0)$$

ist N(0,1)-verteilt, falls $\mu = \mu_0$ gilt.

4. Ablehnung, falls a) $|T| > u_{1-\alpha/2}$ b) $T > u_{1-\alpha}$ c) $T < u_\alpha$

Zweistichproben–Gauß–Test

1. $X_1, \ldots, X_m, Y_1, \ldots, Y_n$ unabhängig;
   $X_1, \ldots, X_m$ $N(\mu_1, \sigma_1^2)$-verteilt; $Y_1, \ldots, Y_n$ $N(\mu_2, \sigma_2^2)$-verteilt;
   σ_1^2 und σ_2^2 bekannt

2. a) $H_0 : \mu_1 = \mu_2$ b) $H_0 : \mu_1 \leq \mu_2$ c) $H_0 : \mu_1 \geq \mu_2$

3. Die Testgröße

$$T(X_1, \ldots, X_m, Y_1, \ldots, Y_n) = \frac{\bar{Y}_{(n)} - \bar{X}_{(m)}}{\sqrt{\frac{\sigma_1^2}{m} + \frac{\sigma_2^2}{n}}}$$

ist N(0,1)-verteilt, falls $\mu_1 = \mu_2$ gilt.

4. Ablehnung, falls a) $|T| > u_{1-\alpha/2}$ b) $T < u_\alpha$ c) $T > u_{1-\alpha}$

t–Test

1. $X_1, \ldots, X_n$ unabhängig $N(\mu, \sigma^2)$-verteilt;
   μ und σ^2 unbekannt

2. a) $H_0 : \mu = \mu_0$ b) $H_0 : \mu \leq \mu_0$ c) $H_0 : \mu \geq \mu_0$

3. Die Testgröße

$$T(X_1, \ldots, X_n) = \sqrt{n} \cdot \frac{\bar{X}_{(n)} - \mu_0}{\sqrt{S_{(n)}^2}}$$

ist t_{n-1}-verteilt, falls $\mu = \mu_0$ gilt.

4. Ablehnung, falls a) $|T| > t_{n-1;1-\alpha/2}$ b) $T > t_{n-1;1-\alpha}$ c) $T < -t_{n-1;1-\alpha}$

Zweistichproben–t–Test

1. $X_1, \ldots, X_m, Y_1, \ldots, Y_n$ unabhängig;
   $X_1, \ldots, X_m$ $N(\mu_1, \sigma^2)$-verteilt; $Y_1, \ldots, Y_n$ $N(\mu_2, \sigma^2)$-verteilt;
   μ_1, μ_2, σ^2 unbekannt

2. a) $H_0 : \mu_1 = \mu_2$ b) $H_0 : \mu_1 \leq \mu_2$ c) $H_0 : \mu_1 \geq \mu_2$

3. Die Testgröße
$$T(X_1, \ldots, X_m, Y_1, \ldots, Y_n) =$$

$$\sqrt{\frac{m \cdot n \cdot (m+n-2)}{m+n}} \cdot \frac{\bar{Y}_{(n)} - \bar{X}_{(m)}}{\sqrt{(m-1) \cdot S^2_{(m)} + (n-1) \cdot \tilde{S}^2_{(n)}}}$$

mit

$$S^2_{(m)} = \frac{1}{m-1} \sum_{i=1}^{m} (X_i - \bar{X}_{(m)})^2$$

und

$$\tilde{S}^2_{(n)} = \frac{1}{n-1} \sum_{i=1}^{n} (Y_i - \bar{Y}_{(n)})^2$$

ist t_{m+n-2}-verteilt, falls $\mu_1 = \mu_2$ gilt.

4. Ablehnung, falls   a) $|T| > t_{m+n-2;1-\alpha/2}$ b) $T < -t_{m+n-2;1-\alpha}$
                   c) $T > t_{m+n-2;1-\alpha}$

χ^2–Streuungstest

1. $X_1, \ldots, X_n$ unabhängig $N(\mu, \sigma^2)$-verteilt;
μ und σ^2 unbekannt

2. a) $H_0 : \sigma^2 = \sigma_0^2$ b) $H_0 : \sigma^2 \leq \sigma_0^2$ c) $H_0 : \sigma^2 \geq \sigma_0^2$

3. Die Testgröße
$$T(X_1, \ldots, X_n) = \frac{n-1}{\sigma_0^2} \cdot S^2_{(n)}$$

ist χ^2_{n-1}-verteilt, falls $\sigma^2 = \sigma_0^2$ gilt.

4. Ablehnung, falls   a) $T < \chi^2_{n-1;\alpha/2}$ oder $T > \chi^2_{n-1;1-\alpha/2}$
                    b) $T > \chi^2_{n-1;1-\alpha}$ c) $T < \chi^2_{n-1;\alpha}$

F–Test

1. $X_1, \ldots, X_m, Y_1, \ldots, Y_n$ unabhängig;
$X_1, \ldots, X_m$ $N(\mu_1, \sigma_1^2)$-verteilt; $Y_1, \ldots, Y_n$ $N(\mu_2, \sigma_2^2)$-verteilt;
$\mu_1, \mu_2, \sigma_1^2, \sigma_2^2$ unbekannt

2. a) $H_0 : \sigma_1^2 = \sigma_2^2$ b) $H_0 : \sigma_1^2 \leq \sigma_2^2$ c) $H_0 : \sigma_1^2 \geq \sigma_2^2$

3. Die Testgröße
$$T(X_1, \ldots, X_m, Y_1, \ldots, Y_n) = \frac{S^2_{(m)}}{\tilde{S}^2_{(n)}}$$

ist $F_{m-1,n-1}$-verteilt, falls $\sigma_1^2 = \sigma_2^2$ gilt.

4. Ablehnung, falls   a) $T < F_{m-1,n-1;\alpha/2}$ oder $T > F_{m-1,n-1;1-\alpha/2}$
                    b) $T > F_{m-1,n-1;1-\alpha}$ c) $T < F_{m-1,n-1;\alpha}$

1.3.5 Anpassungstests

Es sei $(\Omega, \mathcal{A}, \mathcal{P})$ ein Wahrscheinlichkeitsraum, der ein bestimmtes Zufallsexperiment beschreibt, und es sei $A_1, \ldots, A_r \in \mathcal{A}$ eine vollständige Ereignisdisjunktion:

$$A_i \cap A_j = \emptyset \quad \text{für } i, j \in \{1, \ldots, r\}, \ i \neq j$$
$$A_1 \cup \ldots \cup A_r = \Omega$$

Für die Wahrscheinlichkeiten der Ereignisse $A_1, \ldots, A_r$ gelte:

$$p_j = P(A_j) > 0 \quad \text{für} \quad j = 1, \ldots, r$$

Das durch den Wahrscheinlichkeitsraum $(\Omega, \mathcal{A}, \mathcal{P})$ beschriebene Zufallsxperiment werde n-mal unter gleichen Bedingungen (Unabhängigkeitsannahme) durchgeführt. Die Zufallsvariable Y_j, $j \in \{1, \ldots, r\}$, beschreibe die Anzahl der Versuchsdurchführungen, bei denen das Eintreten des Ereignisses A_j beobachtet wird. Da die Ereignisse $A_1, \ldots, A_r$ eine vollständige Ereignisdisjunktion bilden, gilt für die Zufallsvariablen $Y_1, \ldots, Y_r$

$$Y_1 + \ldots + Y_r = n$$

Die durch die r-dimensionale Zufallsvariable $(Y_1, \ldots, Y_r)$ beschriebene Beobachtung kann in folgender Weise zur Überprüfung von Hypothesen über die Wahrscheinlichkeiten $p_1, \ldots, p_r$ verwendet werden.

χ^2–Anpassungstest

1. Die r-dimensionale Zufallsvariable $(Y_1, \ldots, Y_r)$ ist multinomialverteilt mit den Parametern n und $p = (p_1, \ldots, p_r)$, d. h.

$$P(Y_1 = y_1, \ldots, Y_r = y_r) =$$
$$\begin{cases} \dfrac{n!}{y_1! \cdot \ldots \cdot y_r!} \, p_1^{y_1} \cdot \ldots \cdot p_r^{y_r} & \text{falls} \quad \begin{array}{l} y_j \in \mathbf{N} \cup \{0\}, \ j = 1, \ldots, r \\ \sum\limits_{j=1}^{r} y_j = n \end{array} \\[2em] 0 & \text{sonst} \end{cases}$$

Dabei ist $n \in \mathbf{N}$ bekannt. Die Zufallsvariablen Y_j selbst, $j = 1, \ldots, r$, sind binomialverteilt mit Parametern n und p_j. Es gilt also insbesondere

$$E_p(Y_j) = n \cdot p_j \quad \text{für} \quad j = 1, \ldots, r$$

2. Nullhypothese $H_0 : p = (p_1, \ldots, p_r) = (p_1^0, \ldots, p_r^0)$, wobei die vorgegebenen Werte p_j^0, $j = 1, \ldots, r$, den folgenden Bedingungen genügen:

$$p_j^0 > 0 \quad \text{für} \quad j = 1, \ldots, r$$
$$p_1^0 + \ldots + p_r^0 = 1$$

3. Die Testgröße

$$Q(Y_1, \ldots, Y_r) = \sum_{j=1}^{r} \frac{(Y_j - n \cdot p_j^0)^2}{n \cdot p_j^0} = \left(\sum_{j=1}^{r} \frac{Y_j^2}{n \cdot p_j^0} \right) - n$$

ist näherungsweise χ_{r-1}^2-verteilt, falls die Nullhypothese zutrifft. Diese Näherung ist nach einer oft angegebenen Faustregel brauchbar, falls $n \cdot p_j^0 \geq 5$ für $j = 1, \ldots, r$. Die verwendete Testgröße Q ist so aufgebaut, dass die beobachteten Häufigkeiten Y_j des Eintretens von A_j, $j = 1, \ldots, r$, mit den entsprechenden bei Gültigkeit der Nullhypothese H_0 zu erwartenden Häufigkeiten $n \cdot p_j^0$ verglichen werden.

4. Ablehnung, falls $T > \chi_{r-1;1-\alpha}^2$

Im Folgenden wird von unabhängigen Zufallsvariablen $X_1, \ldots, X_n$ ausgegangen, die identisch wie X verteilt sind mit der Verteilungsfunktion F. Es sollen jetzt Nullhypothesen der Form

$$H_0 : F = F_0$$

mit gegebener Verteilungsfunktion F_0 oder

$$H_0 : F \in \{F_\theta : \theta \in \Theta\}$$

bei gegebener Verteilungsklasse $\{F_\theta : \theta \in \Theta\}$ geprüft werden. Wir sprechen im ersten Fall von einem **Test zum Niveau** α, $0 < \alpha < 1$, falls für seinen Ablehnungsbereich $K \subset \mathbf{R}^n$ und die mit der Verteilungsfunktion F_0 berechnete Wahrscheinlichkeit

$$P_0((X_1, \ldots, X_n) \in K) \leq \alpha$$

gilt, und im zweiten Fall, falls für alle mit den Verteilungsfunktionen F_θ, $\theta \in \Theta$, berechneten Wahrscheinlichkeiten die Ungleichung

$$P_\theta((X_1, \ldots, X_n) \in K) \leq \alpha$$

besteht. Wir verwenden diese Sprechweise auch, wenn wie im Falle der nachfolgenden drei Tests die Ungleichungen nur für große Werte von n und nur näherungsweise gelten.

χ^2-Anpassungstest zum Prüfen einer Verteilungsfunktion

1. $X_1, \ldots, X_n$ unabhängig, identisch wie X verteilt mit Verteilungsfunktion F

2. Nullhypothese $H_0 : F = F_0$

3. Sei $\mathbf{R} = I_1 \cup \ldots \cup I_r$ eine Zerlegung von $\mathbf{R}$ in disjunkte Teilintervalle und Halbachsen. Für $j = 1, \ldots, r$ bezeichne

$$p_j^0 = P_0(X \in I_j)$$

die unter der Nullhypothese berechnete Wahrscheinlichkeit für Werte in I_j, und die Zufallsvariable N_j beschreibe die zufällige Anzahl der Werte in der beobachteten Messreihe, die in I_j liegen, kurz

$$N_j = \text{Anzahl der } i \in \{1, \ldots, n\} \text{ mit } X_i \in I_j$$

Dann ist die Testgröße

$$T(X_1, \ldots, X_n) = \sum_{j=1}^{r} \frac{(N_j - n \cdot p_j^0)^2}{n \cdot p_j^0} = \left(\sum_{j=1}^{r} \frac{N_j^2}{n \cdot p_j^0} \right) - n,$$

falls H_0 zutrifft, näherungsweise χ^2_{r-1}-verteilt.

4. Ablehnung, falls $T > \chi^2_{r-1;1-\alpha}$

Man beachte, dass hier strenggenommen nicht die Nullhypothese $H_0 : F = F_0$ geprüft wird, sondern die Nullhypothese

$$P(X \in I_j) = p_j^0, \ j = 1, \ldots, r,$$

wobei $p_1^0, \ldots, p_r^0$ die unter F_0 berechneten Wahrscheinlichkeiten sind. Diese Nullhypothese entspricht i. a. nicht nur einer einzigen Verteilungsfunktion F_0 sondern einer ganzen Klasse von Verteilungsfunktionen.

χ^2-Anpassungstest zum Prüfen eines Verteilungstyps

Der χ^2-Anpassungstest kann unter obigen Voraussetzungen auch zur Prüfung einer Nullhypothese der Form

$$H_0 : F \in \{F_\theta : \theta \in \Theta\}$$

angewendet werden. In der Formel für die Testgröße des oben beschriebenen Tests ist dann für $j = 1, \ldots, r$ jeweils der Wert

$$p_j^0 = P_0(X \in I_j) \quad \text{durch} \quad p_j^{\hat{\theta}} = P_{\hat{\theta}}(X \in I_j)$$

zu ersetzen, wobei $\hat{\theta}$ ein mit Hilfe der Maximum-Likelihood-Methode aus den Anzahlen $n_1, \ldots, n_r$ oder aus der Messreihe gewonnener Schätzwert für den unbekannten Parameter θ ist und $P_{\hat{\theta}}(X \in I_j)$ die mit der Verteilungsfunktion $F_{\hat{\theta}}$ berechnete Wahrscheinlichkeit für Werte in I_j bezeichnet. Zur Angabe des Ablehnungsbereiches ist, wenn der Maximum-Likelihood-Schätzer aus den Anzahlen $n_1, \ldots, n_r$ bestimmt wurde, das Quantil

$$\chi^2_{r-1;1-\alpha} \quad \text{durch} \quad \chi^2_{r-k-1;1-\alpha}$$

zu ersetzen, falls ein k-dimensionaler Parameter $\theta = (\theta_1, \ldots, \theta_k)$ zu schätzen ist.

Kolmogoroff-Smirnov-Test

1. $X_1, \ldots, X_n$ unabhängig, identisch verteilt mit stetiger Verteilungsfunktion F

2. Nullhypothese $H_0 : F = F_0$ (F_0 stetig)

3. Bezeichne $F_n(\cdot \; ; x_1, \ldots, x_n)$ die empirische Verteilungsfunktion (4) zur Messreihe $x_1, \ldots, x_n$. Die Verteilungsfunktion der Testgröße

$$T(X_1, \ldots, X_n) = \sqrt{n} \cdot \sup_{z \in \mathbf{R}} |F_n(z; X_1, \ldots, X_n) - F_0(z)|$$

ist, falls H_0 zutrifft, für große n näherungsweise gleich der Kolmogoroffschen Verteilungsfunktion (60).

4. Ablehnung, falls $T > k_{1-\alpha}$. Dabei bezeichnet $k_{1-\alpha}$ das $(1-\alpha)$-Quantil zu (60).

Arbeiten mit Wahrscheinlichkeitspapier

Für die Prüfung auf Vorliegen des Verteilungstyps Normalverteilung gibt es ein graphisches Verfahren. Es vermittelt einen qualitativen Eindruck von der Glaubwürdigkeit der Nullhypothese

$$H_0 : F \in \{F_{\mu,\sigma^2} : \mu \in \mathbf{R}, \sigma^2 > 0\},$$

wobei F_{μ,σ^2} für die Verteilungsfunktion einer $N(\mu, \sigma^2)$-verteilten Zufallsvariablen steht. Bei diesem graphischen Verfahren verwendet man sogenanntes Wahrscheinlichkeitspapier mit einem Koordinatensystem, bei dem die Skala auf der senkrechten Achse so gewählt ist, dass sich der Graph der Verteilungsfunktion einer normalverteilten Zufallsvariablen als Gerade abbildet. Dieses Koordinatensystem hat die auf Seite 35 dargestellte Form.

Vorgehensweise:

A Man zeichnet den Graphen der empirischen Verteilungsfunktion $F_n(\cdot; x_1, \ldots, x_n)$ zur Messreihe $x_1, \ldots, x_n$ in das Koordinatensystem des Wahrscheinlichkeitspapiers ein.

B Man trägt eine diesen Graphen möglichst gut approximierende Gerade g ein.

C Sind die Abweichungen zwischen dem Graphen von $F_n(\cdot; x_1, \ldots, x_n)$ und der Geraden g groß, so legt dies nahe, die Nullhypothese H_0 abzulehnen.

D Sind die Abweichungen zwischen dem Graphen von $F_n(\cdot; x_1, \ldots, x_n)$ und der Geraden g nicht erheblich, so gibt es keinen Grund, die Nullhypothese H_0 abzulehnen.

E Die Schnittpunkte der Geraden g mit der waagerechten 50%-Linie und der waagerechten 84.1%-Linie liefern Näherungswerte für μ und $\mu + \sigma$, also Schätzwerte für die Parameter μ und σ^2 der in Frage kommenden $N(\mu, \sigma^2)$-Verteilung.

Liegen die gemessenen Daten nicht als Messreihe sondern lediglich in Form von Klassenhäufigkeiten bei einer Intervallunterteilung vor, so werden die relativen Summenhäufigkeiten nur über den rechten Klassengrenzen abgetragen. Durch die so entstehende Punkteschar wird dann die approximierende Gerade g gelegt.

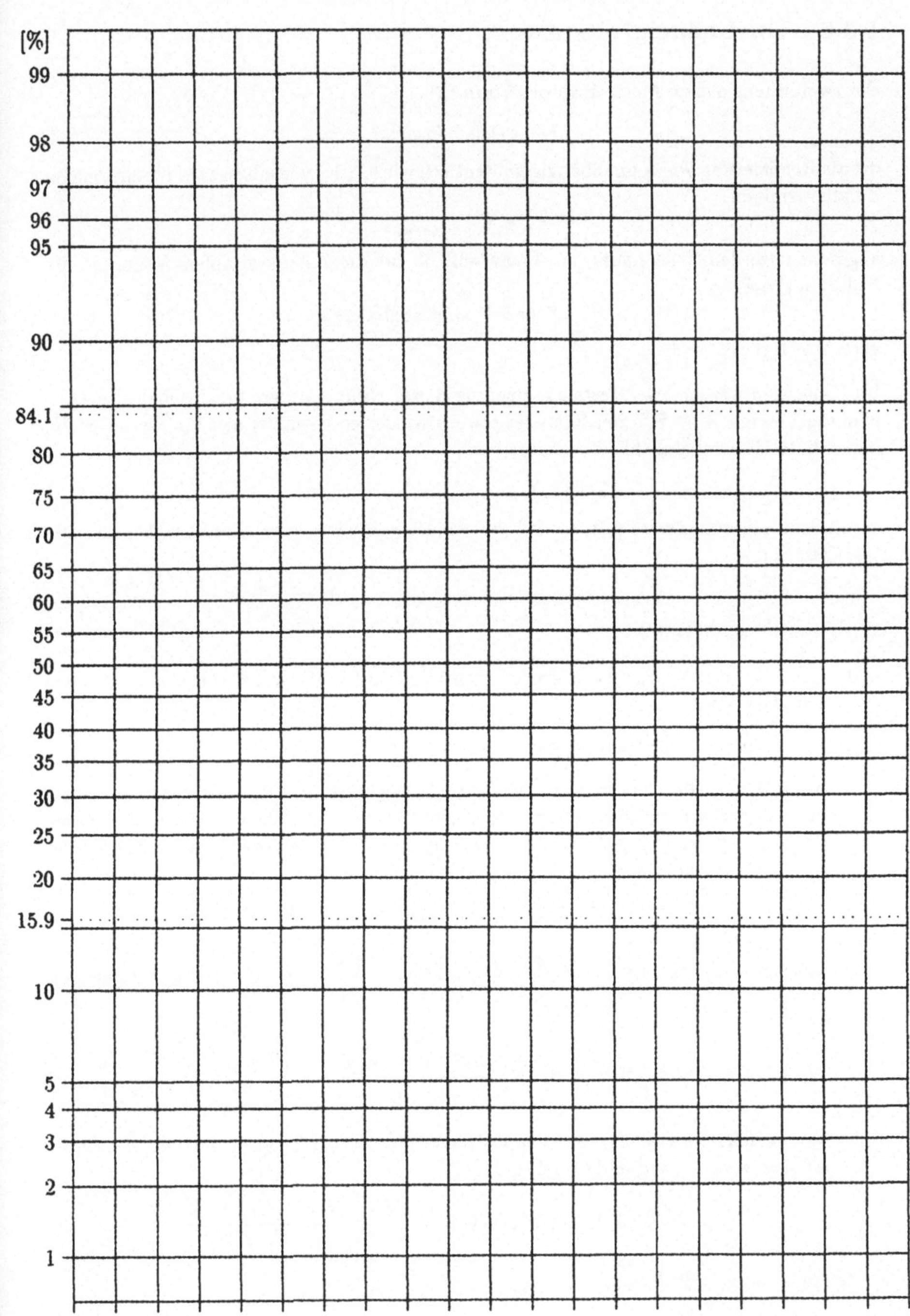

[%]
99
98
97
96
95
90
84.1
80
75
70
65
60
55
50
45
40
35
30
25
20
15.9
10
5
4
3
2
1

1.3.6 Unabhängigkeitstests

Bei zweidimensionalen Messreihen der Form (2)

$$(x_1, y_1), \ldots, (x_n, y_n),$$

die als Realisierung von n unabhängigen identisch wie (X, Y) verteilten zweidimensionalen Zufallsvariablen

$$(X_1, Y_1), \ldots, (X_n, Y_n)$$

angesehen werden, tritt häufig die Frage auf, ob für die Zufallsvariablen X und Y die Nullhypothese

$$H_0 : X \text{ und } Y \text{ sind unabhängig}$$

gerechtfertigt ist.

Im Folgenden werden zwei Tests zur Prüfung dieser Nullhypothese beschrieben. Der Ablehnungsbereich $K \subset \mathbf{R}^{2n}$ der Tests ist jeweils wieder so gewählt, daß für die unter H_0 berechnete Wahrscheinlichkeit

$$P_0\left((X_1, Y_1, \ldots, X_n, Y_n) \in K\right) \leq \alpha$$

zumindest näherungsweise gilt, so daß wir wieder von Tests zum Niveau α, $0 < \alpha < 1$, sprechen können.

χ^2–Unabhängigkeitstest

1. $(X_1, Y_1), \ldots, (X_n, Y_n)$ unabhängige identisch wie (X, Y) verteilte zweidimensionale Zufallsvariablen

2. $H_0 : X$ und Y sind unabhängig

3. Seien $\mathbf{R} = I_1 \cup \ldots \cup I_k = J_1 \cup \ldots \cup J_l$ zwei Zerlegungen von $\mathbf{R}$ in disjunkte Intervalle und Halbachsen gegeben. Für $i = 1, \ldots, k$ und $j = 1, \ldots, l$ beschreibe die Zufallsvariable N_{ij} die zufällige Anzahl der Zahlenpaare in der beobachteten Messreihe, die in $I_i \times J_j$ liegen, kurz

$$N_{ij} = \text{Anzahl der } m \in \{1, \ldots, n\} \text{ mit } (X_m, Y_m) \in I_i \times J_j$$

Mit den Abkürzungen $N_{i.} = \sum_{j=1}^{l} N_{ij}$ und $N_{.j} = \sum_{i=1}^{k} N_{ij}$ ist die Testgröße gegeben durch

$$T((X_1, Y_1), \ldots, (X_n, Y_n)) = \sum_{i=1}^{k} \sum_{j=1}^{l} \frac{(nN_{ij} - N_{i.}N_{.j})^2}{nN_{i.}N_{.j}} = n\left[\left(\sum_{i=1}^{k} \sum_{j=1}^{l} \frac{N_{ij}^2}{N_{i.} \cdot N_{.j}}\right) - 1\right]$$

Sie ist, falls H_0 zutrifft, für großes n näherungsweise $\chi^2_{(k-1)(l-1)}$-verteilt. Im Spezialfall $k = l = 2$ (Vierfeldertafel) gilt

$$T((X_1, Y_1), \ldots, (X_n, Y_n)) = n \cdot \frac{(N_{11} \cdot N_{22} - N_{12} \cdot N_{21})^2}{N_{1.} \cdot N_{2.} \cdot N_{.1} \cdot N_{.2}}$$

4. Ablehnung, falls $T > \chi^2_{(k-1)(l-1);1-\alpha}$

Exakter Test von Fisher

Beim exakten Test von Fischer geht man von Unterteilungen der Wertebereiche der Zufallsvariablen in zwei Teilbereiche aus. Der Test wird in der Regel für Zufallsvariablen X und Y angewendet, die jeweils nur zwei Werte annehmen. Die Zerlegungen $\mathbb{R} = I_1 \cup I_2 = J_1 \cup J_2$ sind dann natürlich so zu wählen, daß die verschiedenen Werte der Zufallsvariablen jeweils zu verschiedenen Teilen der Zerlegung gehören.

1. $(X_1, Y_1), \ldots, (X_n, Y_n)$ unabhängige identisch wie (X, Y) verteilte zweidimensionale Zufallsvariablen

2. $H_0 : X$ und Y sind unabhängig

3. Durch $\mathbb{R} = I_1 \cup I_2 = J_1 \cup J_2$ seien zwei Zerlegungen von $\mathbb{R}$ in Halbachsen gegeben. Für $i = 1, 2$ und $j = 1, 2$ sei N_{ij} wieder die Zufallsvariable, die die zufällige Anzahl der beobachteten Zahlenpaare in $I_i \times I_j$ beschreibt, kurz

$$N_{ij} = \text{Anzahl der } m \in \{1, \ldots, n\} \text{ mit } X_m \in I_i \text{ und } Y_m \in J_j,$$

sowie $N_{1.} = N_{11} + N_{12}$ und $N_{.1} = N_{11} + N_{21}$. Mit n_1. bzw. $n_{.1}$ seien die an der beobachteten Messreihe ermittelten Werte bezeichnet.

Dann ist, falls die Nullhypothese zutrifft, unter der Bedingung $N_{1.} = n_{1.}$ und $N_{.1} = n_{.1}$ die Testgröße

$$T((X_1, Y_1), \ldots, (X_n, Y_n)) = N_{11}$$

hypergeometrisch verteilt, und zwar $H(n_{1.}, n, n_{.1})$-verteilt.

4. Ablehnung, falls $T < h_{\frac{\alpha}{2}}$ oder $T > h_{1-\frac{\alpha}{2}}$. Dabei ist $h_{1-\frac{\alpha}{2}}$ das $(1 - \frac{\alpha}{2})$-Quantil der angegebenen hypergeometrischen Verteilung. Die Schranke $h_{\frac{\alpha}{2}}$ ist die kleinste natürliche Zahl, für die die Verteilungsfunktion von T einen Wert hat, der größer als $\frac{\alpha}{2}$ ist. Diese Schranke stimmt immer dann mit dem $\frac{\alpha}{2}$-Quantil der angegebenen hypergeometrischen Verteilung überein, wenn $\frac{\alpha}{2}$ nicht als Funktionswert der Verteilungsfunktion von T auftritt.

   Näherungswerte für diese Ablehnungsschranken, sind bei großen Werten von n gegeben durch

$$h_p \simeq \frac{n_{1.} \cdot n_{.1}}{n} + u_p \cdot \sqrt{n_{1.} \cdot \frac{n_{.1}}{n} \cdot \left(1 - \frac{n_{.1}}{n}\right) \cdot \left(1 - \frac{n_{1.} - 1}{n - 1}\right)}$$

1.3.7 Verteilungsunabhängige Tests

Tests, bei denen wie z.B. beim Kolmogoroff–Smirnov–Test keine speziellen Verteilungsannahmen zugrunde gelegt werden und für die betrachteten Zufallsvariablen allenfalls die Stetigkeit ihrer Verteilungsfunktion F angenommen wird, heißen **verteilungsunabhängige Tests**.

Vorzeichentest

1. $(X_1, Y_1), \ldots, (X_n, Y_n)$ unabhängig und identisch verteilt wie (X, Y) mit einer stetigen Verteilungsfunktion

2. $H_0 : P(X > Y) = P(X < Y) = \frac{1}{2}$

3. Als Testgröße verwendet man die zufällige Anzahl von Zahlenpaaren in der zweidimensionalen Messreihe, bei denen der x-Wert größer als der y-Wert ist, kurz

$$T((X_1, Y_1), \ldots, (X_n, Y_n)) = \text{Anzahl der } i \in \{1, \ldots, n\} \text{ mit } X_i > Y_i$$

Diese Testgröße ist, falls H_0 zutrifft, $\mathrm{B}(n, \frac{1}{2})$-verteilt.

4. Ablehnung, falls $T < n - b_{1-\frac{\alpha}{2}}$ oder $T > b_{1-\frac{\alpha}{2}}$, wobei $b_{1-\frac{\alpha}{2}}$ das $(1 - \frac{\alpha}{2})$-Quantil der $\mathrm{B}(n, \frac{1}{2})$-Verteilung ist.
   Für große Werte von n gilt näherungsweise

$$b_{1-\frac{\alpha}{2}} \simeq \frac{1}{2} \cdot \left(n + u_{1-\frac{\alpha}{2}} \cdot \sqrt{n} \right)$$

Zweistichproben–Test von Wilcoxon, Mann und Whitney (U–Test)

1. $X_1, \ldots, X_m, Y_1, \ldots, Y_n$ seien unabhängige Zufallsvariablen;
   $X_1, \ldots, X_m$ seien identisch verteilt mit der stetigen Verteilungsfunktion F;
   $Y_1, \ldots, Y_n$ seien identisch verteilt mit der stetigen Verteilungsfunktion G.

2. $H_0 : F = G$

3. Als Testgröße verwendet man die zufällige Anzahl von Inversionen, d.h. die Anzahl von Paaren (i, j), für die sich in der beobachteten Messreihe $x_1, \ldots, x_m, y_1, \ldots, y_n$ die Ungleichung $x_i > y_j$ ergibt, kurz

$$T(X_1, \ldots, X_m, Y_1, \ldots, Y_n) = \text{Anzahl der Paare } (i, j) \in \{1, \ldots, m\} \times \{1, \ldots, n\}$$
$$\text{mit } X_i > Y_j.$$

Die Verteilung dieser Testgröße lässt sich für den Fall, dass H_0 zutrifft, aufgrund kombinatorischer Überlegungen berechnen. Im Anhang ist für einige Werte von m und n die Verteilungsfunktion von T angegeben. Für große Werte von m und n ist T unter H_0 näherungsweise $\mathrm{N}(\mu, \sigma^2)$-verteilt, und zwar mit $\mu = \frac{1}{2} \cdot m \cdot n$ und $\sigma^2 = \frac{1}{12} \cdot m \cdot n \cdot (m + n + 1)$.

4. Ablehnung, falls

$$T > w_{m,n;1-\alpha/2} \qquad \text{oder} \qquad T < m \cdot n - w_{m,n;1-\frac{\alpha}{2}},$$

wobei $w_{m,n;1-\frac{\alpha}{2}}$ das $(1 - \frac{\alpha}{2})$-Quantil von T bezeichnet, bzw. (für große Werte von m und n) falls

$$\left| T - \frac{1}{2} \cdot m \cdot n \right| > u_{1-\alpha/2} \cdot \sqrt{\frac{1}{12} \cdot m \cdot n \cdot (m + n + 1)}$$

Bemerkung: Der Wilcoxon–Mann–Whitney–Test eignet sich aufgrund der Konstruktion seiner Testgröße zum Testen der Nullhypothese $H_0 : F = G$ bei der Alternativhypothese $H_1 : F > G$ oder $F < G$. Dabei bedeutet $F > G$, dass $F(x) \geq G(x)$ für alle $x \in \mathbf{R}$ und $F \neq G$ gelten soll („stochastisch kleiner"). Der folgende Test eignet sich zum Testen von Nullhypothesen $H_0 : F = G$ bei ganz beliebiger Alternativhypothese $H_1 : F \neq G$.

Run–Test von Wald und Wolfowitz

1. $X_1, \ldots, X_m, Y_1, \ldots, Y_n$ seien unabhängige Zufallsvariablen;
   $X_1, \ldots, X_m$ seien identisch verteilt mit der stetigen Verteilungsfunktion F;
   $Y_1, \ldots, Y_n$ seien identisch verteilt mit der stetigen Verteilungsfunktion G.

2. $H_0 : F = G$

3. Als Testgröße verwendet man die zufällige Anzahl der Runs im Beobachtungsergebnis. Diese wird dadurch ermittelt, dass die Zahlen $x_1, \ldots, x_m, y_1, \ldots, y_n$ der Größe nach geordnet werden, wodurch eine Folge von x-Werten und y-Werten der Länge $m + n$ entsteht. Jede Teilsequenz in dieser Folge, die nur aus x-Werten besteht und bei der vor dem ersten x-Wert ein y-Wert (oder gar kein Wert) steht sowie nach dem letzten x-Wert ein y-Wert (oder gar kein Wert) steht, heißt x-Run. Ein y-Run ist entsprechend erklärt. Die Anzahl der Runs ist die Summe der Anzahl der x-Runs und der Anzahl der y-Runs. Die Verteilung der Testgröße

$$T(X_1, \ldots, X_m, Y_1, \ldots, Y_n) = \text{ zufällige Anzahl der Runs}$$

lässt sich für den Fall, dass H_0 zutrifft, aufgrund einfacher kombinatorischer Überlegungen durch die folgenden Formeln angeben. Für $i = 1, 2, \ldots, \min\{m, n\}$ gilt

$$P(T = 2i) \;=\; 2 \binom{m-1}{i-1} \binom{n-1}{i-1} \Big/ \binom{m+n}{m}$$

$$P(T = 2i + 1) \;=\; \left[\binom{m-1}{i-1} \binom{n-1}{i} + \binom{m-1}{i} \binom{n-1}{i-1} \right] \Big/ \binom{m+n}{m}$$

Für einige Werte von m und n sind im Anhang die Verteilungsfunktion von T angegeben. Für große Werte von m und n ist T jedoch unter H_0 (bei sehr allgemeinen Voraussetzungen an die Verteilungsfunktion F) näherungsweise $N(\mu, \sigma^2)$-verteilt, und zwar mit

$$\mu = 1 + \frac{2mn}{m+n} \qquad \text{und} \qquad \sigma^2 = \frac{2mn(2mn - m - n)}{(m+n)^2(m+n-1)}$$

4. Ablehnung, falls

$$T < r_{m,n;\alpha}$$

bzw. (für große Werte von m und n) falls

$$T < \mu + \sigma \cdot u_\alpha$$

Dabei ist $r_{m,n;\alpha}$ die kleinste natürliche Zahl, für die die Verteilungsfunktion von T einen Wert hat, der größer als α ist. Diese Zahl stimmt mit dem α-Quantil der Run-Verteilung überein, falls die Verteilungsfunktion den Wert α nicht annimmt.

1.3.8   Einfache Varianzanalyse

Der F-Test der einfachen Varianzanalyse dient dem Vergleich von k vielen Messreihen ($k \geq 2$). Mit ihm wird geprüft, ob die Annahme gleicher Erwartungswerte gerechtfertigt ist. Für $k = 2$ ist dieser Test äquivalent zum Zweistichproben-t-Test.

1. Die $n = n_1 + \ldots + n_k$ Zufallsvariablen Y_{ij} ($i = 1, \ldots, k;\ j = 1, \ldots, n_i$) seien unabhängig;
   Y_{ij} sei $N(\mu_i, \sigma^2)$-verteilt für $i = 1, \ldots, k;\ j = 1, \ldots, n_i$;
   $\mu_1, \ldots, \mu_k$ sowie σ^2 seien unbekannt.

2. $H_0 : \mu_1 = \ldots = \mu_k$

3. Mit den Abkürzungen

$$\bar{Y}_i = \frac{1}{n_i}(Y_{i1} + \ldots + Y_{in_i}), \quad i = 1, \ldots, k$$

$$\bar{Y} = \frac{1}{n}(n_1 \bar{Y}_1 + \ldots + n_k \bar{Y}_k)$$

$$\mathrm{SST} = \sum_{i=1}^{k} n_i(\bar{Y}_i - \bar{Y})^2$$

$$\mathrm{SSE} = \sum_{i=1}^{k} \sum_{j=1}^{n_i} (Y_{ij} - \bar{Y}_i)^2$$

definiert man die Testgröße

$$T(Y_{11}, \ldots, Y_{kn_k}) = \frac{\frac{1}{k-1}\mathrm{SST}}{\frac{1}{n-k}\mathrm{SSE}}$$

Sie ist, falls H_0 zutrifft, $F_{k-1,n-k}$-verteilt. Für die Erwartungswerte der Zufallsvariablen SST und SSE gilt mit $\bar{\mu} = \frac{1}{n}(n_1\mu_1 + \ldots + n_k\mu_k)$:

$$E(\mathrm{SST}) = (k-1)\sigma^2 + \sum_{i=1}^{k} n_i(\mu_i - \bar{\mu})^2$$

$$E(\mathrm{SSE}) = (n-k)\sigma^2$$

Bei Gültigkeit der Nullhypothese sind somit Zähler und Nenner der Testgröße erwartungstreue Schätzer für σ^2. Ist die Nullhypothese verletzt, so ist der Erwartungswert von $\frac{1}{k-1}\mathrm{SST}$ echt größer als derjenige von $\frac{1}{n-k}\mathrm{SSE}$.

4. Ablehnung, falls $T > F_{k-1,n-k;1-\alpha}$

1.3.9   Einfache lineare Regression

Seien $x_1, \ldots, x_n$ gegebene reelle Zahlen, die nicht alle gleich sind. Die Zufallsvariablen $Y_1, \ldots, Y_n$ seien unabhängig und normalverteilt. Die Zufallsvariable Y_i sei $N(ax_i + b, \sigma^2)$-verteilt, $i = 1, \ldots, n$. Die durch die Gleichung

$$y = ax + b$$

in der x–y–Ebene gegebene Gerade heißt **Regressionsgerade**. Ihre Steigung a und ihr Achsenabschnitt b sind ebenso wie die Varianz σ^2 der Zufallsvariablen $Y_1, \ldots, Y_n$ unbekannt. Im folgenden werden Schätzer und Konfidenzintervalle für diese unbekannten Parameter angegeben. Dabei werden die folgenden Abkürzungen benutzt

$$\bar{x} = \frac{1}{n} \cdot (x_1 + \ldots + x_n)$$

$$\bar{Y} = \frac{1}{n} \cdot (Y_1 + \ldots + Y_n)$$

$$\text{ssx} = \sum_{i=1}^{n}(x_i - \bar{x})^2$$

$$\text{SSY} = \sum_{i=1}^{n}(Y_i - \bar{Y})^2$$

$$\text{SXY} = \sum_{i=1}^{n}(x_i - \bar{x})(Y_i - \bar{Y})$$

Schätzer für a, b und σ^2

$$A = \frac{\text{SXY}}{\text{ssx}} \quad \text{ist } N\left(a, \frac{\sigma^2}{\text{ssx}}\right) \text{ –verteilt;} \tag{73}$$

$$B = \bar{Y} - A\bar{x} \quad \text{ist } N\left(b, \sigma^2 \cdot \left(\frac{1}{n} + \frac{\bar{x}^2}{\text{ssx}}\right)\right) \text{ –verteilt.} \tag{74}$$

Man erkennt insbesondere, daß die Schätzer A und B, die nach der Maximum-Likelihood-Methode hergeleitet werden können, erwartungstreue Schätzer für a bzw. b sind.

Mit der Abkürzung

$$SSR = \sum_{i=1}^{n}(Y_i - Ax_i - B)^2 = SSY\left(1 - \frac{SXY^2}{SSY \cdot ssx}\right)$$

für die Summe der quadrierten Residuen gilt:

$$\frac{SSR}{\sigma^2} \quad \text{ist } \chi^2_{n-2}\text{-verteilt.}$$

Da eine χ^2_{n-2}-verteilte Zufallsvariable den Erwartungswert $n - 2$ hat, ist der Schätzer

$$\tilde{S}^2 = \frac{SSR}{n - 2} \tag{75}$$

erwartungstreu für σ^2. Die Maximum-Likelihood-Methode würde in diesem Fall auf den Schätzer $\frac{1}{n} \cdot SSR$ führen, der nicht erwartungstreu für σ^2 ist. Für die drei Schätzer A, B und $\tilde{S}^2$ gilt außerdem:

$$\tilde{S}^2 \text{ und } A \text{ sind unabhängig;}$$

$$\tilde{S}^2 \text{ und } B \text{ sind unabhängig.}$$

Aus den folgenden Verteilungsaussagen lassen sich Tests und Konfidenzintervalle ableiten. Es ergibt sich nämlich aus obigem, wenn $\tilde{S} = \sqrt{\tilde{S}^2}$ gesetzt wird:

$$\frac{(A-a)/\sqrt{\frac{\sigma^2}{ssx}}}{\sqrt{\frac{SSR}{\sigma^2}/(n-2)}} = \frac{\sqrt{ssx} \cdot (A-a)}{\tilde{S}} \quad \text{ist } t_{n-2} \text{-verteilt,}$$

da der Zähler des ersten Quotienten N(0,1)-verteilt ist, $\frac{SSR}{\sigma^2}$ im Nenner χ^2_{n-2}-verteilt ist sowie Zähler und Nenner unabhängig sind. Mit einer entsprechenden Begründung folgt:

$$\frac{(B-b)/\sqrt{\sigma^2 \left(\frac{1}{n} + \frac{\bar{x}^2}{ssx}\right)}}{\sqrt{\frac{SSR}{\sigma^2}/(n-2)}} = \frac{B-b}{\tilde{S} \cdot \sqrt{\frac{1}{n} + \frac{\bar{x}^2}{ssx}}} \quad \text{ist } t_{n-2} \text{-verteilt}$$

Konfidenzintervalle zum Konfidenzniveau $1-\alpha$ für a, b und σ^2:

$$\left[A - \tilde{S} \cdot \sqrt{\frac{1}{ssx}} \cdot t_{n-2;1-\alpha/2} , \; A + \tilde{S} \cdot \sqrt{\frac{1}{ssx}} \cdot t_{n-2;1-\alpha/2} \right] \tag{76}$$

$$\left[B - \tilde{S} \cdot \sqrt{\left(\frac{1}{n} + \frac{\bar{x}^2}{ssx}\right)} \cdot t_{n-2;1-\alpha/2} , \; B + \tilde{S} \cdot \sqrt{\left(\frac{1}{n} + \frac{\bar{x}^2}{ssx}\right)} \cdot t_{n-2;1-\alpha/2} \right] \tag{77}$$

$$\left[\frac{SSR}{\chi^2_{n-2;1-\alpha/2}} , \; \frac{SSR}{\chi^2_{n-2;\alpha/2}} \right] \tag{78}$$

Prognose–Intervall zum Niveau $1-\alpha$

Es sei x eine gegebene reelle Zahl und Y eine N$(ax+b, \sigma^2)$-verteilte Zufallsvariable, die eine Beobachtung an der Stelle x beschreibt. Die Zufallsvariablen $Y_1, \ldots, Y_n$ seien verteilt wie oben beschrieben, und alle Zufallsvariablen $Y, Y_1, \ldots, Y_n$ werden als unabhängig vorausgesetzt. Unter diesen Annahmen gilt:

$$Y - Ax - B \quad \text{ist N}\left(0, \sigma^2 \left(1 + \frac{1}{n} + \frac{(x - \bar{x})^2}{ssx}\right)\right) \text{ – verteilt.}$$

Die Zufallsvariable $\frac{1}{\sigma^2} \cdot SSR$ ist χ^2_{n-2}-verteilt. Daraus folgt:

$$\frac{(Y - Ax - B)/\sqrt{\sigma^2 \left(1 + \frac{1}{n} + \frac{(x-\bar{x})^2}{ssx}\right)}}{\sqrt{\frac{SSR}{\sigma^2}/(n-2)}} = \frac{Y - Ax - B}{\tilde{S} \cdot \sqrt{\left(1 + \frac{1}{n} + \frac{(x-\bar{x})^2}{ssx}\right)}} \quad \text{ist } t_{n-2} \text{ – verteilt,}$$

da Zähler und Nenner des ersten Quotienten unabhängig sind. Es gilt also stets mit Wahrscheinlichkeit $1 - \alpha$:

$$Ax + B - U \leq Y \leq Ax + B + U$$

wobei

$$U = \tilde{S} \cdot \sqrt{\left(1 + \frac{1}{n} + \frac{(x - \bar{x})^2}{ssx}\right)} \cdot t_{n-2;1-\alpha/2}$$

zu setzen ist. Das zufällige Intervall

$$[Ax + B - U, Ax + B + U] \tag{79}$$

heißt daher Prognoseintervall zum Niveau $1 - \alpha$ für Y an der Stelle x.

Aufgaben

2.1   Beschreibende Statistik

Aufgabe 1

Bei der Messung der Körpergröße von 20 männlichen Schülern ergaben sich die folgenden
Werte (in *cm*):

$$149 \quad 147 \quad 158 \quad 165 \quad 153 \quad 153 \quad 168 \quad 158 \quad 163 \quad 159$$
$$177 \quad 175 \quad 163 \quad 170 \quad 162 \quad 162 \quad 170 \quad 153 \quad 147 \quad 157$$

Man skizziere die empirische Verteilungsfunktion der angegebenen Messreihe und zeichne
ein Histogramm, wobei folgende Klasseneinteilung zu wählen ist:

$$(145, 150] \, , \, (150, 155] \, , \ldots , (175, 180]$$

Ferner berechne man zu der oben angegebenen Messreihe die folgenden statistischen Maßzahlen:

a) arithmetisches Mittel

b) Median

c) empirische Varianz und Standardabweichung

d) Quartilabstand

Aufgabe 2

Bei der jährlichen Messung des Wasserverbrauchs (in m^3) von 18 Haushalten ergaben sich
die folgenden Werte:

$$121 \quad 140 \quad 216 \quad 84 \quad 70 \quad 104 \quad 119 \quad 208 \quad 181$$
$$137 \quad 92 \quad 142 \quad 111 \quad 96 \quad 150 \quad 99 \quad 127 \quad 131$$

Zu der angegebenen Messreihe berechne man die folgenden Maßzahlen:

a) arithmetisches Mittel

b) Median

c) Spannweite

d) empirische Varianz und Standardabweichung

e) 0.1-Quantil

f) Quartilabstand

Aufgabe 3

Bei einer Klausur wurden 10 Aufgaben gestellt und maximal 100 Punkte vergeben. In der folgenden Tabelle ist zu jeder Note die Punktzahl p angegeben, die zum Erhalt dieser Note mindestens erreicht werden musste.

Note	1.0	1.3	1.7	2.0	2.3	2.7	3.0	3.3	3.7	4.0	4.3	5.0
p	66	63	60	57	54	51	48	45	42	39	33	0

Folgende Punktzahlen wurden von den 20 Teilnehmern erreicht:

$$8 \quad 16 \quad 18 \quad 22 \quad 29 \quad 32 \quad 33 \quad 33 \quad 39 \quad 42$$
$$43 \quad 46 \quad 48 \quad 50 \quad 53 \quad 64 \quad 71 \quad 79 \quad 82 \quad 89$$

a) Man bestimme jeweils im Sinne der Bildung des arithmetischen Mittels die durchschnittliche Punktzahl und die Durchschnittsnote.

b) Mit der Durchschnittsnote vergleiche man die Note, die man bei durchschnittlicher Punktzahl erhalten würde.

c) Man bestimme die Mediane der Notenverteilung und der Punkteverteilung.

d) Mit dem Median der Notenverteilung vergleiche man die Note, die man beim Median der Punkteverteilung erhalten würde.

e) Man berechne das 20%-gestutzte Mittel sowie das 20%-winsorisierte Mittel der Punktzahlen und vergleiche diese Werte mit der in a) berechneten durchschnittlichen Punktzahl.

Aufgabe 4

Bei der Messung der Durchmesser von 20 Kugellagerkugeln ergaben sich folgende Werte $x_1, x_2, \ldots, x_{20}$ (in cm):

$$
\begin{array}{ccccc}
1.0251 & 1.0311 & 1.0255 & 1.0317 & 0.9731 \\
0.9714 & 1.0329 & 0.9712 & 1.0238 & 1.0323 \\
0.9894 & 1.0218 & 1.0299 & 0.9737 & 0.9758 \\
1.0273 & 0.9677 & 0.9679 & 0.9711 & 0.9792
\end{array}
$$

Das spezifische Gewicht des Stahls, aus dem die Kugeln gefertigt wurden, sei $\rho = 7.731 \, g/cm^3$. Man berechne das Durchschnittsgewicht (arithmetisches Mittel der Gewichte) der Kugeln in g auf 5 Stellen nach dem Komma genau und vergleiche damit das Gewicht einer Stahlkugel, deren Durchmesser gleich dem durchschnittlichen Durchmesser der Kugellagerkugeln ist.

Aufgabe 5

Es sei $x_1, \ldots, x_n$ eine Messreihe und $\bar{x}$ das zugehörige arithmetische Mittel.

a) Man zeige: Werden die Werte einer Messreihe gemäß $y_i = a + b \cdot x_i$, $i = 1, \ldots, n$, linear transformiert, so gilt für das arithmetische Mittel $\bar{y}$ der transformierten Werte

$$\bar{y} = a + b \cdot \bar{x},$$

d.h. das arithmetische Mittel der transformierten Werte ist gleich dem transformierten arithmetischen Mittel der ursprünglichen Werte.

b) Auf einer Touristeninsel in der Karibik wurden in den letzten beiden Juliwochen jeweils morgens zur gleichen Zeit die folgenden Lufttemperaturen in ^{0}Fahrenheit gemessen:

$$78 \quad 82 \quad 81 \quad 82 \quad 80 \quad 83 \quad 77 \quad 81 \quad 79 \quad 79 \quad 83 \quad 78 \quad 78 \quad 79$$

Man berechne die Durchschnittstemperatur, d.h. das arithmetische Mittel der gemessenen Temperaturen, in ^{0}Fahrenheit und in ^{0}Celsius.

(Hinweis: x $[^0F]$ entsprechen $y = \frac{5}{9} \cdot (x - 32)$ $[^0C]$).

Aufgabe 6

Gegeben sei eine Messreihe $x_1, \ldots, x_n$ mit dem arithmetischen Mittel $\bar{x}$ und dem Median $\tilde{x}$. Die Funktionen $f : \mathbf{R} \to \mathbf{R}$ und $g : \mathbf{R} \to \mathbf{R}$ seien definiert durch

$$f(x) = \sum_{i=1}^{n} (x_i - x)^2 \qquad \text{bzw.} \qquad g(x) = \sum_{i=1}^{n} |x_i - x|.$$

Man zeige:

a) f hat an der Stelle $x = \bar{x}$ ein absolutes Minimum.

b) g hat an der Stelle $x = \tilde{x}$ ein absolutes Minimum.

Aufgabe 7

Für fünf Bauernhöfe, die an einer durch ein enges Gebirgstal führenden Straße liegen, soll eine Milchsammelstelle eingerichtete werden. Wie muss der Standort gewählt werden, damit die von den Bauern insgesamt zur Milchablieferung zurückzulegende Strecke minimal wird, wenn jeder Bauer einmal täglich Milch abliefert, und die einzelnen Bauernhöfe an den durch die folgende Tabelle beschriebenen Kilometersteinen liegen ?

Bauernhof	A	B	C	D	E
Kilometerstein	7.7	22.5	16.5	10.2	13.1

Wie muss der Standort der Milchsammelstelle gewählt werden, wenn noch ein sechster Bauernhof F am Kilometerstein 47.5 berücksichtigt wird ?

Aufgabe 8

Man zeige, dass bei n Messwerten für das arithmetische Mittel $\bar{x}$, das α-gestutzte Mittel $\bar{x}_\alpha$, das α-winsorisierte Mittel w_α $(0 < \alpha < \frac{1}{2})$ und den Median $\tilde{x}$ folgende Aussagen gelten:

a) $n \cdot \alpha < 1 \quad \Rightarrow \quad \bar{x}_\alpha = w_\alpha = \bar{x}$

b) $n \cdot \alpha \geq \frac{n-1}{2} \quad \Rightarrow \quad \bar{x}_\alpha = w_\alpha = \begin{cases} \tilde{x} & \text{falls } n \text{ ungerade} \\ \left(x_{(n/2)} + x_{([n/2]+1)}\right)/2 & \text{falls } n \text{ gerade} \end{cases}$

Aufgabe 9

In der folgenden Tabelle sind 30 Zeilen mit jeweils 10 Messwerten $x_1, \ldots, x_{10}$ aufgeführt. (Die 30 Messreihen seien dadurch entstanden, dass ein Zufallsexperiment in 30 Versuchseinheiten jeweils 10mal, insgesamt also 300mal, unter identischen Bedingungen wiederholt wurde, wobei keine gegenseitige Beeinflussung der Versuchsausgänge stattgefunden habe.) Jede dieser 30 Messreihen wird nach der unten beschriebenen Methode verfälscht. Die verfälschte Messreihe wird mit $y_1, \ldots, y_{10}$ bezeichnet.

x_1	x_2	x_3	x_4	x_5	x_6	x_7	x_8	x_9	x_{10}	z
1.86	1.60	1.97	1.79	1.80	1.55	1.66	1.85	1.82	1.80	1257
1.83	1.96	1.74	1.68	1.70	1.95	1.81	1.81	1.71	1.67	2429
1.69	1.69	1.73	1.73	1.78	1.83	1.73	1.73	1.71	1.83	9433
1.87	1.73	1.68	1.81	1.81	1.80	1.70	1.69	1.93	1.63	1559
1.60	1.93	1.78	1.59	1.86	1.67	1.84	1.90	1.72	1.65	2361
1.65	1.81	1.78	1.72	1.50	1.87	1.81	1.89	1.92	1.72	8992
1.78	1.75	1.67	1.80	1.67	1.80	1.87	1.88	1.83	1.69	9401
1.71	1.52	1.77	1.82	1.47	1.84	1.78	1.85	1.80	1.69	6461
1.58	1.67	1.81	1.87	1.90	1.69	1.83	1.66	1.59	1.84	6806
1.75	1.73	1.72	1.82	1.73	1.73	1.91	1.88	1.82	1.74	6662
1.79	1.67	1.93	1.77	1.78	1.97	1.70	1.56	1.78	1.82	8422
1.55	1.88	1.82	1.54	1.81	1.75	1.88	1.95	1.56	1.89	8889
1.52	1.56	1.99	1.66	1.69	1.72	1.72	1.79	1.71	1.76	1188
1.97	1.81	1.82	1.82	1.86	1.79	1.65	1.72	1.99	1.68	0591
1.66	1.84	1.66	1.81	1.73	1.60	1.92	1.80	1.64	1.82	8710
1.65	1.82	1.53	1.68	1.70	1.83	1.79	1.73	1.69	1.90	1761
1.83	1.86	1.79	1.80	1.67	1.77	1.74	1.79	1.74	1.76	0803
1.88	1.79	1.71	1.67	1.79	1.86	1.67	1.83	1.66	1.87	6527
1.64	1.62	1.54	1.67	1.68	1.81	1.72	1.65	1.69	1.76	7959
1.84	1.65	1.77	1.88	1.71	1.81	1.74	1.75	1.77	1.65	1937
1.71	1.65	1.87	1.85	1.74	1.79	1.76	1.89	1.75	1.68	0343
1.73	1.72	1.82	1.89	1.66	2.00	1.70	1.65	1.80	1.68	9799
1.62	1.85	1.67	1.86	1.63	1.86	1.66	1.59	1.63	1.68	6233

x_1	x_2	x_3	x_4	x_5	x_6	x_7	x_8	x_9	x_{10}	z
1.66	1.82	1.86	1.85	1.56	1.70	1.73	1.66	1.78	1.58	2426
1.75	1.83	1.76	1.75	1.81	1.77	1.70	1.92	1.71	1.71	1881
1.75	1.69	1.69	1.93	1.69	1.81	1.85	1.80	1.89	1.57	1624
1.91	1.66	1.64	1.68	1.67	1.66	1.65	1.87	1.72	1.69	1124
1.64	1.72	1.68	1.82	1.53	1.70	1.75	1.84	1.70	1.75	5874
1.55	1.60	1.55	1.62	1.75	1.78	1.75	1.66	1.67	1.81	0799
1.75	1.62	1.73	1.72	1.81	1.61	1.78	1.83	1.70	1.83	4248

Die 4 Ziffern der Zahl z geben an, wie die Messreihe $x_1, \ldots, x_{10}$ geändert wird, um eine fehlerhafte Messreihe $y_1, \ldots, y_{10}$ zu erhalten. Ist die erste Ziffer i, so wird x_i (im Fall $i = 0$ der Messwert x_{10}) gemäß der zweiten Ziffer geändert: zweite Ziffer $= 1, 2, 3$ oder 4: $y_i = x_i - 1$; zweite Ziffer $= 5, 6, 7$ oder 8: $y_i = x_i + 1$; zweite Ziffer $= 9$ oder 0: $y_i = x_i$. Analog ist bei der dritten und vierten Ziffer zu verfahren. Falls die erste und dritte Ziffer gleich sind, wird nur die letzte Änderung durchgeführt. Bei den unveränderten Werten ist $y_i = x_i$ zu setzen.

a) Man bestimme die verfälschten Messreihen $y_1, \ldots, y_{10}$ und berechne jeweils die Werte $\bar{x}$, $\bar{x}_{20\%}$, $\tilde{x}$, $\bar{y}$, $\bar{y}_{20\%}$ und $\tilde{y}$.

b) Man zeichne 6 Histogramme für die jeweils 30 Werte, die sich für $\bar{x}$, $\bar{x}_{20\%}$, $\tilde{x}$, $\bar{y}$, $\bar{y}_{20\%}$ und $\tilde{y}$ ergeben.

Man wähle dabei die Klassen $(1.50, 1.55]$, $(1.55, 1.60], \ldots, (1.95, 2.00]$.

Aufgabe 10

In einer Versuchsserie zur Prüfung der Bremsen von Kraftfahrzeugen wurden die Momentangeschwindigkeit in km/h zum Zeitpunkt des Bremsbeginns und der Bremsweg in m gemessen. Dabei ergab sich die folgende Messreihe $(v_1, s_1), \ldots, (v_{20}, s_{20})$:

(49.2,30.8)	(51.0,33.9)	(52.4,35.3)	(48.2,29.9)	(51.6,34.6)
(48.5,30.6)	(49.8,31.4)	(51.3,33.8)	(48.9,31.2)	(49.5,32.1)
(50.9,32.8)	(51.4,34.1)	(51.1,33.3)	(48.6,30.4)	(49.4,31.4)
(52.8,35.7)	(52.1,34.6)	(50.7,33.1)	(50.3,32.3)	(50.4,32.9)

a) Man stelle die Messergebnisse zunächst in einem Punktediagramm dar. Ferner lege man eine Kontingenztafel an, wobei für die Werte des Merkmals Momentangeschwindigkeit die Klasseneinteilung $(48.0, 49.0], \ldots, (52.0, 53.0]$ und entsprechend beim Merkmal Bremsweg die Klasseneinteilung $(29.0, 30.0], \ldots, (35.0, 36.0]$ zu wählen ist.

b) Man berechne zu der oben angegebenen Messreihe die empirische Kovarianz sowie den empirischen Korrelationskoeffizienten.

2.2 Laplace–Wahrscheinlichkeiten

Aufgabe 11

a) 10 Personen verabschieden sich voneinander mit Händedruck. Jeder geht allein nach Hause. Wie oft werden Hände gedrückt ?

b) 10 Ehepaare verabschieden sich voneinander mit Händedruck und gehen paarweise nach Hause. Wie oft werden Hände gedrückt ?

c) 10 französische Ehepaare verabschieden sich voneinander, und zwar die Herren von den Herren mit Händedruck, die Damen von den Damen mit Küsschen auf beide Wangen, sowie Damen und Herren ebenfalls jeweils mit Küsschen auf beide Wangen. Die Ehepaare gehen paarweise nach Hause. Wieviele Küsschen werden gegeben ? Wie oft werden Hände gedrückt ?

Aufgabe 12

Die Einteilung der sechs Vorrundengruppen $I, II, \ldots, VI$ eines Fußballturniers mit 24 teilnehmenden Mannschaften wird ausgelost. Wieviele Möglichkeiten der Gruppeneinteilung gibt es, wenn

a) die Mannschaften in eine zufällige Reihenfolge gebracht werden, und die ersten vier in Gruppe I, die zweiten vier in Gruppe II usw. eingeteilt werden ?

b) die Lose mit den Namen der Mannschaften $A_1, A_2, \ldots, A_6$ in Topf A, die Lose mit den Namen der Mannschaften $B_1, B_2, \ldots, B_6$ in Topf B, ebenso Lose für $C_1, \ldots, C_6$ in Topf C bzw. $D_1, \ldots, D_6$ in Topf D gegeben werden, und dann für jede der Vorrundengruppen $I, \ldots, VI$ jeweils eine Mannschaft aus jedem der Töpfe A,...,D ausgelost wird ?

Aufgabe 13

Neun Personen besteigen einen Zug mit drei Wagen. Jede Person wählt zufällig und unabhängig von den anderen Personen einen Wagen. Wie groß ist unter geeigneter Laplace-Annahme die Wahrscheinlichkeit dafür, dass

a) genau drei Personen in den ersten Wagen steigen,

b) jeweils drei Personen in jeden Wagen steigen,

c) die neun Personen sich in Gruppen zu zwei, drei und vier Personen auf die drei Wagen aufteilen ?

Aufgabe 14

Wird aus einer Urne mit 10 Kugeln, die die Zahlen 0 bis 9 tragen, viermal mit Zurücklegen gezogen, so ist die Summe der Zahlen auf den gezogenen Kugeln eine der ganzen Zahlen zwischen 0 und 36. Unter geeigneter Laplace-Annahme berechne man die Wahrscheinlichkeiten, mit denen die einzelnen Zahlen auftreten, und stelle sie in einem Stabdiagramm dar.

Aufgabe 15

Beim „Doppelkopf-Spiel" wird ein Kartenspiel mit 48 Karten durchgemischt, und es werden an vier Spieler je zwölf Karten verteilt. Acht der 48 Karten heißen „Damen", zwei der acht Damen heißen „Kreuz-Damen". Man berechne unter der Laplace-Annahme die Wahrscheinlichkeiten folgender Ereignisse:

a) Ein Spieler erhält beide Kreuz-Damen.

b) Ein Spieler erhält beide Kreuz-Damen und mindestens drei weitere Damen.

c) Zwei Spieler erhalten je eine Kreuz-Dame und mindestens zwei weitere Damen.

Aufgabe 16

Aus einer Tabelle (einstelliger) Zufallsziffern werden nacheinander Ziffern entnommen. Wieviele Ziffern muss man mindestens entnehmen, damit unter ihnen mit einer Wahrscheinlichkeit ≥ 0.95 mindestens eine ungerade ist ?

Aufgabe 17

Ein Produktionsverfahren zur Herstellung von bestimmten elektronischen Bauteilen liefert im Mittel 10% Ausschuss, 40% Produkte zweiter und 50% Produkte erster Wahl. Aus der laufenden Fertigung werden 4 Bauteile entnommen. Unter geeigneten Annahmen („Ziehen mit Zurücklegen") berechne man die Wahrscheinlichkeit dafür, dass sich unter den 4 entnommenen Bauteilen

a) ausschließlich Bauteile erster Wahl befinden,

b) kein Ausschuss und höchstens ein Bauteil zweiter Wahl befindet,

c) mindestens drei Bauteile erster Wahl befinden.

Aufgabe 18

Bei einer Nikolausfeier im Kindergarten bringt jedes der 12 Kinder ein Päckchen mit, das der Nikolaus in seinen Sack steckt. Später verteilt er die 12 Päckchen wieder zufällig an die Kinder. Wie groß ist (unter geeigneter Laplace-Annahme) die Wahrscheinlichkeit dafür, dass keines der Kinder sein eigenes Päckchen zurückbekommt ?

Aufgabe 19

Bei der Glücksspirale der Olympia-Lotterie 1971 wurden einer Trommel, die 70 Kugeln, davon je 7 mit den Ziffern $0, 1, \ldots, 9$, enthielt, zur Ermittlung einer 7-stelligen Glückszahl 7 Kugeln entnommen und in der gezogenen Reihenfolge zu einer Zahl angeordnet. Der Hauptgewinn entfiel auf das Los, dessen 7-stellige Losnummer mit der auf diese Weise ermittelten Glückszahl übereinstimmte. Da vor dem Ziehen durchgemischt wurde, liefert folgender Wahrscheinlichkeitsraum $(\Omega, \mathcal{A}, P)$ eine geeignete Beschreibung:

$$\Omega = \{(\omega_1, \ldots, \omega_7) \in \Omega_0^7 : \omega_i \neq \omega_j \text{ für } i \neq j, \quad i, j = 1, \ldots, 7\}$$
$$\text{wobei } \Omega_0 = \{0_a, 0_b, \ldots, 0_g, 1_a, 1_b, \ldots, 1_g, \ldots, 9_a, 9_b, \ldots 9_g\}$$
$$\mathcal{A} = \mathcal{P}(\Omega)$$
$$P(A) = \frac{\text{Anzahl der Elemente von } A}{\text{Anzahl der Elemente von } \Omega} \text{ für } A \in \mathcal{A}$$

Man zeige, dass es genau 15 Sorten von 7-stelligen Losnummern mit verschiedenen Wahrscheinlichkeiten dafür gibt, dass der Hauptgewinn auf das zugehörige Los fällt. Man berechne alle 15 verschiedenen Wahrscheinlichkeiten.

Aufgabe 20

Das Ergebnis eines Roulette-Spieles ist eine der Zahlen 1 bis 36 oder die 0, die alle mit gleicher Wahrscheinlichkeit auftreten. Man kann bei einfacher Gewinnchance auf die geraden Zahlen $(2, 4, \ldots, 36;$ „Pair") oder die ungeraden $(1, 3, 5, \ldots, 35;$ „Impair") setzen. Ein Spieler setze immer auf „Pair".

a) Wie groß ist die Wahrscheinlichkeit dafür, dass er bei 10 Spielen genau 2–mal bzw. 3–mal Erfolg hat ?

b) Man bestimme die Wahrscheinlichkeit p_k dafür, dass der Spieler beim k-ten Spiel $(k \in \mathbb{N})$ zum ersten Erfolg kommt, und berechne diese Wahrscheinlichkeit für $k = 1, 2, 3$ bzw. $k = 10$.

c) Das Einsatzlimit betrage 5000 DM. Der Spieler beginnt mit einem Einsatz von 5 DM und nimmt sich vor, bei Verlust seinen Einsatz im jeweils nächsten Spiel zu verdoppeln und bei Gewinn aufzuhören. Wie groß ist die Wahrscheinlichkeit dafür, dass er wegen Überschreitung des Limits aufhören muss, bevor er einen Gewinn realisieren kann ?

2.3   Bedingte Wahrscheinlichkeiten und Unabhängigkeit

Aufgabe 21

Eine Münze mit den Seiten „Wappen" und „Zahl" werde dreimal geworfen. Man untersuche, ob unter der Laplace-Annahme die Ereignisse A,B,C

  a) paarweise unabhängig

  b) vollständig unabhängig

sind. Dabei seien

  A das Ereignis „gleiche Seiten bei den beiden letzten Würfen",

  B das Ereignis „gleiche Seiten beim 1. und 3. Wurf" und

  C das Ereignis „gleiche Seiten bei den beiden ersten Würfen".

Aufgabe 22

Ein Gerät bestehe aus zwei Bauteilen T_1 und T_2, die in Reihe angeordnet sind. Die Wahrscheinlichkeit dafür, dass das Bauteil T_1 bzw. T_2 während einer bestimmten Zeitdauer intakt bleibt, sei p_1 bzw. p_2. Die Zuverlässigkeit des Systems soll durch das Hinzuschalten gleichartiger Bauteile T_1' bzw. T_2' erhöht werden. Dafür kommen 2 Methoden in Frage, die miteinander verglichen werden sollen:

Methode I: Zu dem System wird ein identisches System als Reserve parallelgeschaltet

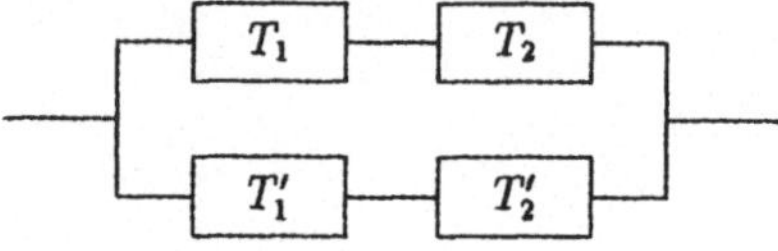

Methode II: Zu jedem Bauteil wird ein identisches Bauteil als Reserve parallelgeschaltet

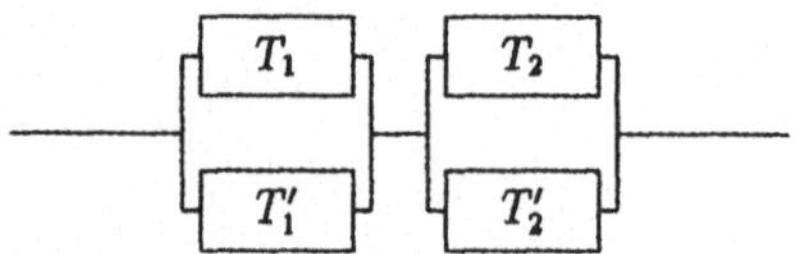

Man vergleiche die beiden Methoden, indem man unter geeigneten Annahmen die Wahrscheinlichkeit P_I bzw. P_{II} dafür berechnet, dass das nach der Methode I bzw. II veränderte Gerät während der festgelegten Zeitdauer intakt bleibt.

Aufgabe 23

Eine Warenlieferung enthalte 5% Ausschuss.

a) Wie groß ist die Wahrscheinlichkeit dafür, dass sich unter 10 zufällig mit Zurücklegen herausgegriffenen Stücken mindestens ein schlechtes befindet ?

b) Der Umfang der Warenlieferung sei n. Wie groß ist im Falle $n = 20$, $n = 100$ bzw. $n = 1000$ die Wahrscheinlichkeit dafür, dass sich unter 10 zufällig ohne Zurücklegen herausgegriffenen Stücken mindestens ein schlechtes befindet ?

Man berechne diese Wahrscheinlichkeiten unter geeigneten Annahmen und vergleiche die in Abhängigkeit von n berechneten Werte beim Ziehen ohne Zurücklegen (Teil b)) mit dem Ergebnis beim Herausgreifen mit Zurücklegen (Teil a)).

Aufgabe 24

Nach dem Picknick vermisst die Familie ihren Hund. Es gibt drei Möglichkeiten:

A: Er ist heimgelaufen und erwartet die Familie vor der Haustür.

B: Er bearbeitet noch den großen Knochen auf dem Picknick-Platz.

C: Er streunt im Wald.

Aufgrund der Gewohnheiten des Hundes kennt man die Wahrscheinlichkeiten für das Eintreten der Ereignisse A, B und C:

$$P(A) = \frac{1}{4}, \quad P(B) = \frac{1}{2}, \quad P(C) = \frac{1}{4}$$

Je ein Kind wird zurück zum Picknick-Platz und an den Waldrand geschickt. Wenn der Hund an der ersten Stelle ist, findet man ihn mit 90%-iger Wahrscheinlichkeit, streunt er aber im Wald, so beträgt die Wahrscheinlichkeit nur noch 50%.

a) Mit welcher Wahrscheinlichkeit wird eines der Kinder den Hund finden ?

b) Wie groß ist die (bedingte) Wahrscheinlichkeit dafür, ihn bei der Rückkehr vor der Haustür anzutreffen, falls die Kinder den Hund nicht finden.

Aufgabe 25

Eine Nachrichtenquelle sendet die Signale a_1, a_2, a_3 mit den positiven Wahrscheinlichkeiten p_1, p_2, p_3. Nach Übertragung durch einen gestörten Kanal wird vom Empfänger eines der Signale b_1, b_2, b_3 empfangen. Für $i, j = 1, 2, 3$ sei p_{ij} die (bedingte) Wahrscheinlichkeit dafür, dass b_j empfangen wird, falls a_i gesendet wurde. Sei $(p_1, p_2, p_3) = (0.6, 0.3, 0.1)$ und

$$(p_{ij})_{i,j=1,2,3} = \begin{pmatrix} 0.9 & 0.1 & 0.0 \\ 0.2 & 0.5 & 0.3 \\ 0.0 & 0.4 & 0.6 \end{pmatrix}$$

a) Für $j = 1, 2, 3$ berechne man die Wahrscheinlichkeit q_j dafür, dass bei einer Übertragung das Signal b_j empfangen wird.

b) Für $j, k = 1, 2, 3$ berechne man die (bedingte) Wahrscheinlichkeit r_{jk} dafür, dass das Sendesignal a_k vorliegt, falls b_j empfangen wird.

Aufgabe 26

Ein dreimotoriges Flugzeug stürzt ab, wenn der Hauptmotor in der Mitte ausfällt oder beide Seitenmotoren ausfallen. Ein viermotoriges Flugzeug stürzt ab, wenn auf einer Seite beide Motoren ausfallen. Es wird angenommen, dass jeder der Flugzeugmotoren mit der Wahrscheinlichkeit p auf einem bestimmten Flug ausfällt. Unter der Annahme der Unabhängigkeit für das Eintreten der Defekte an den einzelnen Flugzeugmotoren berechne man die Wahrscheinlichkeit dafür, dass ein dreimotoriges bzw. viermotoriges Flugzeug durch Motorversagen abstürzt. Man stelle die beiden errechneten Wahrscheinlichkeiten in Abhängigkeit von p in einer Skizze dar.

Aufgabe 27

Das in der Figur angegebene elektrische Leitungsnetz fällt genau dann aus, wenn die Komponente K_1 oder K_2 und die Komponente K_3 oder K_4 ausfällt. In einer festen Zeiteinheit trete an den Komponenten K_i mit Wahrscheinlichkeit α_i, $1 \leq i \leq 4$, ein Defekt auf. Für die Ausfälle der einzelnen Komponenten sei die Unabhängigkeitsannahme gerechtfertigt.

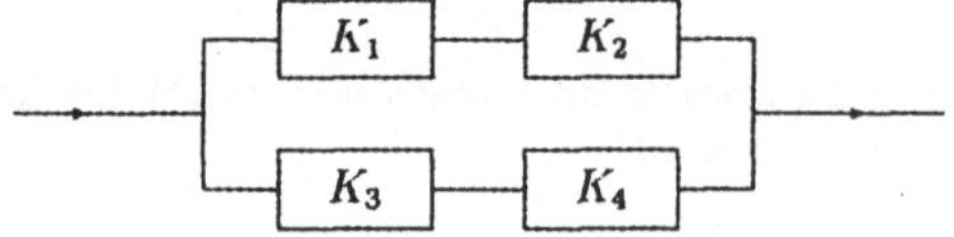

a) Mit welcher Wahrscheinlichkeit fällt das Leitungsnetz in einer Zeiteinheit aus ?

b) Für jede Komponente stehen drei Ausführungen zur Verfügung, welche x_1 (Ausführung 1), x_2 (Ausführung 2) und x_3 (Ausführung 3) DM kosten ($x_1 < x_2 < x_3$). Ausführung 1 fällt in einer Zeiteinheit mit Wahrscheinlichkeit 0.1 aus, Ausführung 2 mit Wahrscheinlichkeit 0.05 und Ausführung 3 mit Wahrscheinlichkeit 0.01. Unter der Bedingung, dass die Ausfallwahrscheinlichkeit des Leitungsnetzes in einer Zeiteinheit den Wert 0.005 nicht überschreiten darf, bestimme man das billigste Leitungsnetz. Wie groß ist die Ausfallwahrscheinlichkeit für das billigste Leitungsnetz ?

Aufgabe 28

Ergibt sich bei einer Tbc-Röntgenuntersuchung ein positiver Befund, so stellt sich für den Betroffenen die Frage nach der Chance, trotzdem gesund zu sein. Man benutze den Begriff der bedingten Wahrscheinlichkeit, um unter folgenden drei Modellannahmen eine Antwort zu geben:

(i) 0.1% der Bevölkerung haben Tbc.

(ii) Bei Tbc-Trägern liefert die Untersuchung in 94% aller Fälle einen positiven Befund, d.h. ein richtiges Ergebnis.

(iii) Bei gesunden Personen liefert die Untersuchung in 1% aller Fälle einen positiven Befund, d.h. ein falsches Ergebnis (falsch-positiv).

Aufgabe 29

Bei einem 5-Kanal-Lochstreifen werden genau zwei der fünf Positionen jeder Spalte mit einer „1" (Loch) und die restlichen drei Positionen mit einer „0" (kein Loch) versehen. Bei dieser Vorgehensweise kann in jeder Spalte des Lochstreifens genau eine der 10 Dezimalziffern in codierter Form abgelegt werden, denn es gibt 10 Möglichkeiten, aus den fünf Positionen genau zwei auszuwählen.

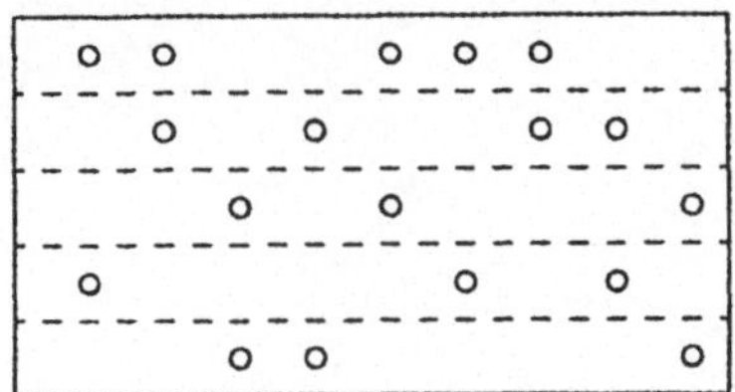

Von einem solchen 5-Kanal-Lochstreifen werden mit einem optischen Leser Ziffern gelesen. Werden in einer Spalte aufgrund von Lesefehlern in den einzelnen Positionen mehr oder weniger als 2 Einsen gelesen, so wird die fehlerhafte Eingabe der Ziffer bemerkt. Wird trotz falschem Lesen genau zweimal eine „1" registriert, bleibt die fehlerhafte Eingabe unbemerkt. Unter den Voraussetzungen, dass für das Auftreten von Lesefehlern die Unabhängigkeitsannahme gerechtfertigt ist und dass mit Wahrscheinlichkeit p_1 eine Null statt einer Eins und mit Wahrscheinlichkeit p_2 eine Eins statt einer Null gelesen wird, berechne man folgende Wahrscheinlichkeiten.

a) Die Wahrscheinlichkeit dafür, dass beim Lesen einer Ziffer mindestens ein Fehler auftritt.

b) Die Wahrscheinlichkeit dafür, dass unbemerkt eine falsche Ziffer gelesen wird.

c) Die Wahrscheinlichkeit dafür, dass beim Lesen von 10000 Ziffern mit $p_1 = 10^{-4}$ und $p_2 = 10^{-5}$ mindestens ein Lesefehler auftritt bzw. mindestens einmal unbemerkt eine falsche Ziffer gelesen wird.

Aufgabe 30

Die Wahrscheinlichkeit dafür, dass eine zufällig ausgewählte Familie genau k Kinder hat, sei $p_k = \frac{1}{3} \cdot (\frac{2}{3})^k$, $k \geq 0$. Die Wahrscheinlichkeit dafür, dass es sich bei einem zufällig herausgegriffenen Kind um einen Jungen handelt, sei $\frac{13}{25}$. Für die Geschlechtszugehörigkeit verschiedener Kinder innerhalb einer Familie wird die Unabhängigkeitsannahme gemacht.

a) Wie wahrscheinlich ist es, dass unter den Kindern einer zufällig ausgewählten Familie genau zwei Jungen sind ?

b) Wie groß ist die (bedingte) Wahrscheinlichkeit dafür, dass die beiden Jungen genau eine Schwester haben, falls es sich um eine in a) beschriebene Familie handelt ?

Hinweis: $\displaystyle\sum_{k=2}^{\infty} k \cdot (k-1) \cdot p^{k-2} = \frac{2}{(1-p)^3}$ für $0 < p < 1$.

2.4 Zufallsvariablen und ihre Verteilungen

Aufgabe 31

Zwei Spieler, A und B, ziehen (unabhängig voneinander) aus einem gut durchmischten Skatspiel (32 verschiedene Karten, eine davon ein Herz-As, eine zweite ein Karo-As) abwechselnd eine Karte ohne Zurücklegen. Spieler A beginnt. Wer zuerst das Herz-As oder das Karo-As zieht, hat gewonnen. Ist nach dem Ziehen der 5. Karte noch kein Sieger ermittelt, so wird das Spiel abgebrochen.

a) Die Zufallsvariable X beschreibe die Anzahl der in einem Spiel gezogenen Karten. Man bestimme die Verteilung der Zufallsvariablen X und skizziere ihre Verteilungsfunktion.

b) Wie groß ist die Wahrscheinlichkeit p_A bzw. p_B, dass Spieler A bzw. Spieler B gewinnt ?

Aufgabe 32

Ein Nachtwächter hat einen Schlüsselbund mit 10 ähnlich aussehenden Schlüsseln. Wenn er eine bestimmte Tür aufschließen will, in deren Schloss genau einer der 10 Schlüssel passt, so probiert er entweder die Schlüssel nacheinander durch - d.h. kein Schlüssel wird zweimal ausprobiert - bis er den passenden findet (Methode A); oder er probiert einen zufällig ausgewählten Schlüssel, und wenn er nicht passt, so schüttelt er den Schlüsselbund und probiert wieder einen zufällig ausgewählten Schlüssel (Methode B).

a) Die Zufallsvariable X_A bzw. X_B sei die Anzahl der Versuche, die nach Methode A bzw. B nötig sind, um den passenden Schlüssel zu finden. Man gebe die Verteilungen dieser beiden Zufallsgrößen an.

b) Der Nachtwächter benutzt Methode A, wenn er nüchtern ist, und Methode B, wenn er betrunken ist. Die Wahrscheinlichkeit dafür, dass er in einer bestimmten Nacht betrunken ist, betrage 1/3. Wie groß ist die (bedingte) Wahrscheinlichkeit dafür, dass der Betriebsleiter den Nachtwächter der Trunkenheit im Dienst zu Recht bezichtigt, nachdem er gesehen hat, dass dieser schon 8-mal erfolglos versucht hat, die Tür zu öffnen ?

Aufgabe 33

20% aller Kälber erkranken in den ersten sechs Lebensmonaten an einer bestimmten nicht ansteckenden Krankheit. Um drei verschiedene Impfstoffe A, B und C auf ihre Wirksamkeit gegen die betreffende Krankheit zu testen, wurden 18 neugeborene Kälber eines Bauernhofes mit A, 11 neugeborene eines anderen Bauernhofes mit B und 26 neugeborene eines dritten Bauernhofes mit C geimpft. In den ersten sechs Lebensmonaten

a) erkrankte genau eines der mit A geimpften Kälber,

b) erkrankte keines der mit B geimpften Kälber,

c) erkrankten genau zwei der mit C geimpften Kälber.

Unter geeigneter Verteilungsannahme berechne man die Wahrscheinlichkeit dafür, dass bei völliger Wirkungslosigkeit des jeweiligen Impfstoffes keine größere als die unter a) bzw. b) bzw. c) angegebene Anzahl von Erkrankungen auftritt.

Aufgabe 34

Ein Hautarzt möchte sich eine Meinung darüber bilden, welches von zwei neu auf dem Markt angebotenen Hautpflegemitteln A und B wirksamer gegen Ekzeme ist. Dazu gibt er 15 unter Ekzemen leidenden Patienten jeweils ein Fläschchen von A und von B und bittet sie darum, darauf zu achten, welches der Hautpflegemittel die stärkere Wirkung zeigt. Er legt die folgende Entscheidungsregel fest: Wenn mehr als 11 Patienten der Ansicht sind, dass das Mittel A (bzw. B) wirksamer ist als das andere, so wird er davon ausgehen, dass dieses Mittel eine stärkere Wirkung hat. Andernfalls wird er A und B als gleich wirksam betrachten. Wie groß ist die Wahrscheinlichkeit dafür, dass der Arzt auf unterschiedliche Wirksamkeit schließt, falls A und B tatsächlich gleich wirksam sind ?

Aufgabe 35

Bei der Einstellung einer Sekretärin wird eine Probezeit von 4 Wochen vereinbart. Während der Probezeit kann die Kündigung jeweils am Ende der Woche ausgesprochen werden. Im Rahmen der anfallenden Arbeiten hat die Sekretärin an jedem Arbeitstag (5 Tage pro Woche) 10 Briefe zu schreiben. Um zu entscheiden, ob die Sekretärin nach ihrer Probezeit endgültig eingestellt werden soll, legt sich der Büroleiter folgende Strategie zurecht: Enthält ein Brief nur einen Fehler, so korrigiert er diesen Fehler bei der Unterschrift. Enthält ein Brief jedoch mehr als einen Fehler, so muss der Brief von der Sekretärin nocheinmal geschrieben werden. Müssen von den an einem Arbeitstag anfallenden 10 Briefen 3 oder mehr Briefe neu geschrieben werden, so wird die Sekretärin ermahnt. Wird sie an 3 aufeinanderfolgenden Tagen ein und derselben Woche ermahnt, so wird am Ende dieser Woche die Kündigung ausgesprochen.

Unter der Annahme, dass die Anzahlen der Fehler pro Brief durch unabhängige, identisch mit Parameter $\lambda = 1.0$ Poisson-verteilte Zufallsvariablen beschrieben werden können, berechne man die Wahrscheinlichkeit dafür, dass der Sekretärin spätestens am Ende der 4. Woche gekündigt wird.

(*Hinweis:* Man berechne nacheinander die Wahrscheinlichkeiten dafür, dass

      1. ein Brief mehr als einen Fehler enthält,

      2. die Sekretärin an einem bestimmten Tag ermahnt wird,

      3. am Ende einer bestimmten Woche gekündigt wird und

      4. im Verlauf der Probezeit gekündigt wird.)

Aufgabe 36

Der Milchfettgehalt bei Kühen einer bestimmten Züchtung sei durch eine $N(3.7, 0.0081)$-verteilte Zufallsvariable angemessen beschrieben. Um einen züchterischen Fortschritt zu erreichen, sollen die Tiere mit niedrigen Leistungen laufend ausgesondert und nur 60% als Zuchtkühe verwendet werden. Man gebe die untere Grenze für den Fettgehalt an, den die Milch eines Tieres haben soll, das als Zuchttier verbleiben soll.

Aufgabe 37

X und Y seien Zufallsvariablen mit den Dichten f bzw. g

$$f(x) = \begin{cases} \frac{1}{2} & 0 \leq x \leq 2 \\ 0 & \text{sonst} \end{cases} \qquad g(y) = \begin{cases} e^{-y} & y > 0 \\ 0 & \text{sonst} \end{cases}$$

Man berechne die Verteilungsfunktionen der Zufallsvariablen $2X$, Y^2 und $4Y - 1$ und gebe jeweils eine Dichte an.

Aufgabe 38

Die Dichte f_θ einer reellen Zufallsvariablen, die von einem Parameter θ ($\theta \in \mathbb{R}$) abhängt, sei durch die folgende Skizze gegeben:

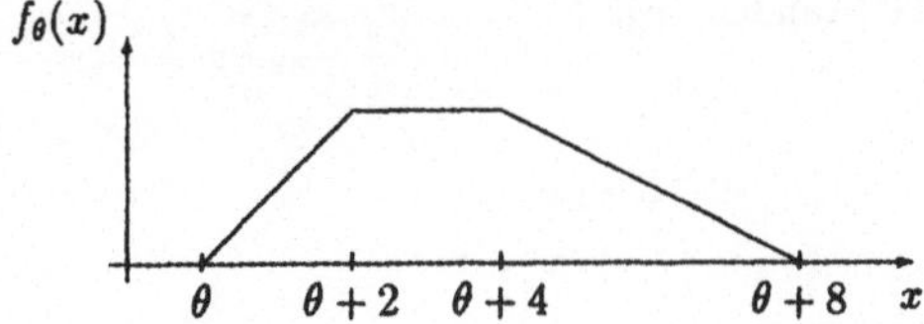

a) Man gebe die Gleichung der zugehörigen Verteilungsfunktion F_θ an.

b) Bei welchem Parameter θ ist die Wahrscheinlichkeit dafür, dass eine Realisation von X im Intervall $[7.5, 10]$ liegt, am größten ?

Aufgabe 39

Die Lebensdauer elektrischer Bauteile einer bestimmten Sorte (in Stunden) lasse sich durch eine mit Parameter λ exponentialverteilte Zufallsvariable X angemessen beschreiben. Für die Aufgabenteile a) bis d) sei $\lambda = 1/500$ vorausgesetzt.

a) Wie groß ist die Wahrscheinlichkeit dafür, dass ein Bauteil vor dem Zeitpunkt $t_0 = 200$ nicht ausfällt ?

b) Wie groß ist die Wahrscheinlichkeit dafür, dass ein Bauteil vor dem Zeitpunkt $t_1 = 100$ ausfällt ?

c) Wie groß ist die Wahrscheinlichkeit dafür, dass ein Bauteil zwischen den Zeitpunkten $t_2 = 200$ und $t_3 = 300$ ausfällt ?

d) Welchen Zeitpunkt t_4 überlebt ein Bauteil mit genau 90% Sicherheit, welche Zeitpunkte überlebt ein Bauteil mit mindestens 90% Sicherheit ?

e) Für welchen Wert des Parameters λ ergibt sich eine Lebensdauerverteilung, bei der mit Wahrscheinlichkeit 0.9 die Lebensdauer eines Bauteils mindestens 50 Stunden beträgt.

Aufgabe 40

Die Brenndauer einer Glühbirne (in Stunden) lasse sich durch eine Zufallsvariable T mit
der Dichte

$$f(t) = \begin{cases} \lambda^2 \cdot t \cdot e^{-\lambda \cdot t} & t > 0 \\ 0 & \text{sonst} \end{cases}$$

mit $\lambda > 0$ beschreiben.

a) Wie lautet die Verteilungsfunktion von T ?

b) Wie groß ist für $\lambda = 1/400$ die Wahrscheinlichkeit dafür, dass die Brenndauer einer
   Birne mehr als 200 Betriebsstunden beträgt ?

c) Wie groß ist für $\lambda = 1/400$ die Wahrscheinlichkeit dafür, dass die Brenndauer zwischen 200 und 400 Stunden liegt ?

2.5 Erwartungswert und Varianz

Aufgabe 41

Bei einer Jahrmarktslotterie kann man auf eine der Zahlen $1, 2, \ldots, 6$ setzen. Falls beim Wurf dreier Würfel die gewählte Zahl genau k-mal erscheint ($k = 1, 2, 3$), so darf man seinen Einsatz behalten und erhält zusätzlich das k-fache seines Einsatzes. Erscheint die gewählte Zahl nicht, so ist der Einsatz verloren. Man berechne Erwartungswert und Varianz des Gewinns.

Aufgabe 42

Sei X eine Zufallsvariable mit einer stetigen Verteilungsfunktion F der Form

$$F(x) = \begin{cases} 0 & \text{für } x < -2 \\ \frac{1}{4} + \frac{1}{8} \cdot x & \text{für } -2 \leq x \leq 0 \\ c_1 + c_2 \cdot (1 - e^{-x}) & \text{für } 0 < x \end{cases}$$

a) Man bestimme die Konstanten c_1 und c_2.

b) Man berechne den Erwartungswert $E(X)$.

c) Wie groß ist die Wahrscheinlichkeit dafür, dass X einen Wert größer -1 annimmt ?

Aufgabe 43

a) Die Verteilung der Zufallsvariablen X sei gegeben durch

$$P(X = \sqrt{i}) = c \cdot i^{-2}, \; i \in \mathbf{N}, \quad \text{mit} \quad c = 1/\sum_{i=1}^{\infty} i^{-2} = \frac{6}{\pi^2}$$

Man zeige, dass X einen Erwartungswert, aber keine Varianz besitzt.

b) Sei Y eine Zufallsvariable mit der Dichte

$$f(x) = \frac{1}{\pi} \cdot \frac{1}{1 + x^2}, \qquad x \in \mathbf{R}$$

(Y heißt Cauchy-verteilt.) Besitzt Y einen Erwartungswert ?

Aufgabe 44

Es seien X bzw. K Zufallsvariablen, mit denen Gesprächsdauer bzw. Kosten eines Telefonanrufs beschrieben werden können. X sei stetig verteilt mit der Dichte

$$f(x) = \begin{cases} 4xe^{-2x} & x \geq 0 \\ 0 & x < 0 \end{cases}$$

Die Kosten eines Anrufes der Länge y betragen

$$k(y) = \begin{cases} 1 & y \leq 4 \\ \frac{1}{4}y & y > 4 \end{cases}$$

Man ermittle den Erwartungswert der Zufallsvariablen K.

Aufgabe 45

Die Zufallsvariable D sei stetig verteilt mit einer Dichte f der Form

$$f(x) = \begin{cases} c_1 \cdot x & 0 \leq x \leq 1 \\ c_2 \cdot \frac{1}{x^2} & 1 < x \leq 2 \\ 0 & \text{sonst} \end{cases}$$

a) Man bestimme die Konstanten c_1 und c_2 unter der Voraussetzung, dass f an der Stelle $x = 1$ stetig ist.

b) Man berechne für $0 \leq t < 2$ und für $x \in \mathbf{R}$ die bedingte Wahrscheinlichkeit

$$F_t(x) := P(D \leq t + x | D > t)$$

c) Sei D_t für $t \in [0, 2)$ eine Zufallsvariable mit Verteilungsfunktion F_t. Man ermittle $E(D_{0.75})$, $E(D_1)$ und $E(D_{1.25})$.

Aufgabe 46

Zur Beschreibung der Funktionsweise eines Geigerzählers bei Strahlungsmessungen sei die folgende Modellannahme gerechtfertigt: Treffen in einer Zeiteinheit auf den Zähler k Teilchen, so wird die Anzahl der vom Zähler registrierten Teilchen durch eine $B(k, p)$-verteilte Zufallsvariable beschrieben, wobei p eine Geräte-Konstante ist. Unter der Annahme, dass die Anzahl der pro Zeiteinheit auftreffenden Teilchen eine mit Parameter λ Poisson-verteilte Zufallsvariable ist, berechne man die Verteilung, den Erwartungswert und die Varianz der Anzahl der pro Zeiteinheit registrierten Teilchen.

Aufgabe 47

Z und V seien Zufallsvariablen, die beim zweimaligen bzw. viermaligen Ziehen (mit Zurücklegen) aus der in Aufgabe 14 beschriebenen Urne die Summe der gezogenen Zahlen beschreiben.

a) Man berechne die Erwartungswerte $E(Z)$ und $E(V)$ sowie die Varianzen $Var(Z)$ und $Var(V)$.

b) Unter Verwendung der in Aufgabe 14 berechneten Werte bestimme man die Wahrscheinlichkeiten dafür, dass sich die Summe beim viermaligen Ziehen um mindestens $\frac{i}{2} \cdot \sqrt{Var(V)}$ von $E(V)$ unterscheidet für $i = 1, \ldots, 5$.

c) Die in b) berechneten 5 Wahrscheinlichkeiten vergleiche man mit

$$P\left(|X - \mu| \geq \frac{i}{2} \cdot \sigma\right), \qquad i = 1, \ldots, 5,$$

für eine $N(\mu, \sigma^2)$-verteilte Zufallsvariable.

Aufgabe 48

a) Die Zufallsvariable X sei stetig verteilt mit Dichte

$$f(x) = \begin{cases} \dfrac{\Gamma(\alpha + \beta)}{\Gamma(\alpha) \cdot \Gamma(\beta)} x^{\alpha-1}(1 - x)^{\beta-1} & 0 \leq x \leq 1 \\ 0 & \text{sonst,} \end{cases}$$

wobei die Parameter $\alpha, \beta > 1$ sind (Beta–Verteilung). Man bestimme Erwartungswert und Varianz der Zufallsvariablen X.

Hinweis: Für $\alpha, \beta > 1$ gilt

$$\int_0^1 x^{\alpha-1}(1 - x)^{\beta-1} dx = \frac{\Gamma(\alpha) \cdot \Gamma(\beta)}{\Gamma(\alpha + \beta)}$$

b) Ein chemisches Lösungsmittel besteht aus zwei Komponenten A und B. Bei der Abfüllung des Lösungsmittels in 100-Liter-Fässer schwankt das Verhältnis zwischen den beiden Komponenten zufällig. Der relative Anteil von A am Inhalt eines Fasses lasse sich durch eine wie X verteilte Zufallsvariable mit Parameter $\alpha = 50$ und $\beta = 250$ beschreiben. Mit Hilfe der Tschebyscheffschen Ungleichung bestimme man eine untere Schranke für die Wahrscheinlichkeit, dass der relative Anteil von A am Inhalt eines Fasses zwischen 1/9 und 2/9 liegt.

Aufgabe 49

Es sei $q \in (0,1)$ der Anteil der Personen einer Bevölkerungsgruppe, die eine durch eine Blutuntersuchung nachweisbare Krankheit haben; der Anteil der gesunden Personen sei $p = 1 - q$. Um alle erkrankten Personen der Bevölkerung zu finden, sind zwei Vorgehensweisen möglich: die Einzelprüfung und die Gruppenprüfung. Bei der Einzelprüfung wird das Blut jeder Person untersucht. Bei der Gruppenprüfung werden die Personen in Gruppen zu je r Personen ($r \geq 2$) eingeteilt. Alle r Blutproben einer Gruppe werden vermischt, und die Mischung wird analysiert. Lässt sich in der Mischung kein Hinweis auf die Krankheit feststellen, so sind alle Personen der Gruppe gesund, und es ist keine weitere Untersuchung nötig; ist der Befund jedoch positiv, d.h. mindestens eine Person der Gruppe ist erkrankt, muss zusätzlich das Blut jedes Gruppenmitglieds einzeln analysiert werden.

a) Die Zufallsvariable X beschreibe die Anzahl der notwendigen Blutanalysen für eine Gruppe von r Personen. Unter geeigneten Annahmen bestimme man die mittlere Ersparnis pro Person

$$\Delta = \frac{1}{r} \cdot (r - E(X))$$

die entsteht, falls man die Methode der Gruppenprüfung anstelle der Einzelprüfung anwendet. (Negative Werte von Δ bedeuten Mehraufwand.)

b) Für welche Werte von p kann man eine Gruppengröße $r \geq 2$ finden, so dass die Gruppenprüfung der Einzelprüfung überlegen ist, d.h. dass $\Delta > 0$ gilt ?

Aufgabe 50

In einer Urne befindet sich eine gewisse Anzahl von Kugeln, von denen jede mit einer der Zahlen $1, \ldots, 4$ beschriftet ist. Spieler 1 zieht nun zufällig (Laplace-Annahme) eine Kugel aus der Urne. Spieler 2 soll sich über die Zahl auf der gezogenen Kugel dadurch Klarheit verschaffen, dass er Fragen stellt, die von Spieler 1 mit ja oder nein beantwortet werden. Er hat sich dazu zwei Fragestrategien ausgedacht:

Strategie 1: Spieler 2 fragt zunächst, ob 4 die gezogene Zahl sei. Erhält er „Nein" als Antwort, so fragt er, ob 3 gezogen wurde. Wird auch diese Frage verneint, so verschafft er sich durch die Frage, ob 2 die gezogene Zahl sei, vollständige Klarheit.

Strategie 2: Spieler 2 fragt zuerst, ob eine der Zahlen 3 oder 4 gezogen wurde. Wird diese Frage bejaht (verneint), so verschafft er sich durch die Frage, ob 4 (2) die gezogene Zahl sei, vollständige Klarheit.

Die Zufallsvariable X beschreibe die Anzahl der Fragen, die Spieler 2 unter Anwendung der Strategie 1 stellen muss, um die gezogene Zahl zu erfragen. Man berechne den Erwartungswert $E(X)$, falls die Zahl k

a) genau $(5 - k)$-mal bzw.

b) genau einmal bzw.

c) genau k-mal

als Zahl einer Kugel auftritt, $k = 1, \ldots, 4$. In welchem der drei Fälle ist Strategie 1 der Strategie 2 vorzuziehen?

Aufgabe 51

Zwei Spieler, A und B, ziehen nacheinander aus einer Lostrommel mit 8 Kugeln (6 blaue, 2 rote) abwechselnd eine Kugel ohne Zurücklegen. Spieler A beginnt. Wer zuerst eine rote Kugel zieht, hat gewonnen.

a) Wie gross ist unter geeigneten Verteilungsannahmen die Wahrscheinlichkeit p_A dafür, dass Spieler A gewinnt?

b) Wieviele Ziehungen sind im Mittel pro Spiel zu erwarten?

Aufgabe 52

Eine Pumpe sei ununterbrochen in Betrieb, bis sie ausfalle. Die Zufallsvariable X, die die zufällige Dauer der Funktionsfähigkeit der Pumpe beschreibt, möge stetig verteilt sein mit einer Dichte der Form

$$f(x) = \begin{cases} \lambda^2 \cdot x \cdot e^{-\lambda \cdot x} & x > 0 \\ 0 & x \leq 0 \end{cases}$$

Weiter sei bekannt, dass Pumpen dieser Art im Mittel 100 Stunden laufen, bis sie ausfallen.

a) Wie ist der Parameter λ zu wählen, damit der Erwartungswert von X gleich der mittleren Laufzeit dieser Pumpen ist?

b) Man bestimme die folgenden Wahrscheinlichkeiten:

$$P(X \leq 100), \qquad P(X \leq 200 | X \geq 100), \qquad P(X \leq 300 | X \geq 200).$$

c) Aus Sicherheitsgründen tauscht man eine Pumpe, sobald sie 100 Stunden lang ununterbrochen gelaufen ist, gegen eine neue gleichartige aus. Man bestimme die Verteilungsfunktion der Zufallsvariablen Y, die die Einsatzzeit einer Pumpe beschreibt. (Die Einsatzzeit ist die Zeit, die vergeht, bis die Pumpe entweder ausfällt oder aber ausgewechselt wird.)

Aufgabe 53

In einer Getränkefabrik werden 1-Liter-Flaschen eines Erfrischungsgetränkes maschinell abgefüllt. Die Erfahrung zeigt, dass im Mittel 4% aller abgefüllten Flaschen weniger als $0.97\,l$ und 3% aller abgefüllten Flaschen mehr als $1.03\,l$ des betreffenden Getränkes enthalten. Die zufällig in eine Flasche eingefüllte Getränkemenge (in Litern) wird als Wert einer Zufallsvariablen X angesehen. Man berechne Erwartungswert und Varianz von X, wenn X eine $N(\mu, \sigma^2)$-Verteilung besitzt und im Einklang mit den angegebenen Erfahrungswerten $P(X < 0.97) = 0.04$ und $P(X > 1.03) = 0.03$ gilt.

Aufgabe 54

Um ein bestimmtes Bauteil in einem Produktionsprozess verarbeiten zu können, muss in das Bauteil ein Loch gebohrt werden, dessen Durchmesser 20 mm betragen soll. Der Durchmesser des tatsächlich gebohrten Loches wird als Wert einer $N(\omega, 0.01)$–verteilten Zufallsvariablen D angesehen, wobei der Parameter ω durch die Dicke des verwendeteten Bohrers festgelegt ist. Der Reinerlös beim Verkauf eines Bauteils sei c DM. Ist der Durchmesser des Loches kleiner als 19.9 mm, so muss nachgebohrt werden, und der Reinerlös verringert sich um die zusätzlich entstehenden Kosten in Höhe von $0.1 \cdot c$ DM. Ist der Durchmesser größer als 20.1 mm, kann das Bauteil nicht verkauft werden. Wie muss ω gewählt werden, damit der zu erwartende Reinerlös pro Bauteil maximal ist ?

Aufgabe 55

Einer umfangreichen Lieferung von Kondensatoren werden zu Prüfzwecken 10 Kondensatoren entnommen. Die Anzahl der Ausschussstücke in einer solchen Stichprobe lässt sich durch eine $B(10, p)$-verteilte Zufallsvariable X angemessen beschreiben, wobei p der (unbekannte) Ausschussanteil in der Gesamtlieferung ist. Die Lieferung wird sofort angenommen, wenn das Ereignis „$X \leq 1$" eintritt. Anderenfalls wird die gesamte Lieferung kontrolliert und alle Ausschussstücke werden durch intakte Kondensatoren ersetzt.

a) Man berechne für $0 \leq p \leq 1$ die Wahrscheinlichkeit $w(p)$ dafür, dass die Lieferung sofort angenommen wird.

b) Man zeige, dass w eine monoton fallende Funktion von p ist.

c) Die Zufallsvariable Z beschreibe den Ausschussanteil der Lieferung nach der Kontrolle. Man bestimme für $0 \leq p \leq 1$ jeweils die Verteilung und den Erwartungswert $a(p)$ von Z. (Interpretation: $a(p)$ ist der durchschnittliche Ausschussanteil nach der Kontrolle für Lieferungen, die vorher den Ausschussanteil p hatten. $a(p)$ heißt AOQ = „average outgoing quality".)

d) Man bestimme

$$a_{\max} = \max_{0 \le p \le 1} a(p)$$

($a_{\max}$ heißt AOQL = „average outgoing quality limit".)

2.6 Mehrdimensionale Zufallsvariablen

Aufgabe 56

Die Zufallsvariablen X und Y seien diskret verteilt mit den Werten $1, 2, 3, 4$ bzw. $0, 1, 2, 3$. Y sei $B(3, 0.5)$-verteilt. Die folgende Tabelle enthält die bedingten Wahrscheinlichkeiten $P(X = i | Y = k)$ für $i = 1, 2, 3, 4$ und $k = 0, 1, 2, 3$:

k \ i	1	2	3	4
0	1/4	1/4	1/2	0
1	1/4	1/4	1/4	1/4
2	1/4	1/4	0	1/2
3	0	1/4	1/2	1/4

a) Man berechne die Wahrscheinlichkeiten $P(X = i, Y = k)$ für $i = 1, \ldots, 4$ und $k = 0, \ldots, 3$.

b) Man berechne die Erwartungswerte und die Varianzen der Zufallsvariablen X und Y.

c) Welchen Wert hat die Kovarianz $Cov(X, Y)$?

d) Man bestimme die Verteilung, den Erwartungswert und die Varianz der Zufallsvariablen $Z = X + Y$.

Aufgabe 57

Ein Würfel werde $(n + m)$-mal geworfen ($n, m \in \mathbf{N}$). Die Zufallsvariable X beschreibe die Anzahl des Auftretens von „Sechsen" bei den ersten n Würfen, die Zufallsvariable Y beschreibe die Anzahl des Auftretens von „Sechsen" bei allen $n + m$ Würfen. Man berechne den Korrelationskoeffizienten $\rho(X, Y)$.

Aufgabe 58

Ein Gerät bestehe aus zwei Einzelteilen E_1 und E_2. Die Zufallsvariable X_1 (bzw. X_2) beschreibe die Anzahl der Reparaturen, die innerhalb eines Jahres an E_1 (bzw. E_2) vorgenommen werden müssen. X_1 und X_2 seien unabhängig. Die Verteilungen seien wie folgt gegeben:

i	0	1	2
$P(X_1 = i)$	0.1	0.6	0.3

k	0	1	2	3
$P(X_2 = k)$	0.1	0.3	0.5	0.1

a) Mit welcher Wahrscheinlichkeit muss das Gerät höchstens einmal pro Jahr repariert werden ?

b) Es seien $Y_1 = 3 \cdot X_1$ die jährlichen Betriebskosten von E_1, $Y_2 = 2 \cdot X_2 + 1$ die jährlichen Betriebskosten von E_2 und $Z = Y_1 + Y_2$ die jährlichen Betriebskosten des Geräts (jeweils einschließlich der Reparaturkosten). Man berechne den Erwartungswert von Z sowie den Korrelationskoeffizienten $\rho(Y_1, Z)$.

Aufgabe 59

Ein Geschäft bietet drei verschiedene Sorten von Glühbirnen an. Die Lebensdauer einer Glühbirne lasse sich jeweils durch eine exponentialverteilte Zufallsvariable mit einem Erwartungswert von 8000, 14000 bzw. 22000 Stunden je nach Sorte angemessen beschreiben. Ein Kunde kauft von jeder Sorte genau eine Glühbirne B_1, B_2 bzw. B_3 und vermutet, dass bei gleichzeitiger Benutzung aller drei Glühbirnen zuerst B_1, dann B_2 und zuletzt B_3 ausfällt. Unter der Annahme, dass die drei Glühbirnen unabhängig voneinander ausfallen, berechne man die Wahrscheinlichkeit dafür, dass die drei Glühbirnen nicht in der vermuteten Reihenfolge ausfallen.

Aufgabe 60

Die zweidimensionale Zufallsvariable (X, Y) besitze die Dichte

$$f(x,y) = \begin{cases} 1 & x \geq 0,\ y \geq 0,\ 8 \cdot y + x \leq 4 \\ 0 & \text{sonst} \end{cases}$$

a) Man bestimme die Verteilungsfunktion F der Zufallsvariablen (X, Y).

b) Man bestimme die Verteilungsfunktionen F_X und F_Y der (eindimensionalen) Zufallsvariablen X und Y.

c) Sind die Zufallsvariablen X und Y unabhängig ?

d) Man berechne für die Zufallsvariable $Z = X - Y$ eine Dichte $g(z)$.

e) Man berechne den Erwartungswert und die Varianz der Zufallsvariablen Z.

Aufgabe 61

Für die Bewegung eines Teilchen in der (x, y)–Ebene seien die folgenden Annahmen gerechtfertigt:

(i) Die Bewegung des Teilchens beginnt im Nullpunkt.

(ii) Der Winkel zwischen der Bewegungsrichtung des Teilchens und der positiven x–Achse ist konstant gleich ω.

(iii) Das Teilchen bewegt sich mit der festen Geschwindigkeit v (in m/sec) auf seiner Bahn.

Die Geschwindigkeit v und der Winkel ω können als Werte zweier unabhängiger, auf $(0, v_0)$ bzw. $(0, 2\pi)$ rechteckverteilten Zufallsvariablen V und W angesehen werden. Die zweidimensionale Zufallsvariable (X, Y) beschreibe die Position des Teilchens nach $1\ sec$. Man berechne den Korrelationskoeffizienten $\rho(X, Y)$.

Aufgabe 62

a) Seien $X_1, \ldots, X_n$ unabhängige Zufallsvariablen mit den Verteilungsfunktionen $F_1, \ldots, F_n$. Man bestimme die Verteilungsfunktionen der Zufallsvariablen

$$Y = \max(X_1, \ldots, X_n) \quad \text{und} \quad Z = \min(X_1, \ldots, X_n)$$

b) Ein technisches System bestehe aus den Komponenten $K_1, \ldots, K_n$, die

    (i) hintereinandergeschaltet seien,

    (ii) parallelgeschaltet seien.

Im Fall (i) fällt das System aus, sobald mindestens eine Komponente ausgefallen ist, im Fall (ii) fällt das System aus, sobald alle Komponenten ausgefallen sind. Es wird angenommen, dass die Lebensdauern der Komponenten (in Stunden) als Realisierungen unabhängiger $\mathrm{Ex}(\lambda)$–verteilter (mit Parameter λ exponentialverteilter) Zufallsvariablen angesehen werden können. In jedem der beiden Fälle (i) und (ii) bestimme man die Verteilungsfunktion der Lebensdauer des Systems und berechne unter der Voraussetzung $\lambda = 0.25$ und $n = 4$ die Wahrscheinlichkeit dafür, dass die Lebensdauer des Systems größer als 10 Stunden ist.

Aufgabe 63

Die Zeit (in Stunden), die ein Angler benötigt, um einen Fisch zu fangen, lasse sich durch eine Zufallsvariable X mit der Dichte

$$f(x) = \begin{cases} 0 & \text{für } x < 0.5 \\ e^{0.5-x} & \text{für } x \geq 0.5 \end{cases}$$

angemessen beschreiben. Aufeinanderfolgende Fangzeiten bei Verwendung einer Angel und Fangzeiten mit verschiedenen Angeln können als Realisierungen unabhängiger, wie X verteilter Zufallsvariablen angesehen werden.

a) Man berechne die Wahrscheinlichkeit dafür, dass der Angler mit einer Angel innerhalb von 90 Minuten mindestens zwei Fische fängt.

b) Wieviele Angeln muss er mindestens einsetzen, wenn er mit einer Wahrscheinlichkeit von mindestens 0.99 innerhalb einer Stunde einen Fisch fangen möchte ?

Aufgabe 64

Das unten skizzierte System fällt aus, falls beide Komponenten K_3 und K_4 sowie zusätzlich mindestens eine der Komponenten K_1 und K_2 ausfallen.

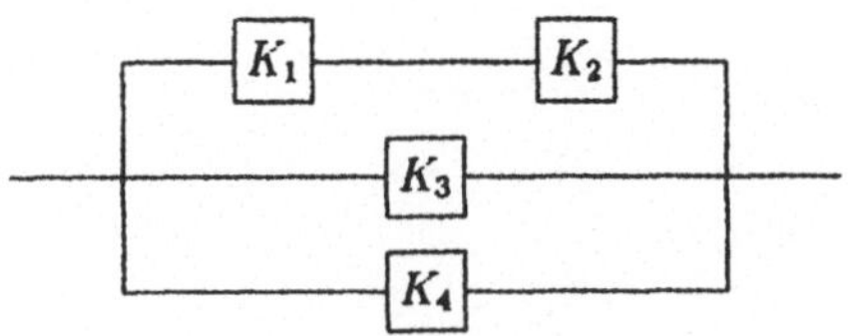

a) Unter der Annahme unabhängiger Defekte an den einzelnen Komponenten berechne man die Wahrscheinlichkeit dafür, dass innerhalb einer gewissen Betriebsdauer das System ausfällt, wenn mit Wahrscheinlichkeit p_i innerhalb dieses Zeitraums an der Komponente K_i, $1 \leq i \leq 4$, ein Defekt auftritt.

b) Die Lebensdauern der einzelnen Komponenten K_i (in Stunden) seien durch die Zufallsvariablen Y_i, $1 \leq i \leq 4$, beschrieben. Y_1, Y_2 und Y_3 seien exponentialverteilt, und zwar Y_1 und Y_2 mit Erwartungswert 1, sowie Y_3 mit Erwartungswert 1/2. Die Zufallsvariable Y_4 habe eine Dichte f der folgenden Form:

$$f(y) = \begin{cases} \frac{1}{\sqrt{y}} \cdot e^{-2 \cdot \sqrt{y}} & \text{für } y > 0 \\ 0 & \text{sonst} \end{cases}$$

Die Zufallsvariablen $Y_1, \ldots, Y_4$ werden als unabhängig vorausgesetzt. Unter diesen Annahmen berechne man die Verteilungsfunktion für die Lebensdauer des Gesamtsystems und ermittle die Wahrscheinlichkeit dafür, dass das System länger als 1 Stunde intakt bleibt.

Aufgabe 65

Ein technisches System S bestehe aus zwei Komponenten K_1 und K_2, deren Lebensdauern exponentialverteilt sind mit den Parametern $\lambda_1 > 0$ bzw. $\lambda_2 > 0$. Zunächst arbeitet S nur mit K_1; erst wenn K_1 ausfällt, springt K_2 ein („System mit kalter Reserve"). Unter der Annahme der Unabhängigkeit der Lebensdauern von K_1 und K_2 berechne man Dichte, Verteilungsfunktion, Erwartungswert sowie Varianz der Lebensdauer von S.

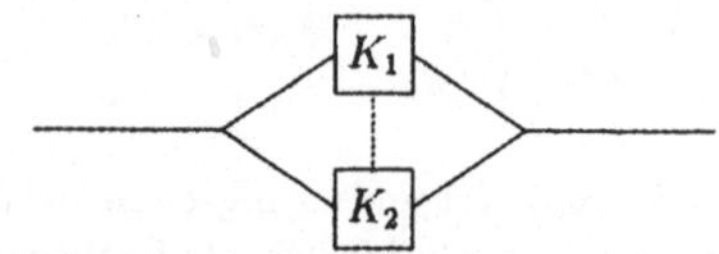

Aufgabe 66

Die Studenten A und B verabreden sich zwischen 12 und 13 Uhr in der Mensa. Sie erscheinen unabhängig voneinander, wobei die Zeitpunkte ihres Eintreffens im verabredeten Zeitintervall sich durch unabhängige rechteckverteilte Zufallsvariablen beschreiben lassen. Wie groß ist die Wahrscheinlichkeit dafür,

a) dass beide vor 12 Uhr 30 eintreffen ?

b) dass A vor B eintrifft ?

c) dass A und B sich treffen, wenn A maximal 20 und B maximal 10 Minuten zu warten bereit ist ?

2.7 Normalverteilung und ihre Anwendungen

Aufgabe 67

In einer Seidenspinnerei werden Rohfäden von Seidenkokons abgewickelt und zu Seidenfäden versponnen. Es wird angenommen, dass die verwertbare Fadenlänge pro Kokon (bei der betreffenden Seidenraupenart) durch eine normalverteilte Zufallsvariable mit Erwartungswert $\mu = 800$ [m] und Varianz $\sigma^2 = 6400$ [m²] angemessen beschrieben werden kann.

a) Man berechne die Wahrscheinlichkeit dafür, dass die verwertbare Fadenlänge eines beliebig herausgegriffenen Kokons mindestens $750\ m$ beträgt, und die Wahrscheinlichkeit dafür, dass sie $1000\ m$ übersteigt.

b) Unter geeigneten zusätzlichen Annahmen bestimme man eine Mindest- und eine Höchstgrenze $\underline{c}$ bzw. $\bar{c}$ für die Gesamtlänge der von 100 000 Kokons abgewickelten verwertbaren Seidenfäden, die mit 95 % Wahrscheinlichkeit eingehalten werden. Man wähle diese Grenzen so, dass die Wahrscheinlichkeit für eine Unterschreitung von $\underline{c}$ und die Wahrscheinlichkeit für eine Überschreitung von $\bar{c}$ gleich groß sind.

c) Wieviele Kokons müssen abgewickelt werden, damit mit mindestens 99 % Wahrscheinlichkeit die Gesamtlänge der verwertbaren Seidenfäden mindestens 100 000 km beträgt ?

Aufgabe 68

Zum Schutz gegen Überspannung befinden sich in einem Stromkreis zwei Relais 1 und 2 mit zufälligen Schaltzeiten (Zeit vom Beginn der Überspannung bis zum Abfall des Relais). Die Schaltzeiten seien durch unabhängige $N(\mu_1, \sigma_1^2)$- bzw. $N(\mu_2, \sigma_2^2)$-verteilte Zufallsvariablen X_1 und X_2 mit $\mu_1 = 1$ [sec] und $\sigma_1^2 = \sigma_2^2 = 0.1$ [sec²] beschrieben. μ_1 und μ_2 haben die Bedeutung von einzustellenden Sollwerten. Wie groß muss μ_2 gewählt werden, damit Relais 2 nur mit einer Wahrscheinlichkeit von höchstens 0.01 vor Relais 1 abfällt, die Differenz zwischen μ_2 und μ_1 aber möglichst klein ist ?

Aufgabe 69

Der Kern eines Transformators besteht aus 25 Blechen mit je einer Isolierschicht (einseitig). Die Dicken der Bleche und der Isolierschichten seien durch unabhängige, normalverteilte Zufallsvariablen X_j bzw. Y_j, $j = 1, \ldots, 25$, beschrieben, die die Erwartungswerte $0.8\ mm$ bzw. $0.2\ mm$ und die Standardabweichungen $0.04\ mm$ bzw. $0.03\ mm$ besitzen.

a) Wie groß ist die Wahrscheinlichkeit dafür, dass ein Blech zusammen mit einer Isolierschicht dicker als $1.04\ mm$ ist ?

b) Wie groß ist die Wahrscheinlichkeit dafür, dass der Kern dicker als die Spulenöffnung von $25.5\ mm$ ist ?

Aufgabe 70

Eine Ersatzteillieferung enthält einen Karton Kugellager, zwei Kartons Zahnräder und drei Kartons Schrauben. Die Kartongewichte (in kg) lassen sich durch unabhängige, normalverteilte Zufallsvariablen $X_1, Y_1, Y_2, Z_1, Z_2, Z_3$ mit

$$E(X_1) = 125, \qquad E(Y_1) = E(Y_2) = 84, \qquad E(Z_1) = E(Z_2) = E(Z_3) = 65$$

$$Var(X_1) = 1, \qquad Var(Y_1) = Var(Y_2) = 4, \qquad Var(Z_1) = Var(Z_2) = Var(Z_3) = 3$$

beschreiben.

a) Wie groß ist die Wahrscheinlichkeit dafür, dass die Ersatzteillieferung mehr als 500 kg wiegt ?

b) Wieviele solcher Ersatzteillieferungen darf man maximal auf einen Lastwagen laden, damit das zulässige Gesamtgewicht der Ladung von 18 Tonnen mit einer Wahrscheinlichkeit von mindestens 0.99 eingehalten wird ? Unter geeigneten Annahmen berechne man die maximale Anzahl n.

Aufgabe 71

Zur Untersuchung der Eindringtiefe von abgestrahlten Teilchen in das umgebende Medium soll folgendes Modell benutzt werden: Die Strahlungsquelle wird als punktförmig angenommen. Die Eindringtiefe eines Teilchens wird als proportional zum Betrag der Geschwindigkeit beim Austritt aus der Strahlungsquelle betrachtet. Es wird weiterhin angenommen, dass die drei Komponenten der Austrittsgeschwindigkeit eines Teilchens bezüglich eines räumlichen kartesischen Koordinatensystems, dessen Ursprung in der Strahlungsquelle liegt, durch unabhängige N(0,4)-verteilte Zufallsvariablen beschrieben werden können. Wie groß ist die Wahrscheinlichkeit dafür, dass ein Teilchen tiefer als 6.1 Längeneinheiten in das umgebende Medium eindringt ? (Die Einheiten seien so gewählt, dass die Proportionalitätskonstante den Wert 1 hat.)

Aufgabe 72

Die Zufallsvariablen X und Y seien unabhängig und N$(0, \sigma^2)$-verteilt. Die Polarkoordinaten des Vektors $(x, y) \in \mathbf{R}^2$ mit den kartesischen Koordinaten x, y seien bezeichnet mit $r(x, y)$ (Länge des Vektors) und $\phi(x, y)$ (Winkel, den der Vektor mit der positiven x-Achse einschließt, $0 \leq \phi(x, y) < 2\pi$). Man zeige, dass die Zufallsvariablen

$$R = r(X, Y) \qquad \text{und} \qquad \Phi = \phi(X, Y)$$

unabhängig sind und die Dichten

$$f_R(u) = \begin{cases} \dfrac{u}{\sigma^2} \cdot e^{-u^2/(2\sigma^2)} & \text{für } u \geq 0 \\ 0 & \text{sonst} \end{cases} \qquad \text{bzw.} \qquad f_\Phi(v) = \begin{cases} \dfrac{1}{2\pi} & \text{für } 0 \leq v < 2\pi \\ 0 & \text{sonst} \end{cases}$$

besitzen.

Aufgabe 73

Seien $X_1, \ldots, X_n$ unabhängige N(4,9)-verteilte Zufallsvariablen. Sei

$$\bar{X}_{(n)} = \frac{1}{n} \cdot (X_1 + \ldots + X_n) \qquad \text{und} \qquad S^2_{(n)} = \frac{1}{n-1} \cdot \sum_{i=1}^{n} (X_i - \bar{X}_{(n)})^2$$

a) Man berechne die Wahrscheinlichkeiten

$$P(|\bar{X}_{(100)} - 4| \geq 0.6) \qquad \text{und} \qquad P(|\bar{X}_{(100)} - 4| \geq 0.2 \cdot \sqrt{S^2_{(100)}})$$

b) Man berechne in den Fällen $n = 2$ und $n = 3$ jeweils eine Dichte von $S^2_{(n)}$.

c) Man berechne für $n \geq 2$ Erwartungswert und Varianz von $S^2_{(n)}$.

Aufgabe 74

Man zeige, dass für die Quantile der F-Verteilungen die folgende Beziehung gilt

$$F_{m,n;p} = \frac{1}{F_{n,m;1-p}}, \qquad m, n \in \mathbf{N}, \quad 0 < p < 1$$

2.8 Grenzwertsätze

Aufgabe 75

Bei einem Messvorgang wird angenommen, dass er durch eine Zufallsvariable mit unbekanntem Erwartungswert μ und einer Streuung $\sigma = 0.1$ [Maßeinheiten] angemessen beschrieben werden kann. Wieviele getrennte Messungen (ohne gegenseitige Beeinflussung der Ergebnisse) sollen durchgeführt werden, so dass mit einer Wahrscheinlichkeit von mindestens 95 % der Betrag der Differenz zwischen dem arithmetischen Mittel der Messwerte und μ kleiner als 0.02 [Maßeinheiten] ist ?

a) Man beantworte diese Frage durch Anwendung der Ungleichung von Tschebyscheff.

b) Man berücksichtige, dass das arithmetische Mittel von n unabhängigen Zufallsvariablen (für großes n) näherungsweise normalverteilt ist, und gebe einen Näherungswert für die gesuchte Anzahl an.

Aufgabe 76

Aus Erfahrung sei bekannt, dass unter den neugeborenen Kindern in Deutschland 51 % Knaben sind und 0.2 % eine bestimmte Erbkrankheit haben, die einen Blutaustausch erforderlich macht. In einem Krankenhaus interessiert man sich für die Wahrscheinlichkeiten dafür, dass unter den nächsten 1000 Neugeborenen mehr als 550 Knaben sind bzw. dass unter den nächsten 1000 Neugeborenen mehr als 4 die betreffende Krankheit aufweisen. Unter geeigneten Annahmen berechne man beide Wahrscheinlichkeiten näherungsweise durch Anwendung von Grenzwertsätzen.

Aufgabe 77

Ein Hersteller von Schleifscheiben weiß aus Erfahrung, dass 3 % aller produzierten Scheiben Produktionsmängel aufweisen, die nach kurzer Benutzungsdauer erkannt werden. Den Abnehmern einer 500er Kiste gegenüber verpflichtet er sich zu einer Entschädigungszahlung für den Fall, dass bei mehr als einer bestimmten Anzahl K der Scheiben in einer Kiste derartige Mängel festgestellt werden. Den Hersteller interessiert die Frage, wie klein er diese Anzahl K äußerstenfalls festsetzen kann, wenn er aus Kostengründen auf lange Sicht höchstens bei 2.25 % der Kisten eine Entschädigungszahlung zu leisten haben möchte.

Unter geeigneten Annahmen bestimme man aufgrund der durch den Zentralen Grenzwertsatz gegebenen Näherungen die kleinstmögliche Anzahl K, für die die Wahrscheinlichkeit für das Fälligwerden einer Entschädigungszahlung bei einer bestimmten Kiste höchstens 2.25 % beträgt.

Aufgabe 78

Eine Spardose, die n Markstücke enthält, wird geöffnet, und ihr Inhalt wird auf einen Tisch geschüttet.

a) Für den Fall $n = 200$ berechne man näherungsweise (unter geeigneten Annahmen) die Wahrscheinlichkeit dafür, dass bei mindestens 110 der Markstücke die gleiche Seite oben zu liegen kommt.

b) Wie groß müsste n mindestens gewählt werden, damit mit einer Wahrscheinlichkeit ≥ 0.95 bei mindestens 45 % und höchstens 55 % der Markstücke „Zahl" oben zu liegen kommt ? (Für das gesuchte n soll ein Näherungswert bestimmt werden.)

Aufgabe 79

Bei einer Fluggesellschaft weiß man, dass im Mittel 18 % derjenigen Personen, die sich einen Platz für einen Flug auf einer bestimmten Route reservieren lassen, zum Abflug nicht erscheinen. Um die Zahl der ungenutzten Plätze nicht zu groß werden zu lassen, werden daher für einen 220-sitzigen Jet mehr als 220 Platzreservierungen vorgenommen.

a) Man berechne die Wahrscheinlichkeit dafür, dass alle zum Abflug erscheinenden Personen, für die ein Platz reserviert wurde, auch einen Platz erhalten, wenn 240 Platzreservierungen vorgenommen werden. Dabei nehme man an, dass die Entscheidungen darüber, ob die einzelnen Reservierungen wahrgenommen werden sollen, individuell (unabhängig) zustande kommen.

b) Wieviele Platzreservierungen dürfen höchstens vorgenommen werden, damit die entsprechende Wahrscheinlichkeit mindestens 99 % beträgt ?

Hinweis: Die Wahrscheinlichkeit in a) und die Anzahl in b) berechne man näherungsweise durch Anwendung des Zentralen Grenzwertsatzes.

Aufgabe 80

Bei der Verpackung von Kartoffeln in Beutel kann das Normgewicht von 10 kg i.a. nicht exakt eingehalten werden. Die Erfahrung zeigt, dass das Füllgewicht eines Beutels durch eine Zufallsvariable $Y = X + 10$ beschrieben werden kann, wobei X eine R(-0.25,0.75)-verteilte Zufallsvariable ist. Die abgefüllten Beutel sollen mit einem Kleintransporter befördert werden.
Man berechne näherungsweise die Wahrscheinlichkeiten dafür, dass die zulässige Nutzlast von 1000 kg bei Zuladung von 97 Beuteln bzw. 98 Beuteln überschritten wird.

Aufgabe 81

Eine Darmstädter Angestellte verlässt an den 225 Arbeitstagen eines Jahres ihr Büro jeweils kurz nach Dienstschluss. Die Dauer der zusätzlichen Arbeitszeit lässt sich jeweils durch eine exponentialverteilte Zufallsvariable mit einem Erwartungswert von 5 Minuten angemessen beschreiben. Die Zufallsvariablen seien als unabhängig vorausgesetzt. Man berechne (näherungsweise) die Wahrscheinlichkeit dafür, dass die Angestellte dadurch in einem Jahr insgesamt mehr als 15 Stunden zusätzlich arbeitet.

Aufgabe 82

Zur Untersuchung von Wählerwanderungen befragt ein Meinungsforschungsinstitut 800 zufällig ausgewählte wahlberechtigte Bürger Hessens nach ihrer letzten Landtagswahlentscheidung. Für die Partei A haben bei der Wahl 0.2 % der hessischen Wähler gestimmt. Die Wahrscheinlichkeit dafür, dass unter den befragten Bürgern höchstens einer die Partei A gewählt hat, berechne man unter geeigneten Annahmen

a) mit Hilfe der Binomialverteilung,

b) durch Anwendung des Poissonschen Grenzwertsatzes,

c) zum Vergleich durch Anwendung des Zentralen Grenzwertsatzes sowohl ohne als auch mit Stetigkeitskorrektur.

Aufgabe 83

Eine Kiste enthalte 5000 Schrauben, von denen 10 ein defektes Gewinde besitzen. Die Wahrscheinlichkeit dafür, dass unter 500 zufällig (ohne Zurücklegen) herausgegriffenen Schrauben genau eine Schraube ein defektes Gewinde besitzt, berechne man unter geeigneten Annahmen

a) exakt,

b) durch Anwendung der Binomialapproximation der hypergeometrischen Verteilung,

c) durch näherungsweise Berechnung der Binomialwahrscheinlichkeiten in b) mit Hilfe des Poissonschen Grenzwertsatzes.

Aufgabe 84

a) Für $0 < \alpha < 1$ sei u_α bzw. $\chi^2_{r;\alpha}$ das α-Quantil einer N(0,1)-verteilten bzw. χ^2_r-verteilten Zufallsvariablen. Mit Hilfe des Zentralen Grenzwertsatzes zeige man, dass gilt

$$\lim_{r\to\infty} \frac{\chi^2_{r;\alpha} - r}{\sqrt{2r}} = u_\alpha$$

b) Mit Hilfe von a) berechne man einen Näherungswert für $\chi^2_{200;0.1}$ und vergleiche diese Approximation mit dem exakten Wert des 10 %-Quantils der χ^2_{200}-Verteilung.

Aufgabe 85

Die Zufallsvariable X sei Weibull-verteilt mit den Parametern $\alpha, \beta > 0$.

a) Man berechne den Erwartungswert und die Varianz der Zufallsvariablen X.

b) Die Rechenzeiten (in *sec*) von 100 Programmen auf einem Großrechner seien durch 100 Zufallsvariablen $X_1, \ldots, X_{100}$ beschrieben, wobei $X_1, \ldots, X_{100}$ unabhängig und identisch wie X verteilt angenommen werden. Die Parameter seien $\alpha = 1$ und $\beta = \frac{1}{2}$. Unter Verwendung der Tschebyscheffschen Ungleichung schätze man die Wahrscheinlichkeit dafür ab, dass die Gesamtrechenzeit der 100 Programme zwischen 150 und 250 Sekunden liegt, und berechne zum Vergleich einen Näherungswert für diese Wahrscheinlichkeit durch Anwendung des Zentralen Grenzwertsatzes.

Aufgabe 86

Es sei $U_1, U_2, \ldots$ eine unabhängige Folge von identisch R(0,1)-verteilten Zufallsvariablen,

$$V_n = \sqrt{\frac{12}{n}} \cdot \sum_{i=1}^{n} \left(U_i - \frac{1}{2} \right), \qquad n \in \mathbf{N},$$

und X eine N(0,1)-verteilte Zufallsvariable. Man zeige, dass für $x \in \mathbf{R}$ gilt

$$\lim_{n\to\infty} P(V_n \le x) = P(X \le x)$$

Ferner berechne man Schiefe und Exzess der Zufallsvariablen X und V_n.

2.9   Schätzer und ihre Eigenschaften

Aufgabe 87

Für ein $\theta > 0$ sei $X_1, X_2, \ldots$ eine unabhängige Folge $R(0, \theta)$-verteilter Zufallsvariablen.

a) Man zeige, dass für jedes $n \in \mathbf{N}$

$$T_n(X_1, \ldots, X_n) = \frac{2}{n} \cdot (X_1 + \ldots + X_n)$$

ein erwartungstreuer Schätzer für den Parameter θ ist.

b) Man bestimme die Varianz von T_n.

c) Man zeige, dass $T_1, T_2, \ldots$ eine konsistente Schätzerfolge für $\tau(\theta) = \theta$ ist.

Aufgabe 88

Die Zufallsvariablen $X_1, \ldots, X_n$ seien identisch $R(0, \theta)$-verteilt ($\theta > 0$) und unabhängig.

a) Man zeige, dass das Schätzverfahren

$$T_n(X_1, \ldots, X_n) = \frac{4}{n^2} \cdot \left(\sum_{i=1}^{n} X_i \right)^2$$

nicht erwartungstreu für $\tau(\theta) = \theta^2$ ist.

b) Man berechne den Bias des Schätzers T_n.

c) Man gebe einen erwartungstreuen Schätzer T_n' für $\tau(\theta) = \theta^2$ an.

Aufgabe 89

Für ein $\theta > 0$ seien $X_1, \ldots, X_n$ unabhängige, identisch $R(0, \theta)$-verteilte Zufallsvariablen. Für $\alpha > 0$ sei ein Schätzer $T_\alpha : \mathbf{R}^n \longrightarrow \mathbf{R}$ definiert durch

$$T_\alpha(x_1, \ldots, x_n) = \alpha \cdot \max(x_1, \ldots, x_n)$$

a) Zu $\theta > 0$ und $\alpha \in \mathbf{R}$ berechne man die Verteilungsfunktion des Schätzers $T_\alpha(X_1, \ldots, X_n)$.

b) Man bestimme $\alpha \in \mathbf{R}$ so, dass $T_\alpha(X_1, \ldots, X_n)$ erwartungstreu für θ ist.

Aufgabe 90

$X_1, \ldots, X_n$ seien für ein $\theta \in \mathbf{R}$ unabhängige, identisch $Ex(\theta)$-verteilte Zufallsvariablen.

a) Man zeige, dass der Schätzer

$$T_n(X_1, \ldots, X_n) = \left(\frac{1}{n} \cdot \sum_{i=1}^{n} X_i \right)^2$$

nicht erwartungstreu für $\tau(\theta) = \frac{1}{\theta^2}$ ist.

b) Man berechne den Bias des Schätzers T_n.

c) Man gebe einen erwartungstreuen Schätzer T_n' für $\tau(\theta) = \frac{1}{\theta^2}$ an.

Aufgabe 91

Für jedes $n \in \mathbf{N}$ seien die Zufallsvariablen $X_1, \ldots, X_n$ unabhängig, identisch $\mathrm{Ex}(\theta)$-verteilt für ein $\theta > 0$. Der Erwartungswert $\tau(\theta) = \frac{1}{\theta}$ ist zu schätzen.

a) Für jedes $n \in \mathbf{N}$ bestimme man $\alpha_n > 0$ so, dass der Schätzer

$$T_n(X_1, \ldots, X_n) = \alpha_n \cdot \min(X_1, \ldots, X_n)$$

erwartungstreu für τ ist.

b) Man zeige, dass die so erhaltene Schätzerfolge $T_1, T_2, \ldots$ nicht konsistent für τ ist.

Aufgabe 92

Die Zufallsvariable X besitze eine Dichte der Form

$$f_\theta(x) = \begin{cases} \dfrac{x}{\theta^2} & \text{falls } 0 \le x \le \theta \\[2mm] \dfrac{2}{\theta} - \dfrac{x}{\theta^2} & \text{falls } \theta < x \le 2\theta \\[2mm] 0 & \text{sonst} \end{cases}$$

mit einem Parameter $\theta > 0$.

a) Man berechne Erwartungswert und Varianz von X.

b) Die Zufallsvariablen $X_1, \ldots, X_n$ seien unabhängig und identisch wie X verteilt. Man bestimme a_n so, dass

$$T_n(X_1, \ldots, X_n) = a_n \cdot \left(\sum_{i=1}^{n} X_i \right)^2$$

ein erwartungstreuer Schätzer für die Varianz von X ist.

Aufgabe 93

In einer Urne befindet sich eine (unbekannte) Anzahl θ von Kugeln, die mit den Zahlen $1, 2, \ldots, \theta$ durchnumeriert sind. Die Anzahl θ der Kugeln soll geschätzt werden. Dazu wird aus der Urne eine Kugel gezogen und ihre Nummer notiert. Die Zufallsvariable X beschreibe die Nummer der gezogenen Kugel.

a) Man bestimme die Verteilung von X in Abhängigkeit von θ.

b) Man zeige, dass $T(X) = 2X - 1$ ein erwartungstreuer Schätzer für θ ist.

c) In den Fällen $\theta = 4$ und $\theta = 5$ berechne man jeweils die Wahrscheinlichkeit dafür, dass θ mit T exakt geschätzt wird.

d) Man berechne die Varianz von T.

Nun sollen zwei Kugeln mit Zurücklegen gezogen werden. Ihre Nummern werden durch die Zufallsvariablen X_1 und X_2 beschrieben. Sei

$$X^* = \max(X_1, X_2)$$

e) Man bestimme die Verteilung von X^*.

f) Man zeige, dass

$$T(X^*) = \frac{1}{2X^* - 1} \cdot \left((X^*)^3 - (X^* - 1)^3 \right)$$

ein erwartungstreuer Schätzer für θ ist.

Aufgabe 94

Aus einem See werden Fische gefangen, bis man von einer bestimmten Sorte n Stück erhalten hat ($n \geq 3$). Die Zufallsvariable X beschreibe die Anzahl aller gefangenen Fische zu diesem Zeitpunkt. Der See enthalte sehr viele Fische, so dass angenommen werden kann, dass sich das Verhältnis θ der Anzahl der bestimmten Sorte zur Gesamtzahl aller Fische des Sees nicht ändert ($0 < \theta < 1$), wenn einige Fische aus dem See gefangen werden.

a) Man zeige, dass für X gilt:

$$P_\theta(X = k) = \binom{k-1}{n-1} \theta^n (1 - \theta)^{k-n}, \qquad k = n, n+1, \ldots$$

b) Man zeige, dass der Schätzer $T(X) = \dfrac{n-1}{X-1}$ erwartungstreu für θ ist.

Aufgabe 95

Man beweise: Ist $T_1, T_2, \ldots$ eine Folge von Schätzern für $\tau : \Theta \to \mathbf{R}$ und gilt für jedes $\theta \in \Theta$

(i) $\displaystyle \lim_{n \to \infty} E_\theta(T_n(X_1, \ldots, X_n)) = \tau(\theta)$ (asymptotische Erwartungstreue),

(ii) $\displaystyle \lim_{n \to \infty} Var_\theta(T_n(X_1, \ldots, X_n)) = 0$,

so ist die Folge $T_1, T_2, \ldots$ konsistent für τ.

Aufgabe 96

$X_1, X_2, \ldots$ sei eine unabhängige Folge von identisch $R(\theta, \theta + 1)$-verteilten Zufallsvariablen mit $\theta \in \mathbf{R}$. Man untersuche die beiden Folgen von Schätzern für θ:

$$T_n(X_1, \ldots, X_n) = \bar{X}_{(n)} - \frac{1}{2} = \frac{1}{n}(X_1 + \ldots + X_n) - \frac{1}{2}, \quad n = 1, 2, \ldots,$$

$$T_n^*(X_1, \ldots, X_n) = \min(X_1, \ldots, X_n), \quad n = 1, 2, \ldots$$

a) Man berechne jeweils den Bias.

b) Man berechne jeweils die Varianz und den mittleren quadratischen Fehler.

c) Man überprüfe die Folgen auf Konsistenz.

2.10 Maximum-Likelihood-Methode

Aufgabe 97

Ein Fahrkartenkontrolleur überprüft einen Tag lang auf verschiedenen Darmstädter Straßenbahnlinien die Fahrkarten von Fahrgästen. Er überprüft jeweils solange bis er einen Fahrgast ohne gültigen Fahrschein antrifft. Nach Ausstellung eines Strafprotokolls kassiert er von diesem ein Bußgeld und beginnt nach einer Pause mit einer neuen Überprüfung. Die folgenden Zahlen geben an, wieviele Fahrgäste bei 10 solchen Überprüfungen jeweils überprüft wurden, bis ein Bußgeld fällig wurde:

$$42 \quad 50 \quad 40 \quad 64 \quad 30 \quad 36 \quad 68 \quad 42 \quad 46 \quad 48$$

Beschreibt die Zufallsvariable X die Anzahl der Personen, die überprüft werden, bis ein Fahrgast ohne gültigen Fahrausweis angetroffen wird, so kann angenommen werden, dass

$$P_\theta(X = n) = (1 - \theta)^{n-1} \cdot \theta$$

gilt, wobei $\theta \cdot 100\,\%$ als prozentualer Anteil der Schwarzfahrer unter allen Fahrgästen zu interpretieren ist.

Man bestimme aufgrund obiger Messwerte einen Maximum-Likelihood-Schätzwert für θ.

Aufgabe 98

Bei einer bestimmten Stoffwechselkrankheit weiß man, dass der Erbgang dominant-rezessiv ist. Ist also der Genotyp bestimmend für die Krankheit und das Allel A dominant über a, so sind die Träger des Genotyps aa krank, die der Genotypen aA oder AA nicht krank. Nach den Gesetzen der Genetik (Hardy–Weinberg–Gleichgewicht) sind die Wahrscheinlichkeiten für die Genotypen bei Neugeborenen wie folgt:

Genotyp	aa	aA	AA
Wahrscheinlichkeit	θ^2	$2\theta(1 - \theta)$	$(1 - \theta)^2$

Dabei ist θ die Wahrscheinlichkeit für das Auftreten des Allels a in der Bevölkerung. Damit ist die Wahrscheinlichkeit dafür, dass ein Neugeborenes die Krankheit hat bzw. nicht hat, θ^2 bzw. $1 - \theta^2$.

Ein Genetiker möchte die Wahrscheinlichkeit θ schätzen. Dazu lässt er sich von einer Klinik die Anzahl n der in einem gewissen Zeitraum geborenen Kinder angeben, sowie die Anzahl x derjenigen unter diesen n Neugeborenen, bei denen die betreffende Krankheit festgestellt wurde.

a) Unter geeigneten Annahmen bestimme man für dieses Problem die Likelihood-Funktion $L(\cdot, x)$ und einen Maximum-Likelihood-Schätzwert für θ.

b) Man berechne einen Maximum-Likelihood-Schätzwert für θ im Falle $n = 1842$ und $x = 35$.

Aufgabe 99

Ein Tierpark besitzt 12 Exemplare einer inzwischen selten gewordenen Tierart. In einem biologischen Forschungsinstitut wurde eine bisher unbekannte Krankheit an Tieren dieser Rasse entdeckt. Der Leiter des Tierparks möchte wissen, wieviele seiner Exemplare von dieser Krankheit befallen sind. Da die Tiere in einem großen Freigehege leben, ist ein Einfangen und Untersuchen aller Tiere zu aufwendig. Es wird daher an einem bestimmten Tag eine Fangaktion durchgeführt. Dabei wurden 4 Tiere gefangen und es stellte sich bei deren Untersuchung heraus, dass genau eins von ihnen von der neu entdeckten Krankheit befallen war. Unter geeigneten Modellannahmen (Ziehen ohne Zurücklegen) berechne man einen Maximum-Likelihood-Schätzwert für die unbekannte Anzahl θ der kranken Tiere im Freigehege.

Aufgabe 100

Zur Feststellung der Anzahl θ der in einem bestimmten Revier lebenden Rothirsche wurden in einer großangelegten Fangaktion insgesamt 7 Tiere gefangen und gekennzeichnet. Anschließend wurden die gefangenen Tiere im gleichen Revier wieder freigelassen. Nach einer gewissen Zeit wurde eine weitere Fangaktion durchgeführt. Dabei wurden 3 Rothirsche gefangen, und man stellte fest, dass zwei gefangene Tiere gekennzeichnet waren. Es wird angenommen, dass zwischen den beiden Fangaktionen keine Zu- oder Abwanderungen von Rothirschen in dem beobachteten Revier stattgefunden haben und dass die Tiere bei der Futtersuche innerhalb kurzer Zeit das gesamte Revier durchstreifen. Unter geeigneten Modellannahmen (Ziehen ohne Zurücklegen) berechne man einen (ganzzahligen!) Maximum-Likelihood-Schätzwert für die Gesamtzahl θ der in dem Revier lebenden Rothirsche.
Bei der Lösung des (ganzzahligen) Extremwertproblems gebe man eine vollständige Begründung für das Vorliegen eines Maximums an.

Aufgabe 101

Seien $X_1, X_2, \ldots, X_n$ unabhängige geometrisch mit dem Parameter θ verteilte Zufallsvariablen.

a) Man bestimme einen Maximum-Likelihood-Schätzer für θ.

b) Man überprüfe im Falle $n = 1$, ob dieser Schätzer erwartungstreu ist.

$\left(\textit{Hinweis:} \sum_{i=1}^{\infty} \frac{1}{i} \cdot x^i = -\ln(1 - x), \; |x| < 1\right)$

Aufgabe 102

Die Zufallsvariablen $X_1, \ldots, X_n$ seien unabhängig und identisch Poisson-verteilt mit dem unbekannten Parameter λ.

a) Man bestimme einen Maximum-Likelihood-Schätzer $\hat{\lambda}_n : (\mathbb{N} \cup \{0\})^n \to \mathbb{R}$ für λ.

b) Man bestimme in Abhängigkeit vom wahren Parameter λ den Erwartungswert und die Varianz der Maximum-Likelihood-Schätzvariablen $\hat{\lambda}_n(X_1, \ldots, X_n)$.

c) Im Falle $n = 20$ und $\lambda = 10$ berechne man die Wahrscheinlichkeit dafür, dass der Wert des Maximum-Likelihood-Schätzers $\hat{\lambda}_n$ um mindestens 0.5 vom wahren Parameter abweicht. Die gesuchte Wahrscheinlichkeit bestimme man näherungsweise mit Hilfe des Zentralen Grenzwertsatzes.

d) Für den Fall $\lambda = 10$ bestimme man näherungsweise den kleinsten Stichprobenumfang n, so dass der Maximum-Likelihood-Schätzer $\hat{\lambda}_n$ mit einer Wahrscheinlichkeit ≥ 0.99 Werte im Intervall $[9.9, 10.1]$ liefert.

e) Man zeige, dass die Folge $\hat{\lambda}_1, \hat{\lambda}_2, \ldots$ der Maximum-Likelihood-Schätzer konsistent ist.

Aufgabe 103

Ein System bestehe aus den Komponenten K_1, K_2 und K_3, die hintereinandergeschaltet sind, d.h. das System fällt aus, wenn mindestens eine Komponente ausfällt.

$$\longrightarrow \boxed{K_1} \longrightarrow \boxed{K_2} \longrightarrow \boxed{K_3} \longrightarrow$$

Dabei wird angenommen, dass die Lebensdauern der Komponenten K_1, K_2, K_3 durch unabhängige, stetig verteilte Zufallsvariablen X_1, X_2, X_3 beschrieben werden können. X_1 sei exponentialverteilt mit Erwartungswert $\frac{1}{\theta} > 0$, X_2 und X_3 seien identisch verteilt mit Dichte

$$f_\theta(x) = \begin{cases} \dfrac{\theta}{3 \cdot \sqrt[3]{x^2}} \cdot e^{-\theta \cdot \sqrt[3]{x}} & \text{für } x > 0 \\[2mm] 0 & \text{sonst} \end{cases} \qquad \text{(Weibull–Verteilung)}$$

a) Man berechne Verteilungsfunktion und Dichte für die zufällige Lebensdauer S des Systems.

b) Bei Messungen der Lebensdauer des Systems ergaben sich folgende Werte (in Std.)

$$82.2 \quad 94.0 \quad 122.5 \quad 95.8 \quad 106.4$$

Man gebe die Likelihood-Funktion an und bestimme den Maximum–Likelihood–Schätzwert für θ.

Aufgabe 104

Aus Erfahrung sei bekannt, dass die Brenndauer einer Glühbirne einer bestimmten Sorte durch eine stetig verteilte Zufallsvariable X mit der Dichte

$$f_\theta(x) = \begin{cases} 2\theta x e^{-\theta \cdot x^2} & \text{für } x > 0 \\[2mm] 0 & \text{sonst} \end{cases}, \qquad \theta > 0,$$

beschrieben werden kann. Das für diese Sorte passende θ schätze man aufgrund der folgenden 15 Brenndauern [in 1000 Stunden] mittels der Maximum-Likelihood-Methode:

$$1.530 \quad 1.173 \quad 1.832 \quad 1.075 \quad 1.539$$
$$0.998 \quad 2.083 \quad 0.693 \quad 2.529 \quad 1.693$$
$$1.325 \quad 1.487 \quad 1.298 \quad 1.743 \quad 1.432$$

Aufgabe 105

Die Zufallsvariablen $X_1, \ldots, X_n$ seien unabhängig und identisch verteilt mit der unten angegebenen Dichte f_θ für ein $\theta > 0$. Die Messwerte $x_1, \ldots, x_n$ mit $\min(x_1, \ldots, x_n) > 0$ seien eine Realisierung von $X_1, \ldots, X_n$. Man bestimme die Likelihood-Funktion $L(\cdot\,; x_1, \ldots, x_n)$ und berechne einen Maximum-Likelihood-Schätzwert $\hat{\theta}(x_1, \ldots, x_n)$ für θ. Die Dichte f_θ sei mit dem (bekannten) Parameter $\beta > 0$ gegeben durch

a)

$$f_\theta(x) = \begin{cases} \dfrac{1}{\theta} \cdot \beta \cdot x^{\beta-1} \cdot e^{-\frac{1}{\theta} \cdot x^\beta} & , \ x > 0 \\[2mm] 0 & , \ x \leq 0 \end{cases}$$

b)

$$f_\theta(x) = \begin{cases} \dfrac{\theta^3 \cdot x^5}{120} \cdot e^{-x \cdot \sqrt{\theta}} & , \ x > 0 \\[2mm] 0 & , \ x \leq 0 \end{cases}$$

c)

$$f_\theta(x) = \begin{cases} \dfrac{1}{x} \cdot \dfrac{1}{\sqrt{2\pi\theta}} \cdot e^{-\frac{1}{2\theta} \cdot (\ln x - \beta)^2} & , \ x > 0 \\[2mm] 0 & , \ x \leq 0 \end{cases}$$

Aufgabe 106

Die Zufallsvariablen $X_1, \ldots, X_n$ seien unabhängig und identisch verteilt mit der Dichte

$$f_\theta(x) = \begin{cases} e^{-(x-\theta+1)} & \text{für } x \geq \theta - 1 \\[2mm] 0 & \text{sonst} \end{cases} \qquad (\theta > 0).$$

a) Man berechne einen Maximum-Likelihood-Schätzer $\hat{\theta} : \mathbf{R}^n \to \mathbf{R}$ für θ und bestimme die Verteilungsfunktion, den Erwartungswert und die Varianz der Schätzvariablen $\hat{\theta}(X_1, \ldots, X_n)$.

b) Gemessen wurden die folgenden 10 Werte:

$$2.71 \quad 2.43 \quad 3.87 \quad 4.12 \quad 2.36 \quad 2.24 \quad 3.53 \quad 3.28 \quad 2.96 \quad 2.87$$

Man berechne den Maximum-Likelihood-Schätzwert für θ aus dieser Messreihe. Unter der Annahme, dass dieser Schätzwert gleich dem wahren Parameter der zugrundeliegenden Verteilung ist, bestimme man den Erwartungswert und die Varianz der Zufallsvariablen X_1 und vergleiche diese Kennzahlen mit dem arithmetischen Mittel und der empirischen Varianz der Messreihe.

Aufgabe 107

Für $n > 1$ und $m \geq 1$ seien die Zufallsvariablen X_{ij}, $1 \leq i \leq m$, $1 \leq j \leq n$, unabhängig und normalverteilt, wobei X_{ij} für alle j den Erwartungswert μ_i und die Varianz σ^2 besitze, $1 \leq i \leq m$.

a) Man berechne einen $(m+1)$–dimensionalen Maximum-Likelihood-Schätzer $\hat{\theta} : \mathbb{R}^{n \cdot m} \to \mathbb{R}^{m+1}$ der Form

$$\hat{\theta} = (\hat{\mu}_1, \ldots, \hat{\mu}_m, \hat{\sigma}^2) \quad \text{für} \quad \theta = (\mu_1, \ldots, \mu_m, \sigma^2)$$

Bei der Bearbeitung dieses Aufgabenteils gehe man davon aus, dass zu jeder Stichprobe $x_{11}, \ldots, x_{mn}$ ein $i \in \{1, \ldots, m\}$ existiert, so dass die Messwerte $x_{i1}, \ldots, x_{in}$ nicht alle gleich sind.

b) Die Komponente $\hat{\sigma}^2 = \hat{\sigma}^2(m,n)$ des vektorwertigen Schätzers $\hat{\theta}$ hängt von den Parametern m und n ab. Wird $n = n_0 > 1$ festgehalten, so ist $S_m = \hat{\sigma}^2(m, n_0)$ ein Schätzer für σ^2. Man zeige, dass S_m nicht erwartungstreu und die Schätzerfolge $S_1, S_2, \ldots$ nicht konsistent für σ^2 ist.

c) Es sei $n = n_0 > 1$ wiederum fest. Man gebe eine erwartungstreue und konsistente Schätzerfolge $T_1, T_2, \ldots$ für σ^2 mit $T_m = a_m \cdot S_m$ für geeignete Faktoren a_m, $m = 1, 2, \ldots$, an.

Aufgabe 108

Für $\theta \in \mathbb{R}$ sei die Dichte einer Zufallsvariablen X gegeben durch

$$f_\theta(x) = \begin{cases} \dfrac{3}{x \cdot \sqrt{2\pi}} \cdot e^{-\frac{9}{2}(\theta - \ln x)^2} & x > 0 \\ 0 & x \leq 0 \end{cases}$$

a) Die Zufallsvariablen $X_1, \ldots, X_n$ seien unabhängig und identisch verteilt mit der Dichte f_θ. Man bestimme einen Maximum-Likelihood-Schätzer für θ.

b) Man zeige, dass die Zufallsvariable $Y = \ln X$ normalverteilt ist. Ferner bestimme man $E(Y)$ und $Var(Y)$.

c) Man zeige, dass der Maximum-Likelihood-Schätzer erwartungstreu ist für θ.

2.11 Konfidenzintervalle

Aufgabe 109

Zylindrische Walzen mit dem Radius $r = 10\ mm$ werden elektrolytisch verchromt, indem sie durch ein galvanisches Bad gezogen werden. In der Materialprüfstelle werden zur Bestimmung der Dicke des Chrommantels fertige Walzen (wie in der Skizze dargestellt) planparallel abgeschliffen und die Längen a und b gemessen.

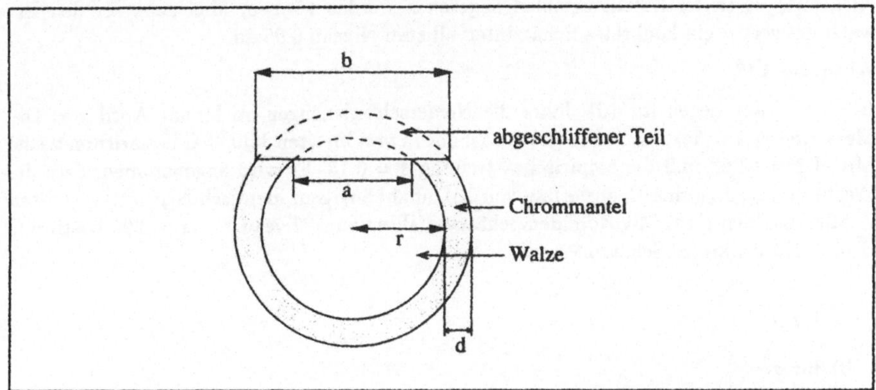

Aus a und b wird dann die Dicke d des Chrommantels berechnet. Die Ergebnisse von Messungen der Längen a und b (in mm) an 10 Walzen sind in folgender Tabelle angegeben:

i	1	2	3	4	5	6	7	8	9	10
a_i	5.03	4.73	4.92	4.87	6.12	4.77	5.21	5.35	4.78	5.01
b_i	11.97	11.43	11.30	11.02	11.11	11.21	11.76	10.75	11.80	12.02

Man berechne zunächst die Werte $d_1, \ldots, d_{10}$ der zugehörigen Chrommanteldicken. Die Dicke des beim Galvanisierungsvorgangs entstehenden Chrommantels wird durch Stromschwankungen und andere Effekte beeinflusst und kann durch eine $N(\mu, 0.01)$-verteilte Zufallsvariable D beschrieben werden. Man berechne mittels eines Konfidenzschätzverfahrens zum Konfidenzniveau 0.95 ein konkretes Schätzintervall für μ aus den Werten $d_1, \ldots, d_{10}$.

Aufgabe 110

Für die Gewichte von Warenpackungen wird angenommen, dass sie durch unabhängige $N(\mu, \sigma^2)$-verteilte Zufallsvariablen beschrieben werden können, wobei μ und σ^2 unbekannt seien. Eine Stichprobe vom Umfang 10 aus dem Warenlager ergab für die Gewichte (in kg)

20.40   20.25   19.80   20.00   20.05   19.90   20.50   20.15   20.20   20.10

Man bestimme ein konkretes Schätzintervall der Form $[a, \infty)$ für μ zum Niveau 0.99.

Aufgabe 111

12 Versuchsflächen wurden mit einer neuen Weizensorte bestellt. Diese Flächen erbrachten folgende Hektarerträge (in dz):

$$35.6 \quad 33.7 \quad 37.8 \quad 31.2 \quad 37.2 \quad 34.1 \quad 35.8 \quad 36.6 \quad 37.1 \quad 34.9 \quad 35.6 \quad 34.0$$

Aus Erfahrung weiß man, dass die Hektarerträge als eine Realisierung unabhängiger, $N(\mu, 3.24)$-verteilter Zufallsvariablen angesehen werden können. Man gebe für den Erwartungswert μ ein konkretes Schätzintervall zum Niveau 0.95 an.

Aufgabe 112

In einer Stadt liegen für 161 Jahre die Niederschlagsmengen im Monat April vor. Die Messreihe $x_1, \ldots, x_{161}$ ($x_i =$ Niederschlagshöhe in mm im i-ten Jahr) hat das arithmetische Mittel $\bar{x} = 53.68$ und die empirische Streuung $s = 6.13$. Es wird angenommen, dass die Werte $x_1, \ldots, x_{161}$ eine Realisierung von 161 unabhängigen, identisch $N(\mu, \sigma^2)$-verteilten Zufallsvariablen sind. Mit Konfidenzschätzverfahren zum Niveau $1 - \alpha = 0.98$ bestimme man je ein konkretes Schätzintervall

    a) für μ

    b) für σ^2

    c) für μ unter der Voraussetzung $\sigma^2 = 6.13^2$

Aufgabe 113

Die Zufallsvariablen $X_1, \ldots, X_n$ seien unabhängig und identisch $N(\mu, 25)$-verteilt mit unbekanntem Erwartungswert $\mu \in \mathbb{R}$.

    a) Wie groß muss n mindestens gewählt werden, damit bei dem üblichen Konfidenzschätzverfahren für den Parameter μ zum Konfidenzniveau 0.9 ein konkretes Schätzintervall entsteht, dessen Länge nicht größer als 1.25 ist ?

    b) Welches Konfidenzniveau besitzt das übliche Konfidenzschätzverfahren für den Parameter μ, wenn bei $n = 200$ konkrete Schätzintervalle der Länge 1.15 entstehen ?

    c) Welche Länge besitzt ein konkretes Schätzintervall, das bei $n = 150$ mit dem üblichen Konfidenzschätzverfahren zum Niveau 0.8 für das Schätzen des Parameters μ entsteht ?

Aufgabe 114

Eine in einer Brauerei zur Abfüllung von Flaschen eingesetzte Maschine ist auf den Normwert $0.33\ l$ eingestellt. Bei der Messung der Biermengen in 10 abgefüllten Flaschen ergaben sich die folgenden Werte (in Liter):

$$0.329 \quad 0.339 \quad 0.331 \quad 0.324 \quad 0.328 \quad 0.327 \quad 0.334 \quad 0.336 \quad 0.332 \quad 0.326$$

a) Unter der Annahme, dass die Messwerte eine Realisierung von unabhängigen identisch $N(0.33, \sigma^2)$-verteilten Zufallsvariablen sind, berechne man mittels eines Konfidenzschätzverfahrens zum Konfidenzniveau 0.95 aus der angegebenen Messreihe ein konkretes Schätzintervall für den Parameter σ^2.

b) Unter der Annahme, dass der Parameter σ^2 im berechneten konkreten Schätzintervall liegt, bestimme man eine obere Schranke für die Wahrscheinlichkeit, dass in eine bestimmte Flasche höchstens $0.32\ l$ Bier abgefüllt werden.

Aufgabe 115

Die Zufallsvariablen $X_1, \ldots, X_n$ seien unabhängig und identisch normalverteilt mit unbekanntem Erwartungswert μ und unbekannter Varianz σ^2. Der Parameter μ ist zu schätzen.

a) Man bestimme zu den Daten $n = 51$, $\bar{x} = 10$ und $s^2 = 0.8$ ein konkretes Schätzintervall für μ zum Niveau 0.95.

b) Angenommen, es gilt $n = 51$ und $\sigma^2 = 0.5$. Mit welcher Wahrscheinlichkeit ergibt sich bei dem in Teil a) verwendeten Konfidenzschätzverfahren für μ zum Niveau 0.95 ein konkretes Schätzintervall mit einer Länge ≤ 0.3 ? Man berechne diese Wahrscheinlichkeit näherungsweise mit Hilfe des Zentralen Grenzwertsatzes.

Aufgabe 116

Bei einer Umfrage unter 3000 Besitzern von PKWs eines weit verbreiteten Typs haben 60 angegeben, dass sie mit der Straßenlage unzufrieden sind.

Es sei p der relative Anteil der mit der Straßenlage unzufriedenen in der Gesamtheit aller Besitzer von Fahrzeugen dieses Typs. Ausgehend von geeigneten Verteilungsannahmen konstruiere man ein „approximatives" Konfidenzintervall für p zum Niveau 0.95, das konkrete Schätzintervalle der Form $[0, p_0]$ liefert, und bestimme p_0 zu den angegebenen Daten.

Aufgabe 117

Bei der Produktion von bestimmten Bauteilen für elektronische Geräte entstehen mit einer (unbekannten) Wahrscheinlichkeit p defekte Stücke. Um Aufschluss über die Wahrscheinlichkeit p zu bekommen, wird bei laufender Produktion eine Stichprobe von n Bauteilen entnommen, die auf ihre Funktionstüchtigkeit überprüft werden. Unter geeigneten Annahmen

a) bestimme man für $n = 600$ ein konkretes Schätzintervall zum (approximativen) Konfidenzniveau 0.95 für p, wenn 69 der 600 überprüften Bauteile defekt sind.

b) bestimme man ein n so, dass das in a) verwendete Konfidenzschätzverfahren zum selben Niveau konkrete Schätzintervalle liefert, deren Längen nicht größer als 0.05 sind.

2.12 Tests bei Normalverteilungsannahmen

Aufgabe 118

Eine neue Sorte von Reagenzgläsern soll bezüglich ihrer Schmelztemperatur mit einer gebräuchlichen Sorte, bei der die mittlere Schmelztemperatur 745^0C beträgt, verglichen werden. Bei der neuen Sorte von Reagenzgläsern wurden folgende Temperaturwerte ermittelt (in ^0C):

$$\begin{array}{cccccccc} 675 & 720 & 621 & 653 & 750 & 631 & 742 & 828 \\ 715 & 611 & 790 & 671 & 820 & 730 & 650 & 785 \end{array}$$

Es wird angenommen, dass die Messwerte $x_1, \ldots, x_{16}$ eine Realisierung von unabhängigen identisch $N(\mu, 4900)$-verteilten Zufallsvariablen $X_1, \ldots, X_{16}$ sind. Durch Anwendung eines geeigneten Tests zum Niveau 0.05 überprüfe man

a) die Hypothese $H_0 : \mu = 745$ gegen $H_1 : \mu \neq 745$

b) die Hypothese $H_0 : \mu = 745$ gegen $H_1 : \mu < 745$

Aufgabe 119

Das Gewicht von Brötchen (gemessen in g) ist zufallsabhängig. Man nimmt an, dass die Zufallsvariable, die das Gewicht beschreibt, $N(\mu, 36)$-verteilt ist. Für 81 (zufällig und unabhängig) ausgewählte Brötchen ergab sich das Durchschnittsgewicht zu $\bar{x} = 37\,g$.

a) Man überprüfe mittels eines zweiseitigen Tests, ob das Datenmaterial mit der Hypothese H_0 : „Das Durchschnittsgewicht der Brötchen beträgt $38\,g$" auf dem 5%-Niveau vereinbar ist.

b) Sei nun $\mu_1 = 37\,g$ der tatsächliche Wert von μ. Wie groß ist dann die Fehlerwahrscheinlichkeit 2. Art bei dem in a) angewendeten Test ?

c) Der Test in a) soll durch Erhöhung des Stichprobenumfanges so abgeändert werden, dass unter Beibehaltung der Hypothese H_0 und der Fehlerwahrscheinlichkeit 1. Art nun für die Alternative $H_1 : \mu_1 = 37\,g$ die Fehlerwahrscheinlichkeit 2. Art kleiner gleich 5% wird. Wie groß muss der Stichprobenumfang n mindestens gewählt werden, damit dies gewährleistet ist ?

Aufgabe 120

In einem Betrieb werden zylinderförmige Aluminiumbolzen hergestellt, deren Durchmesser (in mm) durch unabhängige $N(\mu, \sigma^2)$-verteilte Zufallsvariablen mit $\sigma^2 = 1.21\,mm^2$ beschrieben werden können. Aufgrund einer Stichprobe vom Umfang 16 soll die Nullhypothese $H_0 : \mu = 20$ gegen die Alternative $\mu < 20$ auf dem Niveau 10% getestet werden. Wie groß ist die Wahrscheinlichkeit für eine Ablehnung der Nullhypothese, wenn tatsächlich gilt

a) $\mu = 19.6$ mm

b) $\mu = 20.1$ mm

Aufgabe 121

Es wird angenommen, dass die vorliegenden Messwerte $x_1, \ldots, x_{10}$ bzw. $y_1, \ldots, y_{16}$ eine Realisierung von unabhängigen identisch $N(\mu_1, 0.25)$ bzw. $N(\mu_2, 0.36)$-verteilten Zufallsvariablen sind:

$$
\begin{array}{llllllll}
x_i: & 5.46 & 5.34 & 4.34 & 4.82 & 4.40 & 5.12 & 5.69 & 5.53 \\
& 4.77 & 5.82
\end{array}
$$

$$
\begin{array}{lllllllll}
y_i: & 5.45 & 5.31 & 4.11 & 4.69 & 4.18 & 5.05 & 5.72 & 5.54 \\
& 4.62 & 5.89 & 5.60 & 5.19 & 3.31 & 4.43 & 5.30 & 4.09
\end{array}
$$

Man überprüfe die Hypothese $H_0: \mu_2 \geq \mu_1$ gegen $H_1: \mu_2 < \mu_1$ mit einem geeigneten Test zum Niveau $\alpha = 0.05$.

Aufgabe 122

Die folgenden Messwerte $x_1, \ldots, x_{20}$ und $y_1, \ldots, y_{15}$ seien eine Realisierung von unabhängigen $N(\mu_1, 5)$ bzw. $N(\mu_2, 6)$-verteilten Zufallsvariablen:

$$
\begin{array}{llllllllll}
x_i: & 20.31 & 21.79 & 19.95 & 18.73 & 23.18 & 16.84 & 19.23 & 21.46 & 20.61 \\
& 23.22 & 17.73 & 16.09 & 19.53 & 22.72 & 18.37 & 23.81 & 20.32 & 17.75 \\
& 23.66 & 20.23
\end{array}
$$

$$
\begin{array}{llllllllll}
y_i: & 20.67 & 22.11 & 21.18 & 16.65 & 23.52 & 19.06 & 22.66 & 17.72 & 24.20 \\
& 23.93 & 21.26 & 24.61 & 20.94 & 18.21 & 19.89
\end{array}
$$

a) Mit einem geeigneten Testverfahren zum Niveau $\alpha = 0.03$ überprüfe man die Hypothese $\mu_1 = \mu_2$ gegen $\mu_1 \neq \mu_2$.

b) Unter obigen Voraussetzungen bestimme man ein Konfidenzintervall für $\mu_1 + \mu_2$ zum Niveau 0.96 und berechne aus den gegebenen Daten ein konkretes Schätzintervall.

Aufgabe 123

Dem Hersteller eines Spülmittels wird von einer Verbraucherorganisation vorgeworfen, 3–*kg*–Packungen in den Handel zu bringen, deren Inhalt wesentlich unter dem Nenngewicht liegt. Die Verbraucherorganisation kauft 21 Packungen und stellt jeweils deren Nettogewicht fest. Dabei ergibt sich ein Stichprobenmittel von $\bar{x} = 2.82\,kg$ und eine Stichprobenvarianz von $s^2 = 0.04\,kg^2$.

a) Welches konkrete Schätzintervall zum Niveau 0.9 für den unbekannten Erwartungswert μ des Nettogewichts pro Packung ergibt sich, wenn man davon ausgehen kann, dass die Nettogewichte durch unabhängige $N(\mu, \sigma^2)$-verteilte Zufallsvariablen beschrieben werden können.

b) Der Hersteller begründet das Untersuchungsergebnis mit dem Hinweis auf einen Defekt an der Verpackungsmaschine. Die Maschine sei inzwischen neu eingestellt. Zur Überprüfung dieser Aussage wird ein neuer Test durchgeführt. Die Hypothese $H_0 : \mu = 3$ wird gegen die Alternative $\mu < 3$ mit einer Irrtumswahrscheinlichkeit von 1% und bei einem Stichprobenumfang von $n = 25$ getestet. Die Messergebnisse lieferten ein Stichprobenmittel von $\bar{x} = 2.96\ kg$ und eine Stichprobenvarianz von $s^2 = 0.01\ kg^2$. Wie lautet das Testergebnis ?

Aufgabe 124

Die folgenden Messwerte seien eine Realisierung von unabhängigen identisch N(μ, σ^2)-verteilten Zufallsvariablen:

$$0.84 \quad 0.01 \quad 0.35 \quad -0.76 \quad -0.11 \quad -0.17 \quad 0.16 \quad 0.63 \quad -0.09 \quad 0.22 \quad 0.35$$

a) Man gebe einen geeigneten Test an, mit dem die Hypothese $\mu = \mu_0$ zum Niveau 0.02 überprüft werden kann.

b) Welche Antwort ergibt sich in a) für den Fall $\mu_0 = 0$?

c) Man gebe alle Werte von μ_0 an, für die der in a) beschriebene Test nicht zur Ablehnung der Hypothese führt.

Aufgabe 125

Bei einer Untersuchung der Auswirkungen eines Medikaments auf das Wachstum wurde 15 jungen Versuchstieren das Medikament verabreicht. Einer Vergleichsgruppe mit 20 Tieren wurde das Medikament nicht gegeben. Bei der ersten Gruppe errechnete man aus den Zunahmen $x_1, \ldots, x_{15}$ der Körperlängen der Tiere während der Versuchszeit das arithmetische Mittel $\bar{x} = 72\,[cm]$ und die Streuung $s_x = 13\,[cm]$, bei der Vergleichsgruppe aus den Zunahmen $y_1, \ldots, y_{20}$ der Körperlängen das arithmetische Mittel $\bar{y} = 75\,[cm]$ und die Streuung $s_y = 12\,[cm]$. Man überprüfe mit dem Zweistichproben-t-Test zum Niveau $\alpha = 0.05$ die Behauptung, dass das Medikament keine Auswirkung auf das Wachstum habe.

Aufgabe 126

In einer Klinik wurden bei 270 neugeborenen ausgetragenen Knaben das Durchschnittsgewicht $\bar{x} = 3350$ Gramm und die empirische Streuung $s_x = 480$ Gramm festgestellt. Entsprechend ergab sich bei 256 Mädchen das Durchschnittsgewicht $\bar{y} = 3100$ Gramm und die empirische Streuung $s_y = 470$ Gramm.

a) Unter geeigneten Annahmen teste man die Hypothese, dass der Erwartungswert des Geburtsgewichtes von Neugeborenen nicht vom Geschlecht abhängt, und zwar auf dem Niveau $\alpha = 0.05$. Man führe entsprechende Tests auch für $\alpha = 0.03$ und $\alpha = 0.01$ durch.

b) Mit Hilfe eines Konfidenzschätzverfahrens zum Konfidenzniveau $1 - \alpha = 0.9$ bestimme man aus obigen Angaben konkrete Schätzintervalle für die beiden Erwartungswerte. Man führe die Berechnungen auch für $1 - \alpha = 0.95$ und für $1 - \alpha = 0.99$ durch.

c) Bisher ging man bei den Knaben vom Erwartungswert 3550 Gramm und bei den Mädchen von 3250 Gramm aus. Werden diese Annahmen auf dem 5%-Niveau durch die Beobachtungen widerlegt ?

Aufgabe 127

Die Ballweitwurfleistungen von männlichen Schülern einer bestimmten Altersklasse wurden im Rahmen der Bundesjugendspiele untersucht. Die Schüler wurden in zwei Gruppen eingeteilt. Die erste Gruppe bestand aus $m = 60$ Schülern des Stadtkreises, die zweite Gruppe aus $n = 42$ Schülern des Landkreises. Für jeden Schüler wurde sein bestes Wurfergebnis [in m] ermittelt. In der ersten Gruppe ergaben sich das arithmetische Mittel $\bar{x} = 24.8$ und die empirische Streuung $s_x = 5.4$. Die entsprechenden Werte der zweiten Gruppe waren $\bar{y} = 28.3$ und $s_y = 8.4$. Unter geeigneten Normalverteilungsannahmen prüfe man mit einem Testverfahren zum Niveau $\alpha = 0.05$, ob die Hypothese, dass Land- und Stadtkinder im Mittel gleiche Ballweitwurfleistungen haben, aufgrund der ermittelten Daten zu verwerfen ist.

Aufgabe 128

Um zwei Trainingsmethoden A und B für den Speerwurf zu erproben, wurden 60 untrainierte Sportstudenten zufällig in zwei Gruppen zu $m = 25$ und $n = 35$ Studenten eingeteilt. Vor Beginn der Trainingsphase wurde zunächst ein Leistungstest durchgeführt und für jeden Studenten die Weite des besten von drei Würfen notiert. Nach Abschluss der Trainingsphase, während der die Studenten der Gruppe 1 nach Methode A und die der Gruppe 2 nach Methode B trainiert wurden, wurde ein entsprechender Leistungstest durchgeführt. Es ergaben sich die folgenden Werte (Differenzen der beim zweiten und ersten Leistungstest ermittelten Weiten [in m])

Gruppe 1

7.06	11.84	9.28	7.92	13.50	3.98	3.82	7.34	8.70	9.24	4.86	3.32
12.78	12.00	5.24	11.40	6.56	9.04	7.72	9.26	7.88	8.60	9.30	8.42
8.54											

Gruppe 2

8.68	6.00	6.30	10.24	10.88	5.36	7.82	4.70	9.02	9.78	6.90
5.80	13.56	10.32	13.30	11.38	7.94	10.74	13.68	14.92	7.42	10.36
10.54	5.22	13.74	12.98	10.34	10.02	17.80	13.04	5.20	9.40	11.18
12.68	12.36									

Es wird angenommen, dass die ermittelten Werte eine Realisierung von unabhängigen in der Gruppe i identisch $N(\mu_i, \sigma^2)$-verteilten Zufallsvariablen sind ($i = 1, 2$). Man überprüfe, ob Methode A mindestens so erfolgversprechend ist wie Methode B, indem man

$$H_0 : \mu_1 \geq \mu_2 \qquad \text{gegen} \qquad H_1 : \mu_1 < \mu_2$$

auf dem Niveau 0.05 teste.

Aufgabe 129

In einer Molkerei wurden bei zwei Maschinen, die Milch in Milchtüten abfüllen, die Füllmengen von 21 bzw. 9 Milchtüten bestimmt. Dabei erhielt man Messwerte $x_1, \ldots, x_{21}$, $y_1, \ldots, y_9$ (in ml) mit den arithmetischen Mitteln $\bar{x} = 501$ bzw. $\bar{y} = 503$ und den empirischen Varianzen $s^2_{(21)} = 3.24$ bzw. $s^2_{(9)} = 3.61$. Unter der Annahme, dass die angegebenen Messwerte eine Realisierung unabhängiger Zufallsvariablen $X_1, \ldots, X_{21}, Y_1, \ldots, Y_9$ sind, wobei $X_1, \ldots, X_{21}$ identisch $N(\mu_1, \sigma_1^2)$- und $Y_1, \ldots, Y_9$ identisch $N(\mu_2, \sigma_2^2)$-verteilt sind, teste man

a) unter der Annahme $\sigma_1^2 = \sigma_2^2$ durch Anwendung eines geeigneten Testverfahrens zum Niveau 0.05 die Hypothese $\mu_1 \geq \mu_2$ gegen die Alternative $\mu_1 < \mu_2$.

b) durch Anwendung eines geeigneten Testverfahrens zum Niveau 0.1, ob aufgrund des angegebenen Datenmaterials die unter a) gemachte Annahme $\sigma_1^2 = \sigma_2^2$ gegen $\sigma_1^2 \neq \sigma_2^2$ zu verwerfen ist.

Aufgabe 130

In einem landwirtschaftlichen Betrieb erhielten von 20 Versuchsrindern 10 Rinder (Gruppe I) jeden Tag Kraftfutter der Zusammensetzung A, die übrigen 10 Rinder (Gruppe II) erhielten das herkömmliche Futter der Zusammensetzung B. Nach einer gewissen Zeit wurde die Gewichtszunahme in kg in beiden Gruppen festgestellt:

Gruppe I:	7.2	4.1	5.5	4.5	5.7	3.8	4.6	6.0	5.2	5.4
Gruppe II:	5.3	4.4	5.0	3.5	3.9	4.9	5.6	2.5	4.0	3.6

a) Unter der Annahme, dass sich die Gewichtszunahme durch unabhängige, in beiden Fällen identisch normalverteilte Zufallsvariablen beschreiben lässt, prüfe man mit einem geeigneten Test zum Niveau $\alpha = 0.1$, ob die Annahme, dass die Gewichtszunahme bei Verabreichung von Kraftfutter der Zusammensetzung A die gleiche Streuung aufweist wie die Gewichtszunahme bei Verabreichung des herkömmlichen Futters der Zusammensetzung B, zu verwerfen ist.

b) Unter der Annahme, dass sich die Gewichtszunahme durch unabhängige, in beiden Fällen identisch normalverteilte Zufallsvariablen mit gleicher Varianz beschreiben lässt, prüfe man mit einem geeigneten Test zum Niveau $\alpha = 0.025$ die Hypothese, dass die Gewichtszunahme bei Verabreichung von Kraftfutter der Zusammensetzung A nicht größer ist als die Gewichtszunahme bei Verabreichung des herkömmlichen Futters der Zusammensetzung B.

Aufgabe 131

Ein Unternehmer stellt ein elektronisches Gerät her, welches aus zwei hintereinandergeschalteten Bauteilen der Sorten E_1 und E_2 besteht. Bei einer Untersuchung wurden die Widerstände von 21 Bauteilen der Sorte E_1 und 16 Bauteilen der Sorte E_2 gemessen; man erhielt Werte $x_1, \ldots, x_{21}, y_1, \ldots, y_{16}$ mit den arithmetischen Mitteln $\bar{x} = 56.2$ und $\bar{y} = 30.5$ sowie den empirischen Varianzen $s^2_{(21)} = 1.2$ und $s^2_{(16)} = 2.6$. Die Messwerte seien eine Realisierung unabhängiger Zufallsvariablen $X_1, \ldots, X_{21}, Y_1, \ldots, Y_{16}$, wobei

$X_1, \ldots, X_{21}$ als identisch $N(\mu_1, \sigma_1^2)$- und $Y_1, \ldots, Y_{16}$ als identisch $N(\mu_2, \sigma_2^2)$-verteilt angenommen werden.

a) Man teste die Hypothese $\sigma_1^2 \geq \sigma_2^2$ gegen $\sigma_1^2 < \sigma_2^2$ zum Niveau 5%.

b) Man gebe Konfidenzintervalle I_1 und I_2 für μ_1 und μ_2 zum Konfidenzniveau 90% an.

c) Seien $I_1 = [U_1, O_1]$ und $I_2 = [U_2, O_2]$ die in b) ermittelten Konfidenzintervalle. Man zeige, dass

$$I = [U_1 + U_2, O_1 + O_2]$$

ein Konfidenzintervall zum Niveau 0.81 für den erwarteten Gesamtwiderstand $\mu = \mu_1 + \mu_2$ des Gerätes ist.

Aufgabe 132

Ein Firmenleiter überlegt, ob er sich eine auf dem Markt neu befindliche Waage vom Typ B anschaffen soll. Eine Neuanschaffung soll nur dann vorgenommen werden, wenn die Waage vom Typ B besser ist als die bisher verwendete Waage vom Typ A. Zur Beurteilung der Qualität einer Waage soll die Streuung der Wiegeergebnisse verwendet werden. Bei Gewichtsmessungen für ein und dasselbe Gewicht ergaben sich die folgenden Messwerte (in g) bei den einzelnen Waagen:

Waage vom Typ A:	102.4	101.3	97.6	98.2	102.3
	99.1	97.8	103.9	101.6	100.1

Waage vom Typ B:	98.4	101.7	100.5	99.3	100.6
	99.6	102.2	101.1	99.9	101.0

Unter geeigneten Normalverteilungsannahmen prüfe man mit einem Test zum Niveau 0.05, ob eine Neuanschaffung sinnvoll ist.

Aufgabe 133

In einer wissenschaftlichen Untersuchung über die Festigkeit von Baustoffen wurde der Zweistichproben-t-Test in folgendem Zusammenhang angewendet. Beim Abdrücken von 10 bzw. 8 Probewürfeln der Betonsorten 1 und 2 hatten sich folgende Werte in kp/cm^2 ergeben:

Sorte 1:	150.1	150.4	150.6	151.0	151.3	149.9	149.6	149.2
	151.5	148.8						
Sorte 2:	149.8	150.7	151.2	152.2	153.0	149.1	148.5	147.5

Unter der Annahme, dass die Werte eine Realisierung unabhängiger Zufallsvariablen sind, und zwar $N(\mu_i, \sigma_i^2)$-verteilter bei der Sorte i ($i = 1, 2$), überprüfe man mit einem geeigneten Testverfahren zum Niveau $\alpha = 0.10$ die Annahme gleicher Varianzen, die bei der Anwendung des Zweistichproben-t-Tests hätte erfüllt sein müssen.

Aufgabe 134

In einer Futtermittelfabrik wird eine Reparatur an einer Maschine, die Hühnerfutter in Papiersäcke abfüllt, durchgeführt. Vor der Reparatur ergaben sich beim Wiegen der Futtermengen in 10 abgefüllten Säcken die folgenden Werte:

$x_i\,[kg]$:   51.20   48.20   50.55   50.15   49.30   48.80   51.70   50.85   49.75   49.50

Beim Wiegen der Futtermengen in 20 nach der Reparatur abgefüllten Säcken ergaben sich folgende Werte:

$y_i\,[kg]$:   50.50   49.85   50.65   50.05   50.60   49.65   49.90   50.40   49.60   50.25

                   49.95   50.80   49.70   50.30   49.40   50.10   50.00   49.80   49.45   50.20

Es wird angenommen, dass die Wiegeergebnisse x_i bzw. y_j eine Realisierung von unabhängigen identisch $N(\mu_1, \sigma_1^2)$- bzw. $N(\mu_2, \sigma_2^2)$-verteilten Zufallsvariablen sind (μ_1, μ_2, σ_1^2 und σ_2^2 unbekannt). Der Benutzer der Maschine nimmt an, dass die Reparatur nicht zu einer höheren Abfüllgenauigkeit geführt hat. Diese Annahme überprüfe man durch Anwendung des F-Tests zum Niveau 0.05. Als Maß für die Abfüllgenauigkeit vor bzw. nach der Reparatur ist die Varianz σ_1^2 bzw. σ_2^2 zu nehmen.

Aufgabe 135

Um die Genauigkeit eines neu entwickelten Gerätes zur Messung von Weglängen im Gelände zu kontrollieren, wurde eine Strecke von genau 1000 m zehnmal vermessen.

Messung	1	2	3	4	5
Messwert $[m]$	998.0	1001.0	1003.0	1000.5	999.0
Messung	6	7	8	9	10
Messwert $[m]$	997.5	1000.0	999.5	996.0	998.5

Unter der Annahme, dass die Messwerte eine Realisierung unabhängiger $N(\mu, \sigma^2)$-verteilter Zufallsvariablen sind, sollen zum Niveau 5% die Hypothesen getestet werden, dass

a) das Gerät im Mittel die korrekte Entfernung angibt,

b) die Varianz σ^2 den Wert $\sigma_0^2 = 4\,[m^2]$, den herkömmliche Geräte aufweisen, nicht unterschreitet.

Aufgabe 136

a) In einem Labor wurde bisher eine Präzisionswaage benutzt, deren Messergebnisse eine Varianz von $10^{-4}\,[g^2]$ aufweisen. Nun wurde eine neue Waage angeschafft, mit der ein Gegenstand bereits zwölfmal gewogen wurde. Dabei ergaben sich folgende Messwerte [in g]:

         2.9946   2.9984   3.0082   2.9961   3.0076   2.9939

         3.0143   3.0004   2.9969   3.0010   2.9926   3.0031

Unter der Annahme, dass die Messwerte beim Wiegen durch unabhängige identisch $N(\mu, \sigma^2)$-verteilte Zufallsvariablen beschrieben werden können, überprüfe man auf dem Niveau 10% die Nullhypothese, dass die Wiegeergebnisse bei der neu angeschafften Waage mindestens so stark streuen wie bei der bisher benutzten.

b) Nun soll geprüft werden, ob die neue Waage richtig justiert worden ist. Muss aufgrund eines Testverfahrens zum Niveau 10% bei obigem Datenmaterial zu einer Korrektur geraten werden, wenn der Gegenstand ein Gewicht von $\mu_0 = 3 \, [g]$ hat ?

Aufgabe 137

In einer Kaffeerösterei füllt eine Maschine gemahlenen Kaffee in 500 g–Packungen ab. Die zufällige Füllmenge sei durch eine Zufallsvariable mit Varianz $\sigma_1^2 = 55 \, [g^2]$ beschrieben. Der Kundendienst wird damit beauftragt, bei der routinemässigen Wartung die Maschine so einzustellen, dass für die Varianz der Füllmenge der Sollwert von $\sigma_0^2 = 40 \, [g^2]$ eingehalten wird. Nach dieser Wartung kommen Zweifel auf, ob die Neueinstellung erfolgreich durchgeführt wurde. 35 Stichproben ergeben die Füllmengen $x_1, \ldots, x_{35}$ mit

$$\sum_{i=1}^{35} x_i = 17556 \, [g], \qquad \sum_{i=1}^{35} x_i^2 = 8807678.8 \, [g^2]$$

Es wird angenommen, dass die Füllmengen eine Realisierung von unabhängigen identisch $N(\mu, \sigma^2)$-verteilten Zufallsvariablen $X_1, \ldots, X_{35}$ sind (μ unbekannt). Man überprüfe mit Hilfe eines geeigneten Testverfahrens zum Niveau $\alpha = 0.05$ die Annahme, dass die Varianz σ^2 der Zufallsvariablen $X_1, \ldots, X_{35}$ nicht größer als der Sollwert $\sigma_0^2 = 40 \, [g^2]$ ist.
Außerdem berechne man die Wahrscheinlichkeit für den Fehler 2. Art beim verwendeten Testverfahren unter der Annahme $\sigma^2 = \sigma_1^2$, d.h. die Wahrscheinlichkeit dafür, dass die Zweifel an einer gelungenen Neueinstellung nicht bestätigt werden, obwohl die Abfüllgenauigkeit nicht verändert wurde.

Aufgabe 138

Die Zufallsvariablen $X_1, \ldots, X_n$ seien unabhängig, identisch $B(1, \theta)$–verteilt. Aufgrund einer Realisierung $(x_1, \ldots, x_n)$ von $(X_1, \ldots, X_n)$ soll die Nullhypothese $H_0 : \theta = 0.5$ bei der Alternativhypothese $H_1 : \theta > 0.5$ getestet werden. Als Testgröße T wird $T_n(x_1, \ldots, x_n) = x_1 + \ldots + x_n$ verwendet. Es sollen im folgenden nur jene $n + 2$ Tests betrachtet werden, die durch die Ablehnungsbereiche

$$K_i^{(n)} = \{(x_1, \ldots, x_n) : T_n(x_1, \ldots, x_n) \geq i\}, \quad i = 0, \ldots, n+1,$$

beschrieben sind.

a) Wie ist die Testgröße T_n unter H_0 verteilt ?

b) Man gebe die OC-Funktion $\beta_i^{(n)}$ des Tests mit dem Ablehnungsbereich $K_i^{(n)}$ an.

c) Sei $n = 4$ und $\alpha = 0.1$. Welche der Ablehnungsbereiche $K_0^{(4)}, \ldots, K_5^{(4)}$ beschreiben Niveau-α-Tests, d.h. solche Tests, bei denen die Wahrscheinlichkeit für einen Fehler 1. Art höchstens α beträgt ?

d) Für die in c) bestimmten Niveau-α-Tests berechne man den Wert der jeweiligen OC-Funktion an der Stelle $\theta = 0.9$.

e) Zu $\alpha = 0.1$ bestimme man den kleinsten Stichprobenumfang n, für den ein Ablehnungsbereich $K_i^{(n)}$, $0 \leq i \leq n+1$, existiert, so dass der zugehörige Test ein Niveau-α-Test ist und gleichzeitig für seine OC-Funktion $\beta_i^{(n)}$ die Bedingung $\beta_i^{(n)}(0.9) \leq 0.15$ erfüllt ist. Zur Ermittlung des minimalen n soll, sukzessive für $n = 4, 5, 6, \ldots$, wie in den Teilaufgaben c) und d) vorgegangen werden.

f) Gesucht sei nun zu $\alpha = 0.01$ der kleinste Stichprobenumfang n, zu dem ein Niveau-α-Test mit einem Ablehnungsbereich der Form

$$K_i^{(n)}, \qquad 0 \leq i \leq n+1,$$

existiert, dessen OC–Funktion $\beta_i^{(n)}$ der Bedingung $\beta_i^{(n)}(0.9) \leq \alpha$ genügt. Diesen im Vergleich zum Resultat in e) wesentlich größeren Stichprobenumfang n bestimme man näherungsweise, indem man die Binomialverteilungen durch Normalverteilungen approximiert.

Aufgabe 139

Mit einem Produktionsverfahren zur Herstellung von bestimmten elektronischen Bauteilen erhielt man in einem gewissen Zeitraum bei 4000 gefertigten Bauteilen 2951 Bauteile erster Wahl. Man teste die Hypothese „Die Wahrscheinlichkeit für die Produktion eines Bauteils erster Wahl ist 3/4" gegen die Alternative „Die Wahrscheinlichkeit für die Produktion eines Bauteils erster Wahl ist kleiner als 3/4" auf dem Niveau 4%, indem man die Quantile der Binomialverteilung durch die Quantile der Normalverteilung approximiert.

Aufgabe 140

Die Popularität des Oberbürgermeisters einer Großstadt hat nachgelassen. Angesichts bevorstehender Wahlen verkündet der Bürgermeister ein neues kommunalpolitisches Konzept und lässt 500 zufällig ausgewählte Einwohner der Stadt befragen. Es stellt sich heraus, dass 270 von ihnen seine neue Politik befürworten. Ist die Hypothese „Höchstens die Hälfte der Einwohner befürworten die neue Politik des Bürgermeisters" zugunsten der Alternative „Mehr als fünfzig Prozent der Einwohner befürworten die neue Politik des Bürgermeisters" auf dem Niveau 5% zu verwerfen ? Man beantworte diese Frage unter geeigneten Verteilungsannahmen aufgrund einer Näherungsrechnung.

Aufgabe 141

$X_1, \ldots, X_n$ seien unabhängige identisch $N(\mu_0, \sigma^2)$-verteilte Zufallsvariablen ($\mu_0 \in \mathbf{R}$ bekannt, $\sigma^2 > 0$ unbekannt).

a) Für $\alpha \in (0,1)$ gebe man ein Konfidenzintervall $I(X_1, \ldots, X_n)$ für σ^2 zum Konfidenzniveau $1 - \alpha$ an.

b) Es seien nun die folgenden Messwerte $x_1, \ldots, x_{10}$ gegeben:

$$4.12 \quad 3.82 \quad 1.44 \quad 2.51 \quad 1.58 \quad 3.31 \quad 4.66 \quad 4.28 \quad 2.45 \quad 4.98$$

Es wird angenommen, dass die Werte $x_1, \ldots, x_{10}$ eine Realisierung von unabhängigen identisch $N(3, \sigma^2)$-verteilten Zufallsvariablen sind. Man bestimme auf Grund der angegebenen Messwerte ein konkretes Schätzintervall für σ^2 zum Konfidenzniveau 0.95.

c) Mit Hilfe des Ergebnisses von Teil a) bestimme man einen Test für $H_0 : \sigma^2 = \sigma_0^2$ bei $H_1 : \sigma^2 \neq \sigma_0^2$ zum Niveau $\alpha \in (0,1)$. Dazu gebe man Testgröße, kritischen Bereich und Entscheidungsregel an. Hierbei nutze man die Kenntnis von μ_0 aus, die bei der Anwendung des üblichen χ^2-Streuungstests nicht vorausgesetzt werden muss.

d) Auf Grund der in b) angegebenen Messwerte überprüfe man die Hypothese $H_0 : \sigma^2 = 1$ durch Anwendung des Tests aus c) zum Niveau $\alpha = 0.1$.

Aufgabe 142

An einem Fußgängerüberweg soll eine Ampel installiert werden, wenn während der Hauptverkehrszeit im Mittel pro Minute mehr als 10 Fahrzeuge den Überweg passieren. Es kann angenommen werden, dass die Anzahlen von Fahrzeugen, die pro Minute beobachtet werden, durch unabhängige Poisson–verteilte Zufallsvariablen beschrieben werden können. Man formuliere eine der Problemstellung angemessene Nullhypothese und prüfe sie mit einem Test zum Niveau 5%, wenn in einer zweistündigen Zählung während der Hauptverkehrszeit insgesamt 1278 Fahrzeuge gezählt wurden.

Bei der Lösung nutze man aus, dass die Summe der 120 Poisson–verteilten Zufallsvariablen näherungsweise normalverteilt ist.

2.13   Anpassungstests

Aufgabe 143

Gegeben seien die beiden folgenden geordneten Messreihen:

(i)	6.70	8.55	9.80	10.85	13.25	15.20	15.60	18.00	20.10	21.20
	21.95	23.20	23.35	25.00	26.15	28.05	30.10	32.35	36.05	37.00

(ii)	7.50	8.20	9.35	11.90	12.25	13.80	15.15	19.20	23.35	25.40
	29.90	30.05	30.15	31.45	31.90	32.05	33.40	33.85	34.55	36.65

Es sei bekannt, dass genau eine der Messreihen für geeignetes μ und geeignetes σ als Realisierung von 20 unabhängigen identisch $N(\mu, \sigma^2)$-verteilten Zufallsvariablen angesehen werden kann.

Man trage die empirischen Verteilungsfunktionen der Messreihen in ein Wahrscheinlichkeitspapier ein (vgl. Seite 35) und bestimme für die in Frage kommende Messreihe auf graphischem Wege Näherungswerte für μ und σ.

Aufgabe 144

Die Zufallsvariablen $X_1, \ldots, X_n$ seien unabhängig und identisch verteilt mit stetiger Verteilungsfunktion F.

a) Man bestimme eine Schranke d_n^* so, dass näherungsweise

$$P(\sup_{z \in \mathbf{R}} |F_n(z; X_1, \ldots, X_n) - F(z)| > d_n^*) \approx 0.04$$

gilt.

b) Sei nun speziell $F = \Phi$ die Verteilungsfunktion einer $N(0, 1)$-verteilten Zufallsvariablen und $n = 49$. Man trage den Graphen von Φ in ein Wahrscheinlichkeitspapier ein (vgl. Seite 35) und skizziere die Menge

$$A = \{(z, y) \in \mathbf{R}^2 \ : \ |y - \Phi(z)| \leq d_n^*\}$$

c) Welche Bedeutung hat die Menge A ?

Aufgabe 145

Es wird angenommen, dass vorliegende Messwerte $x_1, \ldots, x_{100}$ eine Realisierung unabhängiger, identisch verteilter Zufallsvariabler $X_1, \ldots, X_{100}$ sind. Es soll die Hypothese überprüft werden, dass $X_1, \ldots, X_{100}$ $N(0, 1)$-verteilt sind. Um die empirische Verteilungsfunktion $F_{100}(\cdot) = F_{100}(\cdot \ ; x_1, \ldots, x_{100})$ angeben zu können, werden die Messwerte zunächst zu $x_{(1)}, \ldots, x_{(100)}$ geordnet. Man stellt fest, dass das Maximum der Werte

$$\max\{|F_{100}(x_{(i)}-) - \Phi(x_{(i)})|, |F_{100}(x_{(i)}) - \Phi(x_{(i)})|\}, \quad i = 1, \ldots, 100,$$

($F_{100}(x_{(i)}-)$ bezeichnet den linksseitigen Grenzwert) für $i = 80$ angenommen wird, der zugehörige Messwerte ist $x_{(80)} = 1.53$. Weiter gilt $x_{(79)} \neq x_{(80)}$.

Wird die angegebene Hypothese bei Anwendung des Kolmogoroff-Smirnov-Tests zum Niveau $\alpha = 0.03$ abgelehnt ?

Aufgabe 146

Bei der Verpackung von Kartoffeln in Beutel für den Verkauf in Supermärkten kann das Normgewicht von 10 kg i.a. nicht exakt eingehalten werden. Beim Wiegen von 20 abgepackten Beuteln ergaben sich folgende Werte (in *kg*):

$$9.92 \quad 10.64 \quad 10.45 \quad 9.79 \quad 10.53 \quad 10.14 \quad 10.78 \quad 10.63 \quad 9.73 \quad 10.28$$
$$10.76 \quad 10.17 \quad 9.97 \quad 10.47 \quad 10.31 \quad 9.85 \quad 10.27 \quad 9.98 \quad 10.57 \quad 10.34$$

Man prüfe mit dem Kolmogoroff-Smirnov-Test zum Niveau 0.1 die Annahme, dass das Füllgewicht eines Beutels durch eine R(9.7, 10.9)–verteilte Zufallsvariable angemessen beschrieben werden kann.

Aufgabe 147

In einer Baumschule wurde bei 60 zweijährigen Tujabäumchen die Höhe (in *cm*) ermittelt. Es ergaben sich die folgenden Ergebnisse:

Höhe x in *cm*	Anzahl der Beobachtungen
$x \leq 100$	3
$100 < x \leq 105$	6
$105 < x \leq 110$	2
$110 < x \leq 115$	8
$115 < x \leq 120$	6
$120 < x \leq 125$	7
$125 < x \leq 130$	7
$130 < x \leq 135$	8
$135 < x \leq 140$	2
$140 < x \leq 145$	4
$145 < x \leq 150$	2
$150 < x \leq 155$	2
$155 < x \leq 160$	3

Man prüfe mit der graphischen Methode in einem Wahrscheinlichkeitspapier (vgl. Seite 35), ob die Höhe der Tujabäumchen durch eine $N(\mu, \sigma^2)$–verteilte Zufallsvariable angemessen beschrieben werden kann, und bestimme gegebenenfalls auf graphischem Wege Schätzwerte für μ und σ^2.

(Hinweis: Da die Höhe jeweils nur auf 1 *cm* genau bestimmt wurde, bedeutet der Messwert x, dass die tatsächliche Höhe zwischen $x - 0.5$ und $x + 0.5$ liegt.)

Aufgabe 148

Im Jahr 1977 wurden in der Bundesrepublik Deutschland (einschl. Westberlin) 583 490 Kinder geboren. Aus nachstehender Tabelle ist die Anzahl der Geburten in den jeweiligen Monaten zu entnehmen.

i	Monat	Anzahl der Geburten
1	Januar	47 390
2	Februar	45 100
3	März	50 790
4	April	46 680
5	Mai	50 970
6	Juni	50 830
7	Juli	48 890
8	August	50 700
9	September	49 120
10	Oktober	47 940
11	November	46 730
12	Dezember	48 350
	Insgesamt	583 490

Bei Berücksichtigung der Anzahl a_i der Tage des i-ten Monats erscheint die Annahme, die Wahrscheinlichkeit dafür, dass ein Kind im i-ten Monat geboren wird, sei $p_i^0 = a_i/365$ ($1 \leq i \leq 12$), gerechtfertigt. Die p_i^0 ($1 \leq i \leq 12$) sind also gemäß nachstehender Tabelle gegeben:

i	1	2	3	4	5	6	7	8	9	10	11	12
p_i^0	$\dfrac{31}{365}$	$\dfrac{28}{365}$	$\dfrac{31}{365}$	$\dfrac{30}{365}$	$\dfrac{31}{365}$	$\dfrac{30}{365}$	$\dfrac{31}{365}$	$\dfrac{31}{365}$	$\dfrac{30}{365}$	$\dfrac{31}{365}$	$\dfrac{30}{365}$	$\dfrac{31}{365}$

Mit Hilfe eines geeigneten Tests zum Niveau $\alpha = 0.01$ überprüfe man, ob die Hypothese „Die Wahrscheinlichkeit p_i für die Geburt eines Kindes im i-ten Monat stimmt mit p_i^0 überein für alle $i = 1, \ldots, 12$" zu verwerfen ist.

Aufgabe 149

In einer Fabrik wurden innerhalb eines Jahres 100 Fälle registriert, in denen ein Arbeitnehmer genau einen Tag bei der Arbeit fehlte. Davon entfielen auf die einzelnen Wochentage

Wochentag	Mo	Di	Mi	Do	Fr
Anzahl	22	19	16	18	25

Ist die Annahme haltbar, dass sich solche eintägigen Arbeitsausfälle gleichmäßig auf die fünf Arbeitstage verteilen. Man prüfe eine entsprechende Hypothese mit einem geeigneten Testverfahren zum Niveau 5%.

Aufgabe 150

Beim Schreiben von 60 (etwa gleichlangen) Briefen schreibt eine Sekretärin jeden Brief so oft, bis kein Tipp-Fehler mehr darin enthalten ist. 39 Briefe sind schon beim ersten Schreiben fehlerlos, 11 Briefe beim zweiten Schreiben, 6 beim dritten. Bei 4 Briefen muss sie mehr als dreimal schreiben.

Unter geeigneten Verteilungsannahmen prüfe man mit einem Testverfahren zum Niveau $\alpha = 0.05$ die Hypothese, dass die Sekretärin beim Schreiben eines Briefs mit der Wahrscheinlichkeit $p = 0.7$ keinen Fehler macht.

Aufgabe 151

Unter einem Mikroskop wurden nacheinander 650 disjunkte Ausschnitte aus einer Zellkultur beobachtet und jeweils die Anzahl der Zellen bestimmt, die sich in einer bestimmten Phase der Zellteilung befinden. Die folgende Tabelle gibt an, wie oft (y_i-mal) bei den 650 Beobachtungen genau i solcher Zellen registriert wurden.

i	0	1	2	3	4	5	6
y_i	72	169	191	120	66	21	11

Man teste zum Niveau $\alpha = 5\%$ die Hypothese, dass die Anzahl solcher Zellen in einem Ausschnitt durch eine Poisson–verteilte Zufallsvariable X beschrieben werden kann.

Aufgabe 152

Lässt sich die Anzahl der Jungen in Familien mit 8 Kindern angemessen durch eine $B(8, \theta)$–binomialverteilte Zufallsvariable X beschrieben ? Man untersuche diese Frage mit dem χ^2-Anpassungstest zum Niveau $\alpha = 5\%$ anhand der folgenden Beobachtung:

Anz. d. Jungen	0	1	2	3	4	5	6	7	8
Anzahl d. Fam.	215	1485	5331	10649	14959	11929	6678	2092	342

Aufgabe 153

Es wird angenommen, dass vorliegende Messwerte $x_1, \ldots, x_{25}$ eine Realisierung von unabhängigen, identisch mit stetiger Verteilungsfunktion F verteilten Zufallsvariablen sind. Die geordnete Stichprobe $x_{(1)}, \ldots, x_{(25)}$ sei gegeben durch

$$
\begin{array}{ccccc}
-2.45 & -2.01 & -1.87 & -1.81 & -0.99 \\
-0.65 & -0.59 & -0.53 & -0.46 & -0.34 \\
-0.24 & -0.22 & -0.08 & -0.04 & 0.10 \\
0.23 & 0.28 & 0.38 & 0.41 & 0.56 \\
0.57 & 0.93 & 1.11 & 1.13 & 2.70
\end{array}
$$

Man überprüfe die Annahme, dass es sich bei F um die Verteilungsfunktion Φ einer $N(0, 1)$-verteilten Zufallsvariablen handelt, zum Niveau 0.05 durch Anwendung

a) des Kolmogoroff-Smirnov-Tests

b) des χ^2-Anpassungstests und wähle dabei die Klasseneinteilung $(-\infty, a_0]$, $(a_0, a_1]$, $(a_1, a_2]$, (a_2, ∞) mit $a_0 = -0.6$, $a_1 = 0.0$, $a_2 = 0.6$.

Aufgabe 154

Die Lebensdauern von 1000 Batterien einer bestimmten Sorte wurden gemessen. In der folgenden Tabelle ist angegeben, wieviele der ermittelten Werte jeweils in den dort aufgeführten Intervallen lagen.

Dauer (in Stunden)	$[0, 100]$	$(100, 200]$	$(200, 300]$	$(300, 400]$	$(400, 500]$	...
Anzahl	159	141	109	101	78	...

...	$(500, 600]$	$(600, 700]$	$(700, 800]$	$(800 - 1000]$	$(1000, \infty)$
...	50	46	38	102	176

a) Unter geeigneten Annahmen überprüfe man mittels des χ^2-Anpassungstests zum Niveau 5% die Hypothese, dass die Lebensdauer einer Batterie dieser Sorte durch eine Ex(0.002)–verteilte Zufallsvariable beschrieben werden kann.

b) Wären die exakten Werte der 1000 Lebensdauern $x_1, \ldots, x_{1000}$ bekannt, könnte zur Überprüfung der in Teil a) angegebenen Hypothese der Kolmogoroff-Smirnov-Test verwendet werden. Man überlege sich, weshalb man hier auch ohne genauere Kenntnis der Werte $x_1, \ldots, x_{1000}$ erkennen kann, zu welcher Entscheidung die Anwendung dieses Tests auf dem Niveau 5% führen würde.

Aufgabe 155

Kann die Milchleistung [in Hektolitern pro Jahr] von Milchkühen einer bestimmten Züchtung durch eine normalverteilte Zufallsvariable mit $\mu = 34$ und $\sigma = 5$ angemessen beschrieben werden ? Man untersuche diese Frage mit dem χ^2-Anpassungstest zum Niveau $\alpha = 5\%$ aufgrund folgender Beobachtung:

Milchleistung	< 28	28-30	30-32	32-34	34-36	36-38	38-40	40-42	> 42
Anzahl der Kühe	11	13	16	19	22	18	15	6	5

Aufgabe 156

a) Es wird angenommen, dass sich der IQ durch eine normalverteilte Zufallsvariable beschreiben lässt. Bei der Ermittlung des IQ von 100 zufällig ausgewählten Erwachsenen einer Bevölkerungsgruppe ergaben sich die folgenden Resultate:

IQ: x	$x \leq 80$	$80 < x \leq 90$	$90 < x \leq 100$	$100 < x \leq 110$	...
Häufigkeit	3	7	18	27	...

...	$110 < x \leq 120$	$120 < x \leq 130$	$130 < x \leq 140$	$x > 140$
...	20	16	7	2

Man prüfe mit der graphischen Methode in einem Wahrscheinlichkeitspapier (vgl. Seite 35), ob für diese Bevölkerung die obengenannte Annahme zu vertreten ist, und bestimme gegebenenfalls auf graphischem Wege Schätzwerte für den Erwartungswert und die Varianz.

b) Eine Untersuchung bei einer anderen Bevölkerungsgruppe ergab die folgenden Ergebnisse:

IQ: x	$x \leq 80$	$80 < x \leq 90$	$90 < x \leq 100$	$100 < x \leq 110$	...
Häufigkeit	2	13	17	36	...

...	$110 < x \leq 120$	$120 < x \leq 130$	$130 < x \leq 140$	$x > 140$
...	17	10	4	1

Man prüfe mit dem χ^2-Anpassungstest auf dem Niveau $\alpha = 0.1$, ob der IQ bei dieser Bevölkerung durch eine N(105, 200)–verteilte Zufallsvariable angemessen beschrieben werden kann.

Aufgabe 157

Zur Durchführung eines Versuchs wird in einem Labor ein Lösungsmittel benötigt, das aus 2 Komponenten A und B besteht. Die Herstellerfirma liefert das Lösungsmittel in 5-Liter-Kanistern. Wegen der Messungenauigkeiten, die beim Mischvorgang auftreten, schwankt das Mischungsverhältnis der beiden Komponenten zufällig. Der relative Anteil der Komponente A liegt aber immer zwischen 45% und 46%, da Kanister mit anderem Mischungsverhältnis bei der Endkontrolle der Herstellerfirma ausgesondert werden und nicht zum Versand kommen. Die Messung des relativen Anteils der Komponente A ergab bei 40 ausgewählten Kanistern mit Lösungsmittel die folgenden Werte:

$$
\begin{array}{llllllll}
0.45129 & 0.45155 & 0.45187 & 0.45200 & 0.45226 & 0.45293 & 0.45324 & 0.45337 \\
0.45347 & 0.45365 & 0.45387 & 0.45404 & 0.45407 & 0.45415 & 0.45440 & 0.45448 \\
0.45471 & 0.45476 & 0.45484 & 0.45556 & 0.45564 & 0.45583 & 0.45592 & 0.45603 \\
0.45642 & 0.45652 & 0.45669 & 0.45676 & 0.45681 & 0.45731 & 0.45753 & 0.45762 \\
0.45763 & 0.45769 & 0.45837 & 0.45842 & 0.45844 & 0.45845 & 0.45861 & 0.45864
\end{array}
$$

Unter der Annahme, dass die Messwerte als Realisierung von unabhängigen Zufallsvariablen $X_1, \ldots, X_{40}$ angesehen werden können, überprüfe man mittels des χ^2-Anpassungstests zum Niveau 0.1 die Hypothese, dass der relative Anteil von A durch eine stetig verteilte Zufallsvariable X mit einer Dichte der Form

$$
f(x) = \begin{cases} c \cdot (x - 0.45)^2 \cdot (0.46 - x)^2 & 0.45 \leq x \leq 0.46 \\ 0 & \text{sonst} \end{cases}
$$

beschrieben werden kann; dabei ist die Konstante c noch zu berechnen.
Bei der Durchführung des χ^2-Anpassungstests wähle man folgende Intervalleinteilung:
$I_1 = (-\infty, 0.453]$; $I_2 = (0.453, 0.454]$; $I_3 = (0.454, 0.455]$; $I_4 = (0.455, 0.456]$; $I_5 = (0.456, 0.457]$; $I_6 = (0.457, \infty)$.

Aufgabe 158

Ein Taschenrechner liefert Zufallszahlen zwischen 0 und 1. Es wurden nacheinander 1000 dieser Zahlen erzeugt. Nach Einteilung des Intervalls $[0,1]$ in 10 gleichgroße Teilintervalle wurde gezählt, wieviele der 1000 Zufallszahlen auf die einzelnen Klassen entfielen. Man erhielt folgende Tabelle:

Klasse	$[0, 0.1]$	$(0.1, 0.2]$	$(0.2, 0.3]$	$(0.3, 0.4]$	$(0.4, 0.5]$	$(0.5, 0.6]$	...
Anzahl	68	116	101	107	92	100	...

...	$(0.6, 0.7]$	$(0.7, 0.8]$	$(0.8, 0.9]$	$(0.9, 1]$
...	136	101	79	100

Mit Hilfe eines geeigneten χ^2-Tests zum Niveau $\alpha = 0.05$ überprüfe man, ob die Zufallszahlen $x_1, \ldots, x_{1000}$ als eine Folge von im Intervall $[0,1]$ gleichverteilten Zufallszahlen, d.h. als Realisierung von unabhängigen, $R(0,1)$-verteilten Zufallsvariablen $X_1, \ldots, X_{1000}$, angesehen werden können.

2.14 Unabhängigkeitstests

Aufgabe 159

Bei Neugeborenen soll untersucht werden, ob die Geburt eines Jungen, die Geburt eines Mädchens und die Geburt von Mehrlingen von der Anzahl der vorangegangenen Geburten der Mutter unabhängig sind. Eine Untersuchung von je 100 Geburten ergab folgende Zahlen:

	Anzahl der vorangeg. Geburten			
	0	1	2	3 oder mehr
Geburt eines Jungen	60	46	50	44
Geburt eines Mädchens	39	54	49	54
Mehrlingsgeburt	1	0	1	2

Man wende den χ^2-Unabhängigkeitstest zum Niveau $\alpha = 5\%$ an.

Aufgabe 160

Zur Untersuchung der Frage, ob die Beliebtheit einer bestimmten Seife bei den Hausfrauen einer Großstadt im Zusammenhang mit dem Alter dieser möglichen Käuferinnen steht, wurden 841 zufällig ausgewählte Hausfrauen befragt. Zu den Altersgruppen „bis 35" bzw. „über 35" gehörten dabei 287 bzw. 554 der Befragten. In der ersten Altersgruppe hielten 186 die Seife für „gut" und 101 für „schlecht". Die entsprechenden Zahlen in der zweiten Altersgruppe waren 319 bzw. 235. Durch Anwendung eines geeigneten Testverfahrens zum Niveau 0.05 überprüfe man die Hypothese, dass die Beliebtheit der Seife und das Lebensalter der Käuferinnen unabhängig sind.

Aufgabe 161

Unter den Teilnehmern an der Klausur zur Vorlesung „Einführung in die Statistik" im Sommersemester 1985 befanden sich 29 Informatikstudenten, 44 Wirtschaftsinformatikstudenten und 64 Mathematikstudenten. Bei jeder der drei Gruppen wurde ausgezählt, wieviele Teilnehmer in der Klausur bis zu 30 Punkten, 31 bis 45 Punkte bzw. mehr als 45 Punkte erreichten. Bei den Informatikstudenten ergaben sich die Anzahlen 11, 13 bzw. 5, bei den Wirtschaftsinformatikstudenten 16, 17 bzw. 11 sowie bei den Mathematikstudenten 9, 34 bzw. 21.
Aufgrund dieses Ergebnisses prüfe man mit einem geeigneten Testverfahren zum Niveau $\alpha = 5\%$ die Vermutung, dass Klausurergebnis und Fachrichtung unabhängig sind.

Aufgabe 162

Bei einer Untersuchung über den Schädlingsbefall von Apfelbäumen wurden drei verschiedene Apfelsorten überprüft. Es wurden insgesamt $n = 100$ Bäume einer Obstplantage auf Schädlingsbefall hin untersucht. Es ergab sich die folgende Kontingenztafel:

	Schädlingsbefall		
Apfelsorte	gering	mittel	stark
A	22	6	2
B	11	12	7
C	17	12	11

Man prüfe die Unabhängigkeit von Schädlingsbefall und Sorte mit einem geeigneten Testverfahren zum Niveau 0.05.

Aufgabe 163

Besteht ein Zusammenhang zwischen Wochentag und Produktionsleistung ? Zur Untersuchung dieser Fragestellung wurde in einer Fabrik die Produktionsleistung [Einheiten/Tag] an 100 zufällig ausgewählten nicht unmittelbar nacheinanderfolgenden Wochentagen protokolliert. Die Ergebnisse (für die einzelnen Wochentage bereits der Größe nach geordnet) enthält die folgende Tabelle:

Mo.	42	43	45	46	46	47	49	50	54	55
	55	56	57	58						
Di.	49	50	50	50	51	51	53	54	54	55
	56	57	57	58	59	59	60	60		
Mi.	45	46	48	49	49	50	51	51	52	52
	53	54	56	57	57	58	58	59	64	65
Do.	46	47	49	50	50	50	51	51	51	51
	51	52	52	52	52	53	53	54	55	56
	59	60	61	61	62	63				
Fr.	38	39	45	46	46	47	49	50	50	51
	52	52	52	53	53	53	53	54	59	60
	62	63								

Man stelle diese Daten in einer Kontingenztafel dar, wobei die Klasseneinteilung „49 oder weniger", „mehr als 49, aber weniger als 55", „55 oder mehr" für die Produktionsleistung gewählt werden soll. Mit einem geeigneten Verfahren zum Niveau 0.05 prüfe man die Hypothese der Unabhängigkeit von Wochentag und Produktionsleistung.

Aufgabe 164

Der Personalchef einer Bank möchte untersuchen, ob die Chance, die Aufnahmeprüfung zu bestehen, davon abhängt, ob der Bewerber ein Mann oder eine Frau ist. Für 35 zufällig ausgewählte Stellenbewerber, von denen 21 Männer waren, wurde das Ergebnis der Prüfung ermittelt. Es zeigte sich, dass genau 16 Bewerber, davon 5 Frauen, die Prüfung bestanden. Mit Hilfe des exakten Tests von Fisher zum Niveau 5% prüfe man, ob Prüfungsergebnis und Geschlechtszugehörigkeit unabhängig sind.

Aufgabe 165

Zur Prüfung der Wirksamkeit eines Medikamentes wurden je n erkrankte Personen mit dem Medikament bzw. einem Placebo behandelt. In der Medikament–Gruppe wurden 45% der Personen, in der Placebo–Gruppe nur 40% geheilt. Die Anwendung des exakten Tests von Fisher auf dem Niveau 5% führte zu einer Ablehnung der Hypothese, dass das Medikament keine spezifische Wirksamkeit besitzt. Dabei wurden die Quantile der hypergeometrischen Verteilung näherungsweise mit Hilfe von Quantilen der Normalverteilung berechnet. Wie groß war mindestens der Stichprobenumfang n ?

Aufgabe 166

Bei einer Untersuchung über Lebensalter und Wählerverhalten ergab sich folgende Kontingenztafel:

	Alter			
Partei	≤ 28	29-50	≥ 51	Σ
A	60	190	220	470
B	90	190	150	430
C	10	10	20	40
D	40	10	10	60
Σ	200	400	400	1000

Man prüfe mit dem χ^2-Unabhängigkeitstest zum Niveau $\alpha = 0.05$, ob die Hypothese der Unabhängigkeit von Wählerverhalten und Lebensalter abzulehnen ist.

Aufgabe 167

Zur Untersuchung der Frage, ob die Trinkgewohnheiten von Männern einer bestimmten Altersgruppe in Zusammenhang mit dem jeweiligen Familienstand stehen, wurden 963 zufällig ausgewählte Männer dieser Altersgruppe nach ihrem Alkoholkonsum befragt. Darunter waren 198 ledige und 477 verheiratete, sowie 288 geschiedene oder verwitwete Männer. Unter den ledigen tranken 35 „selten oder nie", 121 „öfter" und 42 „täglich" Alkohol. Die entsprechenden Zahlen bei den verheirateten bzw. geschiedenen oder verwitweten Männern waren 240, 184 und 53 bzw. 66, 131 und 91.
Durch Anwendung eines geeigneten Testverfahrens zum Niveau 0.05 überprüfe man die Annahme, dass Trinkgewohnheiten und Familienstand unabhängig sind.

2.15   Verteilungsunabhängige Tests

Aufgabe 168

Zur Ankündigung eines jährlich stattfindenden Statistik-Kolloquiums wurden in den letzten Jahren Plakate gleicher graphischer Gestaltung verwendet. Der Veranstalter lässt in diesem Jahr von einem Grafiker einen neuen Entwurf anfertigen. Dieser gefällt ihm auch nicht besser, er hält beide für gleich gut. Um seine Einschätzung der Gleichwertigkeit der Plakate mit einem statistischen Verfahren zum Niveau 5% zu überprüfen, zeigt er jedem seiner 20 Kollegen beide Probedrucke. 15 Kollegen bezeichnen den neuen Entwurf als gelungener, während 5 den alten Entwurf favorisieren. Sollte der Veranstalter aufgrund dieses Ergebnisses seine Meinung revidieren ?

Aufgabe 169

7 blaue und 8 rote Kugeln werden in zufälliger Reihenfolge (Laplace-Annahme) nebeneinander in einer Reihe angeordnet.

a) Man berechne die Wahrscheinlichkeit dafür, dass für mindestens eine der beiden Farben alle Kugeln dieser Farbe nebeneinander zu liegen kommen.

b) Man berechne die Wahrscheinlichkeit dafür, dass in der Anordnung der Kugeln mindestens 12mal ein Farbwechsel (blau-rot oder rot-blau) auftritt.

Aufgabe 170

In einem Verschiebebahnhof werden all jene Güterwaggons, die von dort in westlicher oder östlicher Richtung weitergeleitet werden sollen, zunächst auf einem Gleis zusammengestellt. Sobald sich eine genügende Anzahl Waggons angesammelt hat, fährt dieser zufällig zusammengestellte Zug in einen anderen Teil des Verschiebebahnhofs, wo auf zwei verschiedenen Gleisen die Lokomotiven für die beiden verschiedenen Richtungen bereitstehen. Bei der Aufteilung der Waggons müssen nur jene Kupplungen gelöst werden, die zwei Waggons verschiedener Bestimmungsrichtung verbinden. Der aufzuteilende Güterzug möge aus 20 Waggons bestehen, von denen 5 Waggons in westlicher und 15 Waggons in östlicher Richtung weiterfahren sollen. Unter geeigneten Annahmen berechne man die Wahrscheinlichkeit dafür, dass bei der Aufteilung höchstens 3 Kupplungen gelöst werden müssen.

Aufgabe 171

Zwei Kleinfeld–Fußballmannschaften (jeweils 5 Spieler) treffen sich zu einem Freundschaftsspiel. Um festzulegen, wieviel Glas Bier jede Mannschaft der anderen bei dem anschließenden Umtrunk bezahlen muss, wird nach dem Spiel auf der Aschenbahn ein $400{-}m{-}$Lauf durchgeführt, an dem alle 10 Spieler teilnehmen. Es wird vereinbart, dass jeder Spieler der gegnerischen Mannschaft so viele Glas Bier bezahlen muss, wie gegnerische Spieler vor ihm durchs Ziel gehen. Unter der Annahme gleicher Laufstärke bei allen 10 Spielern berechne man die Wahrscheinlichkeit dafür, dass nach dem $400{-}m{-}$Lauf jedem der 10 Fußballspieler mindestens 1 Glas Bier zur Verfügung steht, d.h. dass jede Mannschaft mindestens 5 Glas Bier gewinnt.

Aufgabe 172

Zwei Gerätetypen der gleichen Preisklasse von verschiedenen Herstellern sollen hinsichtlich ihrer Zuverlässigkeit verglichen werden. Dazu wird bei jedem Gerät die Zeit von der Inbetriebnahme bis zur ersten Störung ermittelt. In einem Labor befinden sich 4 Geräte des Typs A und 6 Geräte des Typs B. Bei der Messung der störungsfreien Betriebszeiten (in Stunden) ergab sich die folgende Tabelle:

Typ A	126	213	409	556		
Typ B	87	93	211	512	113	360

Kann man aufgrund einer Analyse dieser Daten mit Hilfe des Zweistichproben-Tests von Wilcoxon, Mann und Whitney (U-Test) zum Niveau $\alpha = 1/15$ auf unterschiedliche Zuverlässigkeit der beiden Gerätetypen schließen ?

Aufgabe 173

Zwei Therapien für eine bestimmte fiebrige Erkrankung sollen verglichen werden. Dazu werden bei 4 bzw. 6 Patienten die Therapien angewendet und jeweils die Dauer der Behandlung, bis der Patient fieberfrei ist, in Stunden ermittelt.

x_i (Therapie 1)	89.75	94.50	98.75	101.50		
y_i (Therapie 2)	89.00	91.00	94.00	96.75	99.50	102.25

Es wird angenommen, dass die angegebenen Messwerte $x_1, \ldots, x_4, y_1, \ldots, y_6$ eine Realisierung unabhängiger Zufallsvariablen $X_1, \ldots, X_4, Y_1, \ldots, Y_6$ sind, und dass $X_1, \ldots, X_4$ bzw. $Y_1, \ldots, Y_6$ jeweils die gleiche stetige Verteilungsfunktion F bzw. G besitzen. Man überprüfe die Hypothese $H_0 : F = G$ zum Niveau 0.05 durch Anwendung des

a) Zweistichproben-Tests von Wilcoxon, Mann und Whitney (U-Test)

b) Run-Tests von Wald und Wolfowitz

Aufgabe 174

Bei der Messung der Reaktionszeiten von 15 Autofahrern einer bestimmten Altersklasse und 13 Autofahrern einer anderen Altersklasse ergaben sich die folgenden (jeweils der Größe nach geordneten) Werte (in sec):

x_i (Altersklasse I)	0.214	0.236	0.238	0.241	0.249	0.250	0.251	0.253
	0.259	0.267	0.269	0.273	0.280	0.281	0.296	
y_i (Altersklasse II)	0.204	0.210	0.215	0.228	0.229	0.240	0.242	0.247
	0.248	0.255	0.258	0.276	0.283			

Es wird angenommen, dass die angegebenen Messwerte $x_1, \ldots, x_{15}, y_1, \ldots, y_{13}$ eine Realisierung unabhängiger Zufallsvariablen $X_1, \ldots, X_{15}, Y_1, \ldots, Y_{13}$ sind und dass $X_1, \ldots, X_{15}$ bzw. $Y_1, \ldots, Y_{13}$ jeweils die gleiche stetige Verteilungsfunktion F bzw. G besitzen. Man überprüfe die Hypothese $F = G$ zum Niveau 0.05 durch Anwendung des

a) Zweistichproben–Tests von Wilcoxon, Mann und Whitney (U–Test)

b) Run–Tests von Wald und Wolfowitz

Aufgabe 175

Zwei Motorversionen A und B eines Autotyps sollen bezüglich des Benzinverbrauchs verglichen werden. Bei Testfahrten wurden die folgenden Verbrauchswerte ermittelt (in Liter pro 100 Kilometer)

x_i (Version A)	6.10	6.11	6.20	6.22	6.30	6.31	6.50	6.53	6.66
	6.70	6.71	6.75	7.10	7.15	7.30	7.40	7.42	7.50
	7.60	7.80	7.85	7.90	8.00	8.20	8.30	8.40	
y_i (Version B)	5.98	6.00	6.01	6.02	6.12	6.14	6.23	6.25	6.40
	6.45	6.51	6.67	6.78	6.79	6.80	7.16	7.25	7.45
	7.65	7.70	7.95						

Es wird angenommen, dass die Messwerte $x_1, \ldots, x_{26}$, $y_1, \ldots, y_{21}$ eine Realisierung von unabhängigen Zufallsvariablen $X_1, \ldots, X_{26}$, $Y_1, \ldots, Y_{21}$ sind, wobei $X_1, \ldots, X_{26}$ bzw. $Y_1, \ldots, Y_{21}$ jeweils identisch mit stetiger Verteilungsfunktion F bzw. G verteilt seien.

a) Durch Anwendung des Zweistichproben–Tests von Wilcoxon, Mann und Whitney (U–Test) zum Niveau 0.05 überprüfe man die Hypothese $F = G$. Die zur Durchführung des Tests benötigten Quantile berechne man näherungsweise mit Hilfe von Normalverteilungsquantilen.

b) Unter zusätzlichen Normalverteilungsannahmen überprüfe man durch Anwendung des Zweistichproben–t–Tests zum Niveau 0.05 die Vermutung, dass der mittlere Benzinverbrauch bei beiden Motorversionen gleich ist.

Aufgabe 176

In einer Getränkefirma wird eine Reparatur an einer Maschine, die Limonade in Flaschen abfüllt, durchgeführt. Bei der Messung des Inhalts von 10 abgefüllten Flaschen vor der Reparatur und 16 abgefüllten Flaschen nach der Reparatur ergaben sich die folgenden Werte (in Liter)

x_i (vor der Reparatur)	0.6824	0.6883	0.6937	0.6975	0.6998	0.7010
	0.7053	0.7087	0.7121	0.7172		
y_i (nach der Reparatur)	0.6938	0.6942	0.6976	0.6977	0.6980	0.6983
	0.6992	0.7000	0.7001	0.7012	0.7037	0.7045
	0.7058	0.7059	0.7081	0.7183		

Es wird angenommen, dass die angegebenen Messwerte $x_1, \ldots, x_{10}$, $y_1, \ldots, y_{16}$ eine Realisierung unabhängiger Zufallsvariablen $X_1, \ldots, X_{10}, Y_1, \ldots, Y_{16}$ sind, und dass $X_1, \ldots, X_{10}$ bzw. $Y_1, \ldots, Y_{16}$ jeweils die gleiche stetige Verteilungsfunktion F bzw. G besitzen. Man überprüfe die Hypothese $H_0 : F = G$ zum Niveau 0.1 durch Anwendung des Zweistichproben–Tests von Wilcoxon, Mann und Whitney (U–Test).

2.16　Einfache Varianzanalyse

Aufgabe 177

Vier Bauern haben ungefähr gleichaltrige Mastrinder. Bauer 1 hat 7 Rinder, Bauer 2 hat 9 Rinder, Bauer 3 und Bauer 4 haben jeweils 8 Rinder. Die Gewichtszunahme (in kg) in einem gewissen Zeitraum wurde bei allen 32 Rindern festgestellt.

bei Bauer 1	7.2	5.0	5.5	4.4	5.2	3.8	5.4		
bei Bauer 2	5.1	3.6	5.6	7.1	1.7	5.3	7.4	6.6	5.7
bei Bauer 3	3.4	4.3	4.5	7.0	4.2	3.5	5.8	1.9	
bei Bauer 4	1.4	2.0	2.5	1.6	4.9	2.3	2.6	1.8	

Unter geeigneten Normalverteilungsannahmen teste man zum Niveau 5% die Annahme, dass die Mastfütterungsmethoden der vier Bauern gleichwertig sind.

Aufgabe 178

Während der Fußballweltmeisterschaft 1982 in Spanien ermittelte der medizinische Betreuer einer Mannschaft folgende Gewichtsverluste (in kg) einiger Feldspieler bei den 3 Vorrundenspielen.

Spiel 1	1.86	1.84	1.97	1.75	1.83	1.88		$n_1 = 6$
Spiel 2	1.67	1.98	1.77	1.85	2.01			$n_2 = 5$
Spiel 3	1.61	1.76	1.73	1.82	1.74	1.68	1.69	$n_3 = 7$

Es bezeichne x_{ij} den Gewichtsverlust des j-ten Spielers beim i-ten Spiel ($1 \leq j \leq n_i$, $1 \leq i \leq 3$). Unter der Annahme, dass die Messergebnisse x_{ij} eine Realisierung von unabhängigen für gleiches i identisch $N(\mu_i, \sigma^2)$-verteilten Zufallsvariablen X_{ij} ($1 \leq j \leq n_i$, $1 \leq i \leq 3$) sind, teste man anhand dieser Daten mit Hilfe eines geeigneten Verfahrens zum Niveau 0.05 die Annahme der Gleichheit des mittleren Gewichtsverlusts in allen Vorrundenspielen.

Aufgabe 179

Ein Walzwerk liefert Eisenplatten, die von 4 verschiedenen Walzen stammen. Der Verwendungszweck dieser Platten erfordert, dass sie alle die gleiche Dicke besitzen. Zur Untersuchung dieses Merkmals wurden 20 Platten nachgemessen, wobei von jeder der Walzen jeweils 5 dieser Platten stammten. Es ergaben sich die Werte (in mm):

	Platten Nr.				
Walzen Nr.	1	2	3	4	5
1	9.34	9.38	9.12	9.32	9.28
2	9.67	9.51	9.61	9.52	9.57
3	9.14	9.13	9.06	9.02	9.07
4	9.71	9.75	9.50	9.54	9.55

Es bezeichne x_{ij} die Dicke der j-ten Platte von der i-ten Walze ($1 \leq i \leq 4$, $1 \leq j \leq 5$). Unter der Annahme, dass die Messwerte x_{ij} eine Realisierung von unabhängigen für gleiches i identisch $N(\mu_i, \sigma^2)$-verteilten Zufallsvariablen sind, überprüfe man durch Anwendung eines geeigneten Verfahrens zum Niveau 0.01 die Annahme, dass die mittlere Plattendicke bei allen 4 Walzen gleich ist.

Aufgabe 180

Von 18 etwa gleichgroßen Getreidefeldern wurden $n_1 = 5$ mit dem Düngemittel D_1, $n_2 = 7$ mit dem Düngemittel D_2 und $n_3 = 6$ mit dem Düngemittel D_3 gedüngt. Die Ernteerträge der entsprechenden Felder (in kg) sind in der folgenden Tabelle angegeben:

D_1	781	655	611	789	596		
D_2	545	786	976	663	790	568	720
D_3	696	660	639	467	650	380	

Unter der Annahme, dass diese Werte eine Realisierung von unabhängigen für gleiches i identisch $N(\mu_i, \sigma^2)$-verteilten Zufallsvariablen X_{ij} sind, $j = 1, 2, \ldots, n_i$, $i = 1, 2, 3$, überprüfe man die Annahme, dass die drei Düngemittel im Mittel zu den gleichen Ernteerträgen führen, durch Anwendung eines geeigneten Testverfahrens zum Niveau $\alpha = 0.05$.

Aufgabe 181

Um drei Trainingsmethoden A, B und C für den Speerwurf zu erproben, wurden 23 untrainierte Sportstudenten zufällig in drei Gruppen zu $n_1 = 6$, $n_2 = 9$ und $n_3 = 8$ Studenten eingeteilt. Vor Beginn der Trainingsphase wurde zunächst ein Leistungstest durchgeführt und für jeden Studenten die Weite des besten von drei Würfen notiert.

Nach Abschluss der Trainingsphase, während der die Studenten der Gruppe 1 nach Methode A, die der Gruppe 2 nach Methode B und die der Gruppe 3 nach Methode C trainiert wurden, wurde ein entsprechender Leistungstest durchgeführt. Es ergaben sich die folgenden Werte (Differenzen der ermittelten Weiten beim ersten und zweiten Leistungstest in Meter)

Gruppe 1	7.06	13.50	4.86	12.00	8.38	9.20			
Gruppe 2	8.73	10.24	9.78	7.30	7.42	10.54	12.98	17.80	9.40
Gruppe 3	5.00	10.88	4.70	6.90	12.80	8.68	8.34	9.04	

Es wird angenommen, dass die ermittelten Werte eine Realisierung von unabhängigen in der Gruppe i identisch $N(\mu_i, \sigma^2)$-verteilten Zufallsvariablen sind ($i = 1, 2, 3$). Unter diesen Annahmen teste man mit Hilfe eines geeigneten Verfahrens zum Niveau 5% die Annahme: „Der durchschnittliche Trainingserfolg ist bei allen Trainingsmethoden gleich".

Aufgabe 182

In der Hallertau, einem Hopfenanbaugebiet in Bayern, wurde untersucht, wie sich die Höhe der Pflanzgerüste auf den Ertrag der Hopfenreben auswirkt. In 19 Hopfengärten mit verschiedener Gerüsthöhe (6 m, 7 m und 8 m) wurden die folgenden Hopfenerträge (in Zentner pro Hektar) ermittelt:

Stangenhöhe (m)	Ertrag (z/ha)						
6.0	35.5	39.0	34.0	33.5	32.0	35.0	30.0
7.0	36.0	37.5	39.5	34.5	37.0	38.0	
8.0	36.5	30.5	31.0	29.0	29.5	31.5	

Mit einem Testverfahren zum Niveau $\alpha = 0.05$ prüfe man die Hypothese gleichen mittleren Hopfenertrags bei unterschiedlicher Gerüsthöhe.

2.17   Einfache lineare Regression

Aufgabe 183

Im Statistischen Jahrbuch für die Bundesrepublik Deutschland des Jahres 1986 finden sich folgende Angaben über das durchschnittliche Heiratsalter von Männern und Frauen, die zum erstenmal heiraten:

Nr.	Jahr	x_i (Männer)	y_i (Frauen)
1	1971	26.0	23.7
2	1972	25.6	23.0
3	1973	25.5	22.9
4	1974	25.6	22.9
5	1975	25.3	22.7
6	1976	25.6	22.9
7	1977	25.7	22.9
8	1978	25.9	23.1
9	1979	26.0	23.2
10	1980	26.1	23.4
11	1981	26.3	23.6
12	1982	26.6	23.8
13	1983	26.9	24.1
14	1984	27.0	24.4

Es wird angenommen, dass die Durchschnittswerte y_i des Erstheiratsalters von Frauen durch unabhängige normalverteilte Zufallsvariablen Y_i, $i = 1, \ldots, 14$, beschrieben werden können. Ferner sei vorausgesetzt, dass diese Zufallsvariablen die gleiche Varianz σ^2 besitzen und die Erwartungswerte $E(Y_i)$ von der Form $E(Y_i) = a \cdot x_i + b$ sind, wobei x_i das zugehörige durchschnittliche Erstheiratsalter der Männer im i–ten Jahr ist.

a) Man berechne geeignete Schätzwerte für die unbekannten Parameter a, b und σ^2.

b) Ist die Nullhypothese $b = 0$ (das erwartete Durchschnittsalter der Frauen ist proportional zum Durchschnittsalter der Männer) auf dem 90%–Niveau zu verwerfen ?

Aufgabe 184

Man gehe wiederum von den Daten und Annahmen der Aufgabe 183 aus. Es sei jedoch zusätzlich vorausgesetzt, dass gilt $b = 0$.

a) Man bestimme Maximum–Likelihood–Schätzwerte für die beiden unbekannten Parameter a und σ^2.
(Dazu sind zunächst durch Maximierung der Likelihood–Funktion Maximum–Likelihood–Schätzer für a und σ^2 zu bestimmen.)

b) Man zeige, dass der Maximum–Likelihood–Schätzer für a normalverteilt ist und berechne seinen Erwartungswert und seine Varianz.

Aufgabe 185

Wird ein Kondensator mit der Kapazität C über einen Stromkreis mit dem Ohmschen Widerstand R entladen, so ändert sich die Spannung in Abhängigkeit von der Zeit t und der angelegten Anfangsspannung U_0 gemäß der Gleichung

$$U(t) = U_0 \cdot e^{-t/(R \cdot C)}, \quad t \geq 0$$

Aufgrund dieser Gesetzmäßigkeit kann man über Spannungsmessungen das Produkt $R \cdot C$ ermitteln. Die tatsächlich gemessenen Spannungen sind jedoch aufgrund von Messfehlern und zufälligen Störungen nicht exakt durch dieses deterministische Gesetz gegeben, sondern weisen zufällige Abweichungen auf.
Der Entladungsvorgang sei durch folgendes Modell angemessen beschrieben: Werden n Kondensatoren einer bestimmten Serie über denselben Stromkreis entladen und wird für das i–te Exemplar t_i Sekunden nach Beginn des Entladungsvorganges die Spannung u_i gemessen, so lassen sich die Zahlen $y_i = \ln u_i$, $i = 1,\ldots,n$, als Realisierung von unabhängigen normalverteilten Zufallsvariablen Y_i, $i = 1,\ldots,n$, auffassen mit

$$E(Y_i) = \ln U_0 - \frac{t_i}{R \cdot C} \quad \text{und} \quad Var(Y_i) = \sigma^2, \quad i = 1,\ldots,n$$

Ausgehend von folgenden Messergebnissen bestimme man mit den Methoden der linearen Regression konkrete Schätzintervalle zum Niveau 0.95 für U_0 und $R \cdot C$ sowie für die Varianz σ^2:

t_i	2.0	2.0	2.0	2.0	4.0	4.0	$\ldots$
u_i	5.10	5.12	5.13	4.98	3.43	3.40	$\ldots$

	4.0	4.0	6.0	6.0	6.0	6.0
$\ldots$	3.41	3.46	2.24	2.25	2.30	2.35

Aufgabe 186

In Wien werden seit 1775 monatliche Durchschnittstemperaturen registriert. Seien $x_1,\ldots,x_{201}$ bzw. $y_1,\ldots,y_{201}$ die Durchschnittstemperaturen in $^\circ C$ für die Monate Januar bzw. Februar in den Jahren 1775 bis einschließlich 1975. Wir nehmen an, dass die Messreihe $y_1,\ldots,y_{201}$ eine Realisierung von unabhängigen normalverteilten Zufallsvariablen $Y_1,\ldots,Y_{201}$ ist und dass für $i = 1,\ldots,201$

$$E(Y_i) = ax_i + b \quad \text{sowie} \quad Var(Y_i) = \sigma^2$$

gilt. Die 201 Messungen lieferten die folgenden Kennzahlen

$$\bar{x} = -1.569, \quad \bar{y} = 0.051, \quad ssx = 1649.7, \quad ssy = 1567.9, \quad sxy = 513.0$$

a) Man berechne mit Hilfe der linearen Regression ein Prognoseintervall zum Niveau 0.9 für die durchschnittliche Februartemperatur, wenn im Januar durchschnittlich $-2\,^\circ C$ beobachtet wurde.

b) Man berechne ein Prognoseintervall wie in a) ohne Berücksichtigung der Information über die Temperatur im Januar. Man setze lediglich voraus, dass die Zufallsvariablen $Y_1, \ldots, Y_{201}$ unabhängig und identisch normalverteilt sind.

Hinweis: Man zeige zunächst: Sind Y und $Y_1, \ldots, Y_{201}$ unabhängig und besitzt Y dieselbe Verteilung wie $Y_1, \ldots, Y_{201}$, so gilt mit Wahrscheinlichkeit $1 - \alpha$

$$\bar{Y} - V \leq Y \leq \bar{Y} + V \; ,$$

wobei $V = t_{200;0.95} \cdot \sqrt{\frac{202}{201 \cdot 200}} \cdot \mathrm{SSY}$ zu setzen ist.

Lösungen

3.1 Beschreibende Statistik

Lösung Aufgabe 1

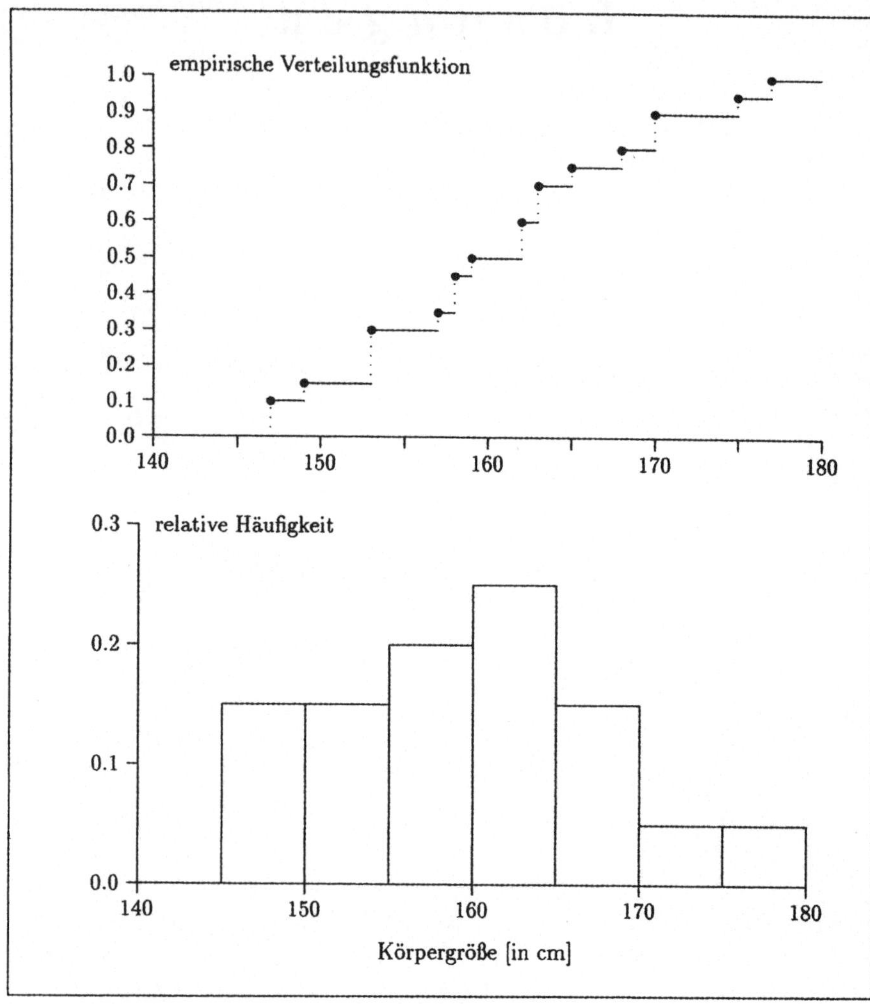

$$\bar{x} = 160.45 \qquad \text{(arithmetisches Mittel)}$$

$$\tilde{x} = x_{(10)} = 159 \qquad \text{(Median)}$$

$$s^2 = 76.26 \qquad \text{(empirische Varianz)}$$

$$s = 8.73 \qquad \text{(emp. Standardabweichung)}$$

$$q = x_{(15)} - x_{(5)} = 165 - 153 = 12 \qquad \text{(Quartilabstand)}$$

Lösung Aufgabe 2

$$
\begin{aligned}
\bar{x} &= 129.33 &&\text{(arithmetisches Mittel)}\\
\tilde{x} &= x_{(9)} = 121 &&\text{(Median)}\\
v &= x_{(18)} - x_{(1)} = 216 - 70 = 146 &&\text{(Spannweite)}\\
s^2 &= 1605.41 &&\text{(empirische Varianz)}\\
s &= 40.07 &&\text{(emp. Standardabweichung)}\\
x_{0.1} &= x_{(2)} = 84 &&\text{(10\%-Quantil)}\\
q &= x_{(14)} - x_{(5)} = 142 - 99 = 43 &&\text{(Quartilabstand)}
\end{aligned}
$$

Lösung Aufgabe 3

a,b) Die durchschnittliche Punktzahl 44.85 entspricht der Note 3.7. Die Durchschnittsnote ist 3.365.

c,d) Der Median der Punkteverteilung ist 42. Dies entspricht der Note 3.7, die auch der Median der Notenverteilung ist.

e) Das 20%-gestutzte bzw. winsorisierte Mittel der Punktzahlen ist

$$
\bar{x}_{0.2} = 42.67 \qquad \text{bzw.} \qquad w_{0.2} = 44.20
$$

Kommentar:

Ist f eine monoton nichtfallende Funktion und ist $y_i = f(x_i)$, $i = 1, \dots, n$, so gilt stets für die Mediane $\tilde{y} = f(\tilde{x})$. Die arithmetischen Mittel erfüllen eine entsprechende Gleichung, wenn f eine lineare Funktion ist (siehe Aufgabe 5). Im Falle einer monoton nichtwachsenden Funktion f ist die Beziehung $\tilde{y} = f(\tilde{x})$ auch gültig, falls der Stichprobenumfang n ungerade ist, jedoch gilt bei geradem n wie in der vorliegenden Aufgabe $\tilde{y} = f(x_{([n/2]+1)})$.

Lösung Aufgabe 4

Das Gewicht der Kugeln errechnet sich gemäß

$$
g_i = 7.731 \cdot \frac{\pi}{6} \cdot x_i^3, \quad i = 1, \dots, 20
$$

Es ergibt sich

$$
\begin{aligned}
\bar{g} &= 4.07045 \\
\bar{d} &= 1.00109
\end{aligned}
\qquad \text{und} \qquad 7.731 \cdot \frac{\pi}{6} \cdot \bar{x}^3 = 4.06125
$$

Lösung Aufgabe 5

a) Es gilt

$$
\bar{y} = \frac{1}{n} \sum_{i=1}^{n} y_i = \frac{1}{n} \sum_{i=1}^{n} (a + b \cdot x_i) = a \cdot \frac{1}{n} \sum_{i=1}^{n} 1 + b \cdot \frac{1}{n} \sum_{i=1}^{n} x_i = a + b \cdot \bar{x}
$$

b) Sei $y_i = \frac{5}{9} \cdot (x_i - 32)$, $i = 1, \dots, 14$. Man erhält $\bar{x} = 80.0^\circ F$ und daraus $\bar{y} = \frac{5}{9} \cdot (\bar{x} - 32) = 26.67^\circ C$.

Lösung Aufgabe 6

a) Es gilt

$$
\begin{aligned}
f(x) &= \sum_{i=1}^{n} (x_i - \bar{x} + \bar{x} - x)^2 \\
&= \sum_{i=1}^{n} (x_i - \bar{x})^2 + 2 \cdot (\bar{x} - x) \cdot \sum_{i=1}^{n} (x_i - \bar{x}) + n \cdot (\bar{x} - x)^2 \\
&= \sum_{i=1}^{n} (x_i - \bar{x})^2 + n \cdot (\bar{x} - x)^2
\end{aligned}
$$

Da der erste Summand von x nicht abhängt, der zweite nichtnegativ ist und genau dann verschwindet, wenn $x = \bar{x}$ gilt, folgt die Behauptung.

b) Sei o.B.d.A. $x_1 \leq x_2 \leq \ldots \leq x_n$ (sonst Übergang zur geordneten Messreihe). Die Funktion g ist als Summe stetiger Funktionen eine stetige Funktion. Sie ist stückweise linear, denn im Falle $x_{k-1} < x \leq x_k$ gilt:

$$
\begin{aligned}
g(x) &= (x - x_1) + \ldots + (x - x_{k-1}) + (x_k - x) + \ldots + (x_n - x) \\
&= [(k-1) - (n-k+1)] \cdot x - (x_1 + \ldots + x_{k-1}) + (x_k + \ldots + x_n) \\
&= (2k - 2 - n) \cdot x + C_k
\end{aligned}
$$

Sie ist demnach in den Intervallen (x_{k-1}, x_k)

$$
\begin{array}{lllll}
\text{mit} & 2k - 2 - n < 0 & \text{d.h.} & k < \dfrac{n}{2} + 1, & \text{streng monoton fallend,} \\[2ex]
\text{mit} & 2k - 2 - n > 0 & \text{d.h.} & k > \dfrac{n}{2} + 1, & \text{streng monoton wachsend,} \\[2ex]
\text{sowie mit} & 2k - 2 - n = 0 & \text{d.h.} & k = \dfrac{n}{2} + 1, & \text{konstant.}
\end{array}
$$

Daraus folgt: die Funktion g ist streng monoton fallend für $x \leq \tilde{x}$ und monoton nicht fallend für $x \geq \tilde{x}$. Daraus ergibt sich die Behauptung. Ist n gerade, so ist g im Intervall $[x_{n/2}, x_{[n/2]+1}]$ konstant.

Lösung Aufgabe 7

Wird für $i = 1, \ldots, 5$ mit x_i die Lage des i-ten Bauernhofes und mit x die der Milchsammelstelle bezeichnet, so ist die insgesamt von allen Bauern zurückzulegende (einfache) Wegstrecke durch

$$
g(x) = \sum_{i=1}^{5} |x_i - x|
$$

gegeben. Nach Aufgabe 6 nimmt diese Funktion für $x = \tilde{x} = 13.1$ ihr Minimum an. Die Funktion

$$
g^*(x) = \sum_{i=1}^{6} |x_i - x|
$$

mit $x_6 = 47.5$ nimmt ebenfalls an der Stelle $\tilde{x} = 13.1$ ihr Minimum an, jedoch ist sie im Intervall

$$
[x_{(3)}, x_{(4)}] = [13.1, 16.5]
$$

konstant, so dass (im Interesse des am weitesten entfernt wohnenden Bauern F) die Sammelstelle auch zum Kilometerstein 16.5 verlagert werden kann.

Lösung Aufgabe 8

a) Für $n \cdot \alpha < 1$ ist $k = [n \cdot \alpha] = 0$, also nach Definition (5) bzw. (6)

$$\bar{x}_\alpha = \frac{1}{n} \cdot (x_{(1)} + \ldots + x_{(n)}) = \bar{x} \qquad \text{und}$$

$$w_\alpha = \frac{1}{n} \cdot (0 \cdot x_{(1)} + x_{(1)} + \ldots + x_{(n)} + 0 \cdot x_{(n)}) = \bar{x}$$

b) Wegen $\alpha < \frac{1}{2}$ gilt im Falle $n \cdot \alpha \geq \frac{n-1}{2}$

$$k = [n \cdot \alpha] = \begin{cases} \frac{n}{2} - 1 & \text{für } n \text{ gerade} \\ \frac{n-1}{2} & \text{für } n \text{ ungerade} \end{cases}$$

Also ist nach (5) bzw. (6)

$$\bar{x}_\alpha = \left\{ \begin{array}{ll} (x_{(n/2)} + x_{([n/2]+1)})/2 & n \text{ gerade} \\ x_{([n+1]/2)} & n \text{ ungerade} \end{array} \right\} = w_\alpha$$

Für ungerades n gilt also nach Definition des Medians

$$\bar{x}_\alpha = w_\alpha = \tilde{x}$$

Lösung Aufgabe 9

Die verfälschten Messreihen $y_1, \ldots, y_{10}$ lauten:

y_1	y_2	y_3	y_4	y_5	y_6	y_7	y_8	y_9	y_{10}
0.86	1.60	1.97	1.79	2.80	1.55	1.66	1.85	1.82	1.80
1.83	1.96	1.74	1.68	1.70	1.95	1.81	1.81	1.71	1.67
1.69	1.69	0.73	1.73	1.78	1.83	1.73	1.73	0.71	1.83
2.87	1.73	1.68	1.81	1.81	1.80	1.70	1.69	1.93	1.63
1.60	0.93	1.78	1.59	1.86	0.67	1.84	1.90	1.72	1.65
1.65	1.81	1.78	1.72	1.50	1.87	1.81	1.89	0.92	1.72
1.78	1.75	1.67	1.80	1.67	1.80	1.87	1.88	0.83	0.69
1.71	1.52	1.77	1.82	1.47	0.84	1.78	1.85	1.80	1.69
1.58	1.67	1.81	1.87	1.90	2.69	1.83	1.66	1.59	2.84
1.75	1.73	1.72	1.82	1.73	0.73	1.91	1.88	1.82	1.74
1.79	0.67	1.93	1.77	1.78	1.97	1.70	0.56	1.78	1.82
1.55	1.88	1.82	1.54	1.81	1.75	1.88	1.95	1.56	1.89
0.52	1.56	1.99	1.66	1.69	1.72	1.72	2.79	1.71	1.76
1.97	1.81	1.82	1.82	1.86	1.79	1.65	1.72	0.99	2.68
1.66	1.84	1.66	1.81	1.73	1.60	1.92	2.80	1.64	1.82
2.65	1.82	1.53	1.68	1.70	0.83	1.79	1.73	1.69	1.90
1.83	1.86	1.79	1.80	1.67	1.77	1.74	1.79	1.74	0.76
1.88	2.79	1.71	1.67	1.79	2.86	1.67	1.83	1.66	1.87

y_1	y_2	y_3	y_4	y_5	y_6	y_7	y_8	y_9	y_{10}
1.64	1.62	1.54	1.67	1.68	1.81	1.72	1.65	1.69	1.76
1.84	1.65	2.77	1.88	1.71	1.81	1.74	1.75	1.77	1.65
1.71	1.65	1.87	0.85	1.74	1.79	1.76	1.89	1.75	0.68
1.73	1.72	1.82	1.89	1.66	2.00	1.70	1.65	1.80	1.68
1.62	1.85	0.67	1.86	1.63	0.86	1.66	1.59	1.63	1.68
1.66	2.82	1.86	1.85	1.56	1.70	1.73	1.66	1.78	1.58
2.75	1.83	1.76	1.75	1.81	1.77	1.70	0.92	1.71	1.71
2.75	0.69	1.69	1.93	1.69	1.81	1.85	1.80	1.89	1.57
0.91	0.66	1.64	1.68	1.67	1.66	1.65	1.87	1.72	1.69
1.64	1.72	1.68	1.82	2.53	1.70	0.75	1.84	1.70	1.75
1.55	1.60	1.55	1.62	1.75	1.78	1.75	1.66	1.67	2.81
1.75	1.62	1.73	2.72	1.81	1.61	1.78	1.83	1.70	1.83

Zu den einzelnen Messreihen erhält man die folgenden statistischen Maßzahlen:

$\bar{x}$	$\bar{x}_{20\%}$	$\tilde{x}$	$\bar{y}$	$\bar{y}_{20\%}$	$\tilde{y}$
1.770	1.787	1.800	1.770	1.753	1.790
1.786	1.767	1.740	1.786	1.767	1.740
1.745	1.735	1.730	1.545	1.725	1.730
1.765	1.757	1.730	1.865	1.757	1.730
1.754	1.753	1.720	1.554	1.697	1.650
1.767	1.785	1.780	1.667	1.748	1.720
1.774	1.775	1.780	1.574	1.745	1.750
1.725	1.762	1.770	1.625	1.712	1.710
1.744	1.750	1.690	1.944	1.790	1.810
1.783	1.765	1.740	1.683	1.765	1.740
1.777	1.773	1.780	1.577	1.773	1.780
1.763	1.783	1.810	1.763	1.783	1.810
1.712	1.710	1.710	1.712	1.710	1.710
1.811	1.803	1.810	1.811	1.803	1.810
1.748	1.747	1.730	1.848	1.753	1.730
1.732	1.735	1.700	1.732	1.735	1.700
1.775	1.775	1.770	1.675	1.772	1.770
1.773	1.775	1.790	1.973	1.792	1.790
1.678	1.675	1.670	1.678	1.675	1.670
1.757	1.758	1.750	1.857	1.770	1.750
1.769	1.767	1.750	1.569	1.733	1.740
1.765	1.742	1.720	1.765	1.742	1.720
1.705	1.687	1.660	1.505	1.635	1.630

$\bar{x}$	$\bar{x}_{20\%}$	$\tilde{x}$	$\bar{y}$	$\bar{y}_{20\%}$	$\tilde{y}$
1.720	1.725	1.700	1.820	1.730	1.700
1.771	1.758	1.750	1.771	1.752	1.750
1.767	1.765	1.750	1.767	1.788	1.800
1.715	1.680	1.670	1.515	1.665	1.660
1.713	1.717	1.700	1.713	1.728	1.700
1.674	1.675	1.660	1.774	1.675	1.660
1.738	1.748	1.730	1.838	1.767	1.750

Die Histogramme haben die folgende Form:

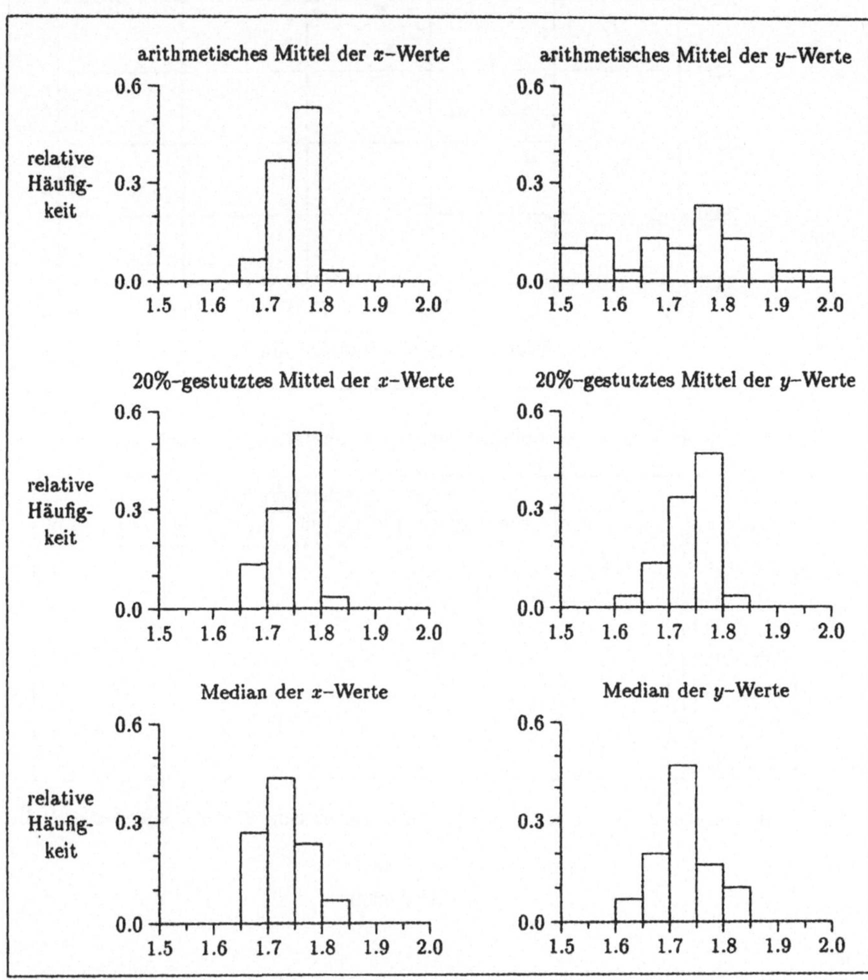

Lösung Aufgabe 10

a) Das Punktediagramm zur Messreihe $(v_1, s_1), \ldots, (v_{20}, s_{20})$ hat die folgende Form

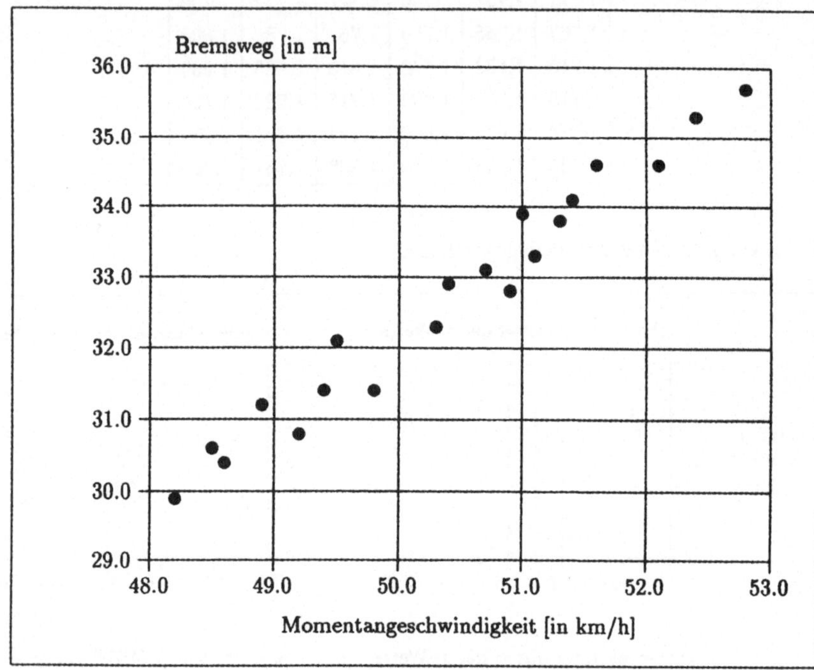

Die Kontingenztafel zu den angegebenen Klasseneinteilungen lautet

Bremsweg	Momentangeschwindigkeit				
	$(48.0, 49.0]$	$(49.0, 50.0]$	$(50.0, 51.0]$	$(51.0, 52.0]$	$(52.0, 53.0]$
$(29.0, 30.0]$	1				
$(30.0, 31.0]$	2	1			
$(31.0, 32.0]$	1	2			
$(32.0, 33.0]$		1	3		
$(33.0, 34.0]$			2	2	
$(34.0, 35.0]$				2	1
$(35.0, 36.0]$					2

b) Für die empirische Kovarianz s und den empirischen Korrelationskoeffizienten r gilt

$$s = 2.2678$$
$$r = 0.9830$$

3.2 Laplace–Wahrscheinlichkeiten

Lösung Aufgabe 11

a) Anzahl der Paare $= \binom{10}{2} = 45$ (ungeordnete Probe vom Umfang 2 aus $\{1,\ldots,10\}$ ohne Wiederholungen), d.h. es werden 45-mal Hände gedrückt.

b) Wenn sich zwei Ehepaare verabschieden, werden viermal Hände gedrückt. Es gibt (wie in Teil a)) 45 Paare von Ehepaaren. Also werden $4 \cdot 45 = 180$-mal Hände gedrückt.

c) Wenn sich zwei Ehepaare verabschieden, werden 12 Küsschen gegeben, und einmal werden Hände gedrückt. Also werden insgesamt $12 \cdot 45 = 540$ Küsschen gegeben und 45-mal Hände gedrückt.

Lösung Aufgabe 12

a) Für Gruppe I gibt es $\binom{24}{4}$ Möglichkeiten (Anzahl der ungeordneten Proben aus $\{1,\ldots,24\}$ vom Umfang 4). Es verbleiben noch 20 Mannschaften, aus denen 4 zur Bildung der Gruppe II ausgewählt werden. Dafür gibt es $\binom{20}{4}$ Möglichkeiten. Aus den verbleibenden 16 Mannschaften wird Gruppe III gebildet, usw. Insgesamt gibt es somit

$$\binom{24}{4} \cdot \binom{20}{4} \cdot \binom{16}{4} \cdot \binom{12}{4} \cdot \binom{8}{4} \cdot \binom{4}{4} = \frac{24!}{(4!)^6} \simeq 3.25 \cdot 10^{15}$$

Möglichkeiten.
Man beachte, dass Gruppeneinteilungen auch dann als unterschiedlich gezählt werden, wenn sie sich nur in der Numerierung der Gruppen unterscheiden. Die Menge der oben gezählten Gruppeneinteilungen lässt sich zu Teilmengen von je $6! = 720$ Einteilungen zusammenfassen, bei denen jeweils nur die Numerierung unterschiedlich ist. Also gibt es

$$\frac{1}{720} \cdot \frac{24!}{(4!)^6} \simeq 4.51 \cdot 10^{12}$$

wesentlich verschiedene Gruppeneinteilungen.

b) Für Gruppe I wird aus jedem der 4 Töpfe eine der sechs Mannschaften ausgelost. Dafür gibt es 6^4 Möglichkeiten. Es verbleiben je 5 Lose in jedem der 4 Töpfe. Also gibt es 5^4 Möglichkeiten für Gruppe II. So fortfahrend ergeben sich insgesamt

$$6^4 \cdot 5^4 \cdot 4^4 \cdot 3^4 \cdot 2^4 \cdot 1^4 = (6!)^4 = 720^4 \simeq 2.69 \cdot 10^{11}$$

Möglichkeiten der Gruppeneinteilung.
Wie in Teil a) ist diese Anzahl durch 6! zu teilen, wenn man Gruppeneinteilungen, die sich nur in der Numerierung unterscheiden, nicht als verschieden ansehen will.

Lösung Aufgabe 13

Für Ω wählen wir die Menge

$$\Omega = \{(x_1,\ldots,x_9) : x_i \in \{1,2,3\}, i = 1,\ldots,9\}$$

die 3^9 Elemente enthält. (Die Komponente x_i des Tupels $(x_1,\ldots,x_9)$ beschreibt die Nummer des Wagens, in den die Person i einsteigt.)

a) Sei $A = \{(x_1,\ldots,x_9) \in \Omega : \text{genau 3 der } x_i \text{ sind gleich 1}\}$. Da es $\binom{9}{3}$ Möglichkeiten gibt, drei Personen für Wagen 1 auszuwählen, und die übrigen 6 Personen noch je zwei Wahlmöglichkeiten (Wagen 2 oder 3) haben, enthält A genau $\binom{9}{3} \cdot 2^6$ Elemente. Unter der Laplace-Annahme ist also

$$P(A) = \frac{\binom{9}{3} \cdot 2^6}{3^9} = 0.2731$$

b) Sei $B = \{(x_1,\ldots,x_9) \in \Omega : \text{je drei der } x_i \text{ sind gleich } 1,2 \text{ bzw. } 3\}$. Es gibt $\binom{9}{3}$ Möglichkeiten, 3 Personen für Wagen 1 auszusuchen. Dann gibt es noch $\binom{6}{3}$ Möglichkeiten, aus den verbleibenden 6 Personen 3 für Wagen 2 auszuwählen. Die restlichen drei steigen in Wagen 3 ein. Also enthält B genau $\binom{9}{3} \cdot \binom{6}{3}$ Elemente, und unter der Laplace-Annahme gilt somit

$$P(B) = \frac{\binom{9}{3} \cdot \binom{6}{3}}{3^9} = 0.0854$$

c) Sei $C = \{(x_1,\ldots,x_9) \in \Omega : \text{es existiert eine Permutation } k \text{ der Zahlen } 1,\ldots,9 \text{ mit}$ $x_{k(1)} = x_{k(2)}, x_{k(3)} = x_{k(4)} = x_{k(5)}, x_{k(6)} = \ldots = x_{k(9)} \text{ und } x_{k(1)}, x_{k(3)}, x_{k(6)} \text{ paarweise}$ verschieden$\}$. Es gibt 6 Möglichkeiten die Gruppengrößen 2, 3 und 4 den Wagen 1, 2 und 3 zuzuordnen. Dies beachtend folgt wie in Teil b)

$$P(C) = \frac{\binom{9}{4} \cdot \binom{5}{3} \cdot 6}{3^9} = 0.3841$$

Lösung Aufgabe 14

Eine zugehörige Ergebnismenge ist

$$\Omega = \{(x_1, x_2, x_3, x_4) : x_i \in \{0,1,\ldots,9\}, i = 1,2,3,4\},$$

die 10^4 Elemente besitzt. Gesucht ist unter der Laplace-Annahme die Wahrscheinlichkeit der Ereignisse

$$A_k = \{(x_1,x_2,x_3,x_4) \in \Omega : x_1 + x_2 + x_3 + x_4 = k\}, \quad k = 0,1,\ldots,36.$$

Wir berechnen zunächst für $l = 0,1,\ldots,18$ die Anzahl $n(l)$ der Paare (x_1,x_2) mit $x_1+x_2 = l$. Wegen $l = 0 + l = 1 + (l-1) = \ldots = l + 0$ erhält man

l	0	1	2	3	4	5	6	7	8	9	10	11	12	13	14	15	16	17	18
$n(l)$	1	2	3	4	5	6	7	8	9	10	9	8	7	6	5	4	3	2	1

Wir bezeichnen mit $m(k)$ die Anzahl der Elemente von A_k, $k = 0, 1, \ldots, 36$. Fassen wir die Summe $x_1 + x_2 + x_3 + x_4$ in der Form $(x_1 + x_2) + (x_3 + x_4)$ zusammen, so erkennt man, dass

$$m(k) = \sum_{l=0}^{k} n(l) \cdot n(k - l)$$

gilt, wobei $n(l) = 0$ für $l > 18$ zu setzen ist. Wegen $n(l) = n(18 - l)$, $l = 0, 1, \ldots, 18$, folgt daraus $m(k) = m(36 - k)$, $k = 0, 1, \ldots, 18$. Man erhält durch Berechnung der Summen die folgende Tabelle

k	0	1	2	3	4	5	6	7	8	9	10	11
	36	35	34	33	32	31	30	29	28	27	26	25
$m(k)$	1	4	10	20	35	56	84	120	165	220	282	348

k	12	13	14	15	16	17	18
	24	23	22	21	20	19	
$m(k)$	415	480	540	592	633	660	670

Unter der Laplace-Annahme gilt somit

$$P(A_k) = \frac{m(k)}{10^4}, \qquad k = 0, 1, \ldots, 36$$

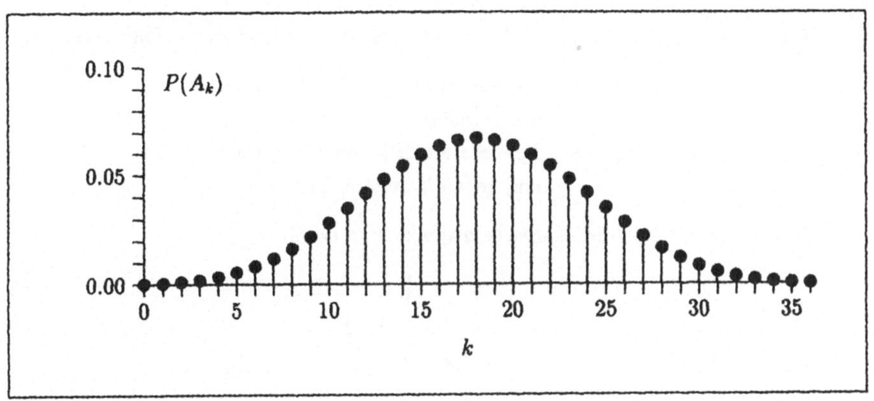

Lösung Aufgabe 15

Wir stellen uns vor, die Spielkarten seien mit den Zahlen 1 bis 48 durchnumeriert. Das Ergebnis der Kartenverteilung an die vier Spieler werde durch ein Quadrupel (K_1, K_2, K_3, K_4) beschrieben, wobei die Komponenten K_i, $i = 1, \ldots, 4$, vier disjunkte Teilmengen von $\{1, 2, \ldots, 48\}$ sind, die jeweils 12 Elemente enthalten. Es gibt insgesamt

$$n = \binom{48}{12} \cdot \binom{36}{12} \cdot \binom{24}{12} \cdot \binom{12}{12}$$

solcher Quadrupel. Wir fassen sie zur Ergebnismenge Ω zusammen.

a) Das Ereignis

$$A = \text{„ein Spieler erhält beide Kreuz-Damen“}$$

ist Vereinigung der vier disjunkten Ereignisse

$$A_i = \text{„Spieler } i \text{ erhält beide Kreuz-Damen“}, \qquad i = 1, 2, 3, 4,$$

die alle die gleiche Wahrscheinlichkeit besitzen. Also gilt nach (7)

$$P(A) = 4 \cdot P(A_1)$$

Wir berechnen die Anzahl der Elemente von A_1: Spieler 1 erhält beide Kreuz-Damen und aus den restlichen 46 Karten noch 10 beliebige. Die übrigen Spieler erhalten je 12 beliebige Karten aus den verbleibenden. Darum besitzt A_1

$$n_1 = \binom{46}{10} \cdot \binom{36}{12} \cdot \binom{24}{12} \cdot \binom{12}{12}$$

Elemente, und es gilt

$$P(A_1) = \frac{n_1}{n} = \frac{\binom{46}{10}}{\binom{48}{12}}$$

Daraus erhält man

$$P(A) = 4 \cdot P(A_1) = 4 \cdot \frac{46!}{10! \cdot 36!} \cdot \frac{12! \cdot 36!}{48!} = 4 \cdot \frac{11 \cdot 12}{47 \cdot 48} = \frac{11}{47} = 0.2340$$

b) Die Ereignisse B und B_{ik}, $i \in \{1, \dots, 4\}$, $k \in \{0, \dots, 6\}$, seien wie folgt definiert:

$$
\begin{aligned}
B \;\; &= \;\; \text{„ein Spieler erhält beide Kreuz-Damen} \\
&\qquad \text{und mindestens drei weitere Damen“} \\
B_{ik} \;\; &= \;\; \text{„Spieler } i \text{ erhält beide Kreuz-Damen} \\
&\qquad \text{und genau } k \text{ weitere Damen“}
\end{aligned}
$$

Die Ereignisse B_{ik} sind paarweise disjunkt, und es gilt

$$B = \bigcup_{\substack{i = 1, \dots, 4 \\ k = 3, \dots, 6}} B_{ik}$$

Aus

$$P(B_{ik}) = P(B_{1k}), \quad i \in \{2, 3, 4\}, \; k \in \{0, \dots, 6\}$$

erhält man mit Hilfe von (7)

$$P(B) = 4 \cdot [P(B_{13}) + P(B_{14}) + P(B_{15}) + P(B_{16})]$$

Für die Anzahl n_k der Elemente von B_{1k} ergibt sich

$$n_k = \binom{6}{k} \cdot \binom{40}{10-k} \cdot \binom{36}{12} \cdot \binom{24}{12} \cdot \binom{12}{12}$$

Also ist

$$P(B) = 4 \cdot \frac{\binom{6}{3} \cdot \binom{40}{7} + \binom{6}{4} \cdot \binom{40}{6} + \binom{6}{5} \cdot \binom{40}{5} + \binom{6}{6} \cdot \binom{40}{4}}{\binom{48}{12}}$$

$$= \frac{4 \cdot \binom{6}{3} \cdot \binom{40}{7}}{\binom{48}{12}} \cdot \left(1 + \frac{3}{4} \cdot \frac{7}{34} + \frac{3 \cdot 2}{4 \cdot 5} \cdot \frac{7 \cdot 6}{34 \cdot 35} + \frac{3 \cdot 2 \cdot 1}{4 \cdot 5 \cdot 6} \cdot \frac{7 \cdot 6 \cdot 5}{34 \cdot 35 \cdot 36}\right)$$

$$= 0.0214 \cdot (1 + 0.1544 + 0.0106 + 0.0002) = 0.0249$$

c) Wir betrachten die folgenden Ereignisse

$$C = \text{„zwei Spieler erhalten je eine Kreuz-Dame}$$
$$\text{und mindestens zwei weitere Damen“}$$
$$C_{ik;jl} = \text{„Spieler } i \text{ erhält eine Kreuz-Dame und genau } k \text{ weitere Damen,}$$
$$\text{Spieler } j \text{ erhält eine Kreuz-Dame und genau } l \text{ weitere Damen“},$$
$$1 \leq i < j \leq 4,\ 0 \leq k,l \leq 6,\ k+l \leq 6$$

Dann gilt

$$C = \bigcup_{\substack{1 \leq i < j \leq 4 \\ k,l \in \{2,3,4\} \\ k+l \leq 6}} C_{ik;jl}$$

Die Ereignisse $C_{ik;jl}$ sind disjunkt, und es gilt

$$P(C_{ik;jl}) = P(C_{1k;2l}) = P(C_{1l;2k})$$

Da es insgesamt 6 Paare (i,j) natürlicher Zahlen mit $1 \leq i < j \leq 4$ gibt, folgt daraus

$$P(C) = 6 \cdot [P(C_{12;22}) + 2 \cdot P(C_{12;23}) + 2 \cdot P(C_{12;24}) + P(C_{13;23})]$$

Für die Anzahl n_{kl} der Elemente in $C_{1k;2l}$ ergibt sich

$$n_{kl} = \binom{2}{1} \cdot \binom{6}{k} \cdot \binom{40}{11-k} \cdot \binom{1}{1} \cdot \binom{6-k}{l} \cdot \binom{29+k}{11-l} \cdot \binom{24}{12} \cdot \binom{12}{12}$$

Daraus folgt

$$P(C) = \frac{6}{n} \cdot (n_{22} + 2 \cdot n_{23} + 2 \cdot n_{24} + n_{33})$$

$$= \frac{6}{\binom{48}{12}\binom{36}{12}} \cdot \left[2\binom{6}{2}\binom{4}{2}\binom{40}{9}\binom{31}{9} + 4\binom{6}{2}\binom{4}{3}\binom{40}{9}\binom{31}{8} \right.$$

$$\left. + 4\binom{6}{2}\binom{4}{4}\binom{40}{9}\binom{31}{7} + 2\binom{6}{3}\binom{3}{3}\binom{40}{8}\binom{32}{8} \right]$$

$$= 0.0683 + 0.0356 + 0.0030 + 0.0022 = 0.1091$$

Lösung Aufgabe 16

Wir nehmen an, es werden n Zufallsziffern entnommen. Dann ist die Wahrscheinlichkeit dafür, dass alle entnommenen Ziffern gerade sind, gleich $\left(\frac{1}{2}\right)^n$. Wegen (10) muss die Anzahl n so gewählt werden, dass diese Wahrscheinlichkeit ≤ 0.05 ist:

$$\left(\frac{1}{2}\right)^n \leq 0.05 \quad \Leftrightarrow \quad 2^n \geq 20 \quad \Leftrightarrow \quad n \geq 5$$

Lösung Aufgabe 17

Sei $\Omega = \{(i,j,k,l) : i,j,k,l \in \{0,1,2\}\}$, $p_0 = 0.1$, $p_1 = 0.5$ und $p_2 = 0.4$. Wir definieren ein Wahrscheinlichkeitsmaß auf $\mathcal{P}(\Omega)$ durch

$$P(\{(i,j,k,l)\}) = p_i \cdot p_j \cdot p_k \cdot p_l$$

a) Aus der Definition von P folgt sofort

$$P(\{(1,1,1,1)\}) = p_1^4 = \frac{1}{16} = 0.0625$$

b) Zu berechnen ist die Wahrscheinlickeit des Ereignisses

$$A := \{(1,1,1,1);(1,1,1,2);(1,1,2,1);(1,2,1,1);(2,1,1,1)\}$$

Es gilt

$$P(A) = p_1^4 + 4p_1^3 \cdot p_2 = \frac{1}{16} + 4 \cdot \frac{1}{20} = \frac{21}{80} = 0.2625$$

c) Mit Hilfe von (7) erhält man für die gesuchte Wahrscheinlichkeit

$$P(\{(1,1,1,1)\}) + 4 \cdot P(\{(1,1,1,0);(1,1,1,2)\}) = p_1^4 + 4p_1^3 \cdot (p_0 + p_2) = \frac{5}{16} = 0.3125$$

Lösung Aufgabe 18

Es gibt insgesamt 12! verschiedene Möglichkeiten, die Päckchen an die Kinder zu verteilen. Es gibt 11! Möglichkeiten, bei denen Kind i, $i = 1,\ldots,12$, sein eigenes Päckchen erhält, 10! Möglichkeiten, bei denen die Kinder i und j, $1 \leq i < j \leq n$, ihre eigenen Päckchen erhalten, usw. Daraus folgt für das im Aufgabentext beschriebene Ereignis A durch Anwendung der Formeln (9) und (10)

$$
\begin{aligned}
P(A) &= 1 - \left(12 \cdot \frac{11!}{12!} - \binom{12}{2} \cdot \frac{10!}{12!} + \binom{12}{3} \cdot \frac{9!}{12!} - + \ldots - \binom{12}{12} \cdot \frac{1}{12!}\right) \\
&= 1 - \left(1 - \frac{1}{2!} + \frac{1}{3!} - + \ldots - \frac{1}{12!}\right) = 0.3679
\end{aligned}
$$

Lösung Aufgabe 19

Um die Glückszahl 1111111 zu erhalten, muss siebenmal eine Kugel mit der Ziffer 1 gezogen werden; dies ist auf 7! Arten möglich. Um die Glückszahl 1111222 zu erhalten, müssen zunächst 4 Kugeln mit der Ziffer 1, danach drei Kugeln mit der Ziffer 2 gezogen werden. Dies ist auf $7 \cdot 6 \cdot 5 \cdot 4 \cdot 7 \cdot 6 \cdot 5$ verschiedene Arten möglich. Genau dieselbe Anzahl erhalten wir beispielsweise für die Glückszahl 1212121.

Sei z eine 7-stellige Zahl, in der die Ziffern $z_1, \ldots, z_r$ mit den Häufigkeiten $i_1, \ldots, i_r$ ($i_1 + \ldots + i_r = 7$) vorkommen. Dann gibt es

$$[7 \cdot \ldots \cdot (7 - i_1 + 1)] \cdot [7 \cdot \ldots \cdot (7 - i_2 + 1)] \cdot \ldots \cdot [7 \cdot \ldots \cdot (7 - i_r + 1)]$$

Möglichkeiten, die Zahl z durch Ziehen von 7 Kugeln zu erzeugen. Die Anzahl der Elemente von Ω ist gleich

$$70 \cdot 69 \cdot 68 \cdot 67 \cdot 66 \cdot 65 \cdot 64$$

In der folgenden Tabelle sind für alle möglichen Werte der Parameter r, $i_1, i_2, \ldots, i_r$ ($i_1 \geq i_2 \geq \ldots \geq i_r$) die zugehörigen Anzahlen und Wahrscheinlichkeiten zusammengestellt:

r	$i_1, \ldots, i_r$	Beispiel einer Glückszahl	Anz. d. Möglichkeiten	Wahrscheinlichkeit
1	7	2222222	$7!$	$8.342 \cdot 10^{-10}$
2	6,1	3533333	$7^2 \cdot 6 \cdot 5 \cdot 4 \cdot 3 \cdot 2$	$5.839 \cdot 10^{-9}$
2	5,2	4644644	$7^2 \cdot 6^2 \cdot 5 \cdot 4 \cdot 3$	$1.752 \cdot 10^{-8}$
2	4,3	7979797	$7^2 \cdot 6^2 \cdot 5^2 \cdot 4$	$2.920 \cdot 10^{-8}$
3	5,1,1	6366466	$7^3 \cdot 6 \cdot 5 \cdot 4 \cdot 3$	$2.044 \cdot 10^{-8}$
3	4,2,1	1002200	$7^3 \cdot 6^2 \cdot 5 \cdot 4$	$4.088 \cdot 10^{-8}$
3	3,3,1	0001911	$7^3 \cdot 6^2 \cdot 5^2$	$5.109 \cdot 10^{-8}$
3	3,2,2	5717115	$7^3 \cdot 6^3 \cdot 5$	$6.131 \cdot 10^{-8}$
4	4,1,1,1	3456333	$7^4 \cdot 6 \cdot 5 \cdot 4$	$4.769 \cdot 10^{-8}$
4	3,2,1,1	0011920	$7^4 \cdot 6^2 \cdot 5$	$7.153 \cdot 10^{-8}$
4	2,2,2,1	4343565	$7^4 \cdot 6^3$	$8.584 \cdot 10^{-8}$
5	3,1,1,1,1	2068040	$7^5 \cdot 6 \cdot 5$	$8.345 \cdot 10^{-8}$
5	2,2,1,1,1	1339755	$7^5 \cdot 6^2$	$1.001 \cdot 10^{-7}$
6	2,1,\ldots,1	4511379	$7^6 \cdot 6$	$1.168 \cdot 10^{-7}$
7	1,\ldots,1	9876543	7^7	$1.363 \cdot 10^{-7}$

Lösung Aufgabe 20

a) Die Wahrscheinlichkeit dafür, dass der Spieler zweimal Erfolg hat, ist gleich

$$\binom{10}{2} \cdot \left(\frac{18}{37}\right)^2 \cdot \left(\frac{19}{37}\right)^8 = 0.0515$$

Die Wahrscheinlichkeit für einen dreimaligen Erfolg lautet

$$\binom{10}{3} \cdot \left(\frac{18}{37}\right)^3 \cdot \left(\frac{19}{37}\right)^7 = 0.1301$$

b) Für die Wahrscheinlichkeit p_k gilt

$$p_k = \left(\frac{19}{37}\right)^{k-1} \cdot \left(\frac{18}{37}\right)$$

Im Falle $k = 1, 2, 3, 10$ erhält man die folgenden Werte

k	1	2	3	10
p_k	0.4865	0.2498	0.1283	0.0012

c) Die Einsätze sind $5 \cdot 2^{k-1}$, $k = 1, 2, \ldots$. Das Einsatzlimit 5000 DM wird für $k = 11$ zum ersten Mal überschritten. Die gesuchte Wahrscheinlichkeit ist somit

$$P(\text{„10mal hintereinander verlieren"}) = \left(\frac{19}{37}\right)^{10} = 0.0013$$

3.3 Bedingte Wahrscheinlichkeiten und Unabhängigkeit

Lösung Aufgabe 21

Sei $\Omega = \{(x_1, x_2, x_3) : x_i \in \{W, Z\},\ i = 1, 2, 3\}$ ($W \simeq$ „Wappen", $Z \simeq$ „Zahl"). Dann ist

$$A = \{(W, W, W); (Z, W, W); (W, Z, Z); (Z, Z, Z)\},$$

$$B = \{(W, W, W); (W, Z, W); (Z, W, Z); (Z, Z, Z)\},$$

$$C = \{(W, W, W); (W, W, Z); (Z, Z, W); (Z, Z, Z)\},$$

und es gilt unter der Laplace-Annahme, da Ω genau 8 Elemente enthält:

$$P(A) = P(B) = P(C) = \frac{1}{2}$$
$$P(A \cap B) = P(A \cap C) = P(B \cap C) = \frac{1}{4}$$
$$P(A \cap B \cap C) = \frac{1}{4} \neq P(A) \cdot P(B) \cdot P(C)$$

Also sind die drei Ereignisse paarweise, aber nicht vollständig unabhängig.

Lösung Aufgabe 22

Unter der Annahme, dass die vier Ereignisse

$$A_i = \text{„Bauteil } T_i \text{ ist intakt"}, \quad i = 1, 2,$$
$$A_i' = \text{„Bauteil } T_i' \text{ ist intakt"}, \quad i = 1, 2,$$

vollständig unabhängig sind, ergibt sich mit Hilfe von (8)

$$\begin{aligned}
P_I &= P((A_1 \cap A_2) \cup (A_1' \cap A_2')) \\
&= P(A_1 \cap A_2) + P(A_1' \cap A_2') - P(A_1 \cap A_2 \cap A_1' \cap A_2') \\
&= 2p_1 p_2 - p_1^2 p_2^2 = p_1 p_2 (2 - p_1 p_2)
\end{aligned}$$

bzw. mit Hilfe von (9)

$$\begin{aligned}
P_{II} &= P((A_1 \cup A_1') \cap (A_2 \cup A_2')) \\
&= P((A_1 \cap A_2) \cup (A_1' \cap A_2') \cup (A_1 \cap A_2') \cup (A_1' \cap A_2)) \\
&= 4p_1 p_2 - 2p_1^2 p_2^2 - 2p_1 p_2^2 - 2p_1^2 p_2 + 4p_1^2 p_2^2 - p_1^2 p_2^2 \\
&= p_1 p_2 (4 + p_1 p_2 - 2p_2 - 2p_1) \\
&= p_1 p_2 (2 - p_1)(2 - p_2)
\end{aligned}$$

Somit gilt $P_I < P_{II}$, falls $0 < p_1, p_2 < 1$, d.h. bei Verwendung von Methode II ist das System zuverlässiger.

Lösung Aufgabe 23

a) Die Wahrscheinlichkeit dafür, dass man bei jedem der 10 Versuche ein gutes Stück zieht, ist gleich 0.95^{10}. Also ist die gesuchte Wahrscheinlichkeit gleich $1 - 0.95^{10} = 0.4013$.

b) Sei $m = 0.95 \cdot n$ die Anzahl der guten Stücke in der Lieferung. Die Wahrscheinlichkeit q_n dafür, 10mal ein gutes Stück zu ziehen, ergibt sich mit Hilfe von (11) zu

$$q_n = \frac{m}{n} \cdot \frac{m-1}{n-1} \cdot \ldots \cdot \frac{m-9}{n-9}$$

Für die gesuchte Wahrscheinlichkeit p_n gilt $p_n = 1 - q_n$. Man erhält daher die folgenden Zahlenwerte

n	20	100	1000
p_n	0.5	0.416	0.403

Für große n ist $\frac{m-k}{n-k}$ näherungsweise gleich 0.95 für $k = 0, 1, \ldots, 9$. Daraus folgt

$$p_n \simeq 1 - 0.95^{10} = 0.4013$$

Lösung Aufgabe 24

Sei D das Ereignis „Der Hund wird gefunden". Dann gilt für die bedingten Wahrscheinlichkeiten $P(D|A)$, $P(D|B)$ und $P(D|C)$:

$$P(D|A) = 0, \quad P(D|B) = 0.9, \quad P(D|C) = 0.5$$

a) Anwendung von (12) ergibt:

$$P(D) = P(D|A) \cdot P(A) + P(D|B) \cdot P(B) + P(D|C) \cdot P(C) = 0 + 0.45 + 0.125 = 0.575$$

b) Mit Hilfe von (13) und (10) erhält man

$$P(A|D^c) = \frac{P(D^c|A) \cdot P(A)}{P(D^c)} = \frac{(1 - P(D|A)) \cdot P(A)}{1 - P(D)}$$
$$= \frac{0.25}{1 - 0.575} = 0.5882$$

Lösung Aufgabe 25

a) Nach (12) gilt

$$q_j = p_1 \cdot p_{1j} + p_2 \cdot p_{2j} + p_3 \cdot p_{3j}, \quad j = 1, 2, 3$$

Also ist

$$(q_1, q_2, q_3) = (0.6, 0.3, 0.1) \cdot \begin{pmatrix} 0.9 & 0.1 & 0.0 \\ 0.2 & 0.5 & 0.3 \\ 0.0 & 0.4 & 0.6 \end{pmatrix} = (0.6, 0.25, 0.15)$$

b) Nach (13) gilt

$$r_{jk} = \frac{p_k \cdot p_{kj}}{q_j}, \quad j,k = 1,2,3$$

Daraus folgt

$$(r_{jk})_{j,k=1,2,3} = \begin{pmatrix} 0.9 & 0.1 & 0 \\ 0.24 & 0.6 & 0.16 \\ 0 & 0.6 & 0.4 \end{pmatrix}$$

Lösung Aufgabe 26

Es sei A das Ereignis „Absturz des Flugzeugs durch Motorversagen". Im Falle des dreimotorigen Flugzeugs betrachten wir die Ereignisse

$$H = \text{„Ausfall des Hauptmotors"}$$
$$S_i = \text{„Ausfall des Seitenmotors Nr. } i\text{"}, i = 1,2$$

Wegen der Unabhängigkeitsannahme erhält man mit Hilfe von (8) für $P(A)$:

$$\begin{aligned}
P(A) &= P(H \cup (S_1 \cap S_2)) \\
&= P(H) + P(S_1 \cap S_2) - P(H \cap S_1 \cap S_2) \\
&= p + p^2 - p^3
\end{aligned}$$

Im Falle des viermotorigen Flugzeugs nehmen wir an, dass sich die Motoren Nr. 1 und 2 auf der linken, die Motoren Nr. 3 und 4 auf der rechten Tragfläche befinden. Wir definieren die Ereignisse

$$M_i = \text{„Ausfall des Motors Nr. } i\text{"}, \quad i = 1,\ldots,4$$

und erhalten wiederum mit (8)

$$\begin{aligned}
P(A) &= P((M_1 \cap M_2) \cup (M_3 \cap M_4)) \\
&= P(M_1 \cap M_2) + P(M_3 \cap M_4) - P(M_1 \cap M_2 \cap M_3 \cap M_4) \\
&= 2p^2 - p^4
\end{aligned}$$

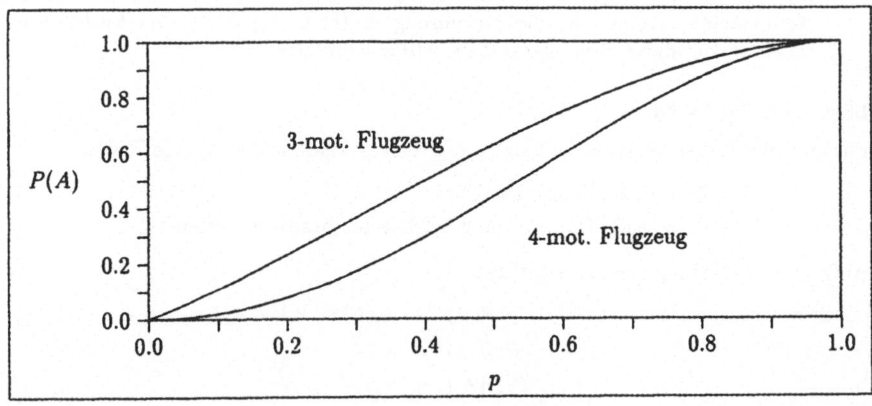

Lösung Aufgabe 27

Sei B_i das Ereignis „Komponente K_i fällt aus", $i = 1, 2, 3, 4$, und B das Ereignis „Leitungsnetz fällt aus".

a) Mit (9) erhält man für die Ausfallwahrscheinlichkeit des Leitungsnetzes

$$\begin{aligned}
P(B) &= P((B_1 \cup B_2) \cap (B_3 \cup B_4)) \\
&= P((B_1 \cap B_3) \cup (B_1 \cap B_4) \cup (B_2 \cap B_3) \cup (B_2 \cap B_4)) \\
&= \alpha_1\alpha_3 + \alpha_1\alpha_4 + \alpha_2\alpha_3 + \alpha_2\alpha_4 - \alpha_1\alpha_3\alpha_4 - \alpha_1\alpha_2\alpha_3 - \alpha_1\alpha_2\alpha_4 - \alpha_2\alpha_3\alpha_4 \\
&\quad - 2\alpha_1\alpha_2\alpha_3\alpha_4 + 4\alpha_1\alpha_2\alpha_3\alpha_4 - \alpha_1\alpha_2\alpha_3\alpha_4 \\
&= \alpha_1(\alpha_3 + \alpha_4 - \alpha_3\alpha_4) + \alpha_2(\alpha_3 + \alpha_4 - \alpha_3\alpha_4) - \alpha_1\alpha_2(\alpha_3 + \alpha_4 - \alpha_3\alpha_4) \\
&= (\alpha_1 + \alpha_2 - \alpha_1\alpha_2)(\alpha_3 + \alpha_4 - \alpha_3\alpha_4)
\end{aligned}$$

b) Die Wahrscheinlichkeit $P(B)$ ist das Produkt zweier Faktoren der Form $(\beta + \gamma - \beta\gamma)$ mit $\beta, \gamma \in \{0.1, 0.05, 0.01\}$. Es werden zunächst alle Möglichkeiten gesucht, bei denen das Leitungsnetz die geforderte Bedingung erfüllt, d.h. die Ausfallwahrscheinlichkeit $P(B)$ den Wert 0.005 nicht überschreitet. Dazu berechnen wir alle möglichen Werte von $(\beta + \gamma - \beta\gamma)$ und $0.005/(\beta + \gamma - \beta\gamma)$.

Nr.	β	γ	$(\beta + \gamma - \beta \cdot \gamma)$	$\dfrac{0.005}{(\beta + \gamma - \beta \cdot \gamma)}$	kombinierbar mit Nr.
1	0.1	0.1	0.19	0.026	6
2	0.1	0.05	0.145	0.034	6
3	0.1	0.01	0.109	0.046	6
4	0.05	0.05	0.0975	0.051	6
5	0.05	0.01	0.0595	0.084	5,6
6	0.01	0.01	0.0199	0.251	1,2,3,4,5,6

Das billigste Leitungsnetz, das die geforderte Bedingung erfüllt, erhält man, wenn man für die Komponenten K_1 und K_2 die Ausführung A_1 (bzw. A_3) und für die Komponenten K_3 und K_4 die Ausführung A_3 (bzw. A_1) wählt. Die Ausfallwahrscheinlichkeit dieser Systeme ist $0.19 \cdot 0.0199 = 0.003781$.

Lösung Aufgabe 28

Für eine aus der Bevölkerung zufällig gewählte Person betrachten wir die Ereignisse

$$\begin{aligned}
A &= \text{„die Person hat Tbc"} \\
B &= \text{„die Untersuchung liefert einen positiven Befund"}
\end{aligned}$$

Aufgrund der Bedingungen (i)—(iii) gilt:

$$\begin{aligned}
P(A) &= 0.001 \\
P(B|A) &= 0.94 \\
P(B|A^c) &= 0.01
\end{aligned}$$

Gesucht ist die bedingte Wahrscheinlichkeit $P(A^c|B)$. Es ergibt sich mit (13), (12) und (10)

$$P(A^c|B) = \frac{P(B|A^c) \cdot P(A^c)}{P(B|A) \cdot P(A) + P(B|A^c) \cdot P(A^c)}$$

$$= \frac{0.01 \cdot (1 - 0.001)}{0.94 \cdot 0.001 + 0.01 \cdot (1 - 0.001)} = 0.9140$$

Lösung Aufgabe 29

a) Beim Lesen einer Ziffer tritt genau dann kein Fehler auf, wenn die beiden Einsen und die drei Nullen korrekt gelesen werden. Die Wahrscheinlichkeit für dieses Ereignis ist wegen der Unabhängigkeitsannahme gleich

$$(1 - p_1)^2 \cdot (1 - p_2)^3$$

Also tritt mit Wahrscheinlichkeit $q_a = 1 - (1-p_1)^2 \cdot (1-p_2)^3$ mindestens ein Lesefehler beim Lesen einer Ziffer auf.

b) Es wird genau dann unbemerkt eine falsche Ziffer gelesen, wenn entweder genau eine Eins und genau eine Null oder genau zwei Einsen und genau zwei Nullen falsch gelesen werden. Die Wahrscheinlichkeit dieses Ereignisses ist

$$q_b = \binom{2}{1} \cdot \binom{3}{1} \cdot p_1 \cdot (1 - p_1) \cdot p_2 \cdot (1 - p_2)^2 + \binom{3}{2} \cdot p_1^2 \cdot p_2^2 \cdot (1 - p_2)$$

c) Beim Lesen von 10000 Ziffern tritt mit Wahrscheinlichkeit $(1 - q_a)^{10000}$ bzw. $(1 - q_b)^{10000}$ kein einziges Mal ein Lesefehler auf bzw. wird kein einziges Mal unbemerkt eine falsche Ziffer gelesen. Die gesuchten Wahrscheinlichkeiten sind also

$$1 - (1 - q_a)^{10000} = 1 - 0.99977^{10000} = 0.89975$$

bzw.

$$1 - (1 - q_b)^{10000} = 1 - (1 - 6 \cdot 10^{-9})^{10000} = 0.00006$$

Lösung Aufgabe 30

Seien A und B_k, $k = 0, 1, 2, \ldots$, die Ereignisse

$$A = \text{„Unter den Kindern der Familie sind genau zwei Jungen"}$$
$$B_k = \text{„die Familie hat genau } k \text{ Kinder"}$$

Aus den Angaben im Aufgabentext folgt:

$$P(B_k) = \frac{1}{3} \cdot \left(\frac{2}{3}\right)^k, \quad k = 0, 1, 2, \ldots$$

$$P(A|B_k) = \begin{cases} 0 & \text{für } k = 0, 1 \\ \binom{k}{2} \cdot \left(\frac{13}{25}\right)^2 \cdot \left(\frac{12}{25}\right)^{k-2} & \text{für } k \geq 2 \end{cases}$$

a) Anwendung von (12) liefert

$$
\begin{aligned}
P(A) &= \sum_{k=0}^{\infty} P(A|B_k) \cdot P(B_k) \\
&= \sum_{k=2}^{\infty} \binom{k}{2} \cdot \left(\frac{13}{25}\right)^2 \cdot \left(\frac{12}{25}\right)^{k-2} \cdot \frac{1}{3} \cdot \left(\frac{2}{3}\right)^k \\
&= \frac{1}{2} \cdot \left(\frac{13}{25}\right)^2 \cdot \frac{1}{3} \cdot \left(\frac{2}{3}\right)^2 \cdot \sum_{k=2}^{\infty} k \cdot (k-1) \cdot \left(\frac{8}{25}\right)^{k-2} \\
&= \frac{338}{16875} \cdot \frac{2}{(1-\frac{8}{25})^3} = 0.1274
\end{aligned}
$$

b) Mit Hilfe von (13) erhält man

$$
\begin{aligned}
P(B_3|A) &= \frac{P(A|B_3) \cdot P(B_3)}{P(A)} \\
&= \frac{3 \cdot \left(\frac{13}{25}\right)^2 \cdot \left(\frac{12}{25}\right) \cdot \frac{1}{3} \cdot \left(\frac{2}{3}\right)^3}{P(A)} = 0.3019
\end{aligned}
$$

3.4 Zufallsvariablen und ihre Verteilungen

Lösung Aufgabe 31

a) Das Ereignis „$X = 1$" tritt ein, wenn bereits die erste gezogene Karte das Herz-oder das Karo-As ist. Die Wahrscheinlichkeit für dieses Ereignis ist $\frac{2}{32}$ (Laplace-Annahme).

Das Ereignis „$X = 2$" tritt ein, wenn die erste gezogene Karte keines dieser Asse war (Wahrscheinlichkeit $\frac{30}{32}$) und beim nächsten Zug aus den verbleibenden 31 Karten ein rotes As gezogen wird (bedingte Wahrscheinlichkeit $\frac{2}{31}$). Demnach ist

$$P(X = 2) = \frac{30}{32} \cdot \frac{2}{31} = 0.0605$$

Insgesamt erhält man

k	$P(X = k)$	
1	$\frac{2}{32}$	$= 0.0625$
2	$\frac{30}{32} \cdot \frac{2}{31}$	$= 0.0605$
3	$\frac{30}{32} \cdot \frac{29}{31} \cdot \frac{2}{30}$	$= 0.0585$
4	$\frac{30}{32} \cdot \frac{29}{31} \cdot \frac{28}{30} \cdot \frac{2}{29}$	$= 0.0565$
5	$\frac{30}{32} \cdot \frac{29}{31} \cdot \frac{28}{30} \cdot \frac{27}{29}$	$= 0.7620$

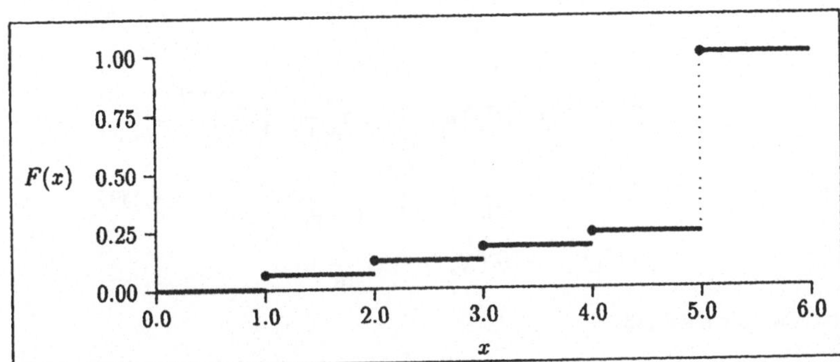

b) Man erhält

$$p_A = P(X = 1) + P(X = 3) + \frac{30}{32} \cdot \frac{29}{31} \cdot \frac{28}{30} \cdot \frac{27}{29} \cdot \frac{2}{28}$$
$$= 0.0625 + 0.0585 + 0.0544$$
$$= 0.1754$$

bzw.

$$p_B = P(X = 2) + P(X = 4)$$
$$= 0.0605 + 0.0565$$
$$= 0.1170$$

Mit Wahrscheinlichkeit 0.7076 hat das Spiel keinen Gewinner.

Lösung Aufgabe 32

a) Unter der Laplace–Annahme erhält man für Methode A

$$P(X_A = 1) = \frac{1}{10}$$
$$P(X_A = 2) = \frac{9}{10} \cdot \frac{1}{9} = \frac{1}{10}$$
$$\vdots$$
$$P(X_A = 10) = \frac{9}{10} \cdot \frac{8}{9} \cdot \ldots \cdot \frac{2}{3} \cdot \frac{1}{2} = \frac{1}{10}$$

Bei Anwendung der Methode B liegen bei jedem Versuch dieselben Versuchsbedingungen vor, und die Erfolgswahrscheinlichkeit ist jeweils $\frac{1}{10}$. X_B ist also geometrisch verteilt mit Parameter $p = \frac{1}{10}$:

$$P(X_B = k) = \frac{1}{10} \cdot \left(\frac{9}{10}\right)^{k-1}, \quad k = 1, 2, \ldots$$

b) Sei C das Ereignis „Der Nachtwächter ist betrunken" und D das Ereignis „mindestens 8 erfolglose Versuche". Dann ist

$$P(C) = \frac{1}{3}$$
$$P(D|C) = P(X_B \geq 9) = \sum_{k=9}^{\infty} \frac{1}{10} \cdot \left(\frac{9}{10}\right)^{k-1}$$
$$= \frac{1}{10} \cdot \left(\frac{9}{10}\right)^8 \cdot \frac{1}{1 - \frac{9}{10}} = \left(\frac{9}{10}\right)^8 = 0.4305$$
$$P(D|C^c) = P(X_A \geq 9) = \frac{2}{10}$$

Also gilt nach (13)

$$P(C|D) = \frac{P(D|C) \cdot P(C)}{P(D|C) \cdot P(C) + P(D|C^c) \cdot P(C^c)} = \frac{0.4305 \cdot \frac{1}{3}}{0.4305 \cdot \frac{1}{3} + 0.2 \cdot \frac{2}{3}} = 0.5183$$

Lösung Aufgabe 33

Wir gehen davon aus, dass bei der Aufzucht von n Kälbern ein Zufallsexperiment mit den Ergebnissen „Erkrankung" und „keine Erkrankung" n-mal ohne gegenseitige Beeinflussung wiederholt wird. Bei völliger Wirkungslosigkeit des jeweiligen Impfstoffes kann davon ausgegangen werden, dass die Wahrscheinlichkeit für das Ereignis „Erkrankung" gleich 0.2 ist. Die Anzahl der insgesamt auftretenden Erkrankungen lässt sich daher durch eine B$(n, 0.2)$-verteilte Zufallsvariable X angemessen beschreiben. Unter dieser Annahme erhalten wir in den einzelnen Fällen

a) $n = 18$: $P(X \leq 1) = 0.8^{18} + 18 \cdot 0.2 \cdot 0.8^{17} = 0.0991$

b) $n = 11$: $P(X = 0) = 0.8^{11} = 0.0859$

c) $n = 26$: $P(X \leq 2) = 0.8^{26} + 26 \cdot 0.2 \cdot 0.8^{25} + \frac{26 \cdot 25}{2} \cdot 0.2^2 \cdot 0.8^{24} = 0.0841$

Lösung Aufgabe 34

Wir nehmen an, dass bei gleicher Wirksamkeit der Medikamente sich die Patienten mit Wahrscheinlichkeit $\frac{1}{2}$ für A oder für B entscheiden. Da man davon ausgehen kann, dass sie sich bei ihrer Entscheidung nicht gegenseitig beeinflussen, kann man die Anzahl der Patienten, die sich für A entscheiden, durch eine B$(15, \frac{1}{2})$-verteilte Zufallsvariable X angemessen beschreiben. Der Arzt wird also eine falsche Entscheidung treffen, wenn das Ereignis „$X \geq 12$ oder $X \leq 3$" eintritt. Damit erhält man für die gesuchte Wahrscheinlichkeit

$$
\begin{aligned}
P(X \geq 12) + P(X \leq 3) &= 2 \cdot P(X \leq 3) \\
&= \frac{2}{2^{15}} \cdot \left(\binom{15}{0} + \binom{15}{1} + \binom{15}{2} + \binom{15}{3} \right) \\
&= \frac{1}{2^{14}} \cdot (1 + 15 + 105 + 455) = 0.0352
\end{aligned}
$$

Lösung Aufgabe 35

Sei X eine mit Parameter $\lambda = 1.0$ Poisson-verteilte Zufallsvariable. Die Wahrscheinlichkeit p_1 dafür, dass ein Brief mehr als einen Fehler enthält, ist gleich

$$
p_1 = P(X > 1) = 1 - P(X = 0) - P(X = 1) = 1 - e^{-1.0} - e^{-1.0} = 0.2642
$$

Die Zufallsvariable Y beschreibe die Anzahl derjenigen Briefe unter den an einem bestimmten Arbeitstag anfallenden 10 Briefen, die nocheinmal geschrieben werden müssen. Da die Anzahlen der Fehler pro Brief durch unabhängige, identisch mit Parameter $\lambda = 1.0$ Poisson-verteilte Zufallsvariablen beschrieben werden können, ist Y binomialverteilt mit den Parametern $n = 10$ und $p = p_1 = 0.2642$. Die Wahrscheinlichkeit p_2 dafür, dass die Sekretärin an einem bestimmten Tag ermahnt wird, ist daher gegeben durch

$$
\begin{aligned}
p_2 &= P(Y \geq 3) = 1 - P(Y = 0) - P(Y = 1) - P(Y = 2) \\
&= 1 - [(1 - p_1)^{10} + 10p_1(1 - p_1)^9 + 45p_1^2(1 - p_1)^8] \\
&= 1 - [0.0465 + 0.1670 + 0.2699] = 0.5166
\end{aligned}
$$

Der Sekretärin wird am Ende einer bestimmten Woche gekündigt, falls eines der folgenden drei Ereignisse eintritt:

- „Die Sekretärin wird am Mo, Di und Mi ermahnt"

- „Die Sekretärin wird am Mo nicht, aber am Di, Mi und Do ermahnt"

- „Die Sekretärin wird am Di nicht, aber am Mi, Do und Fr ermahnt"

Somit ist die Wahrscheinlichkeit p_3 dafür, dass sie am Ende einer bestimmten Woche entlassen wird

$$\begin{aligned} p_3 &= p_2^3 + (1 - p_2)p_2^3 + (1 - p_2)p_2^3 \\ &= p_2^3 \cdot (1 + 2 \cdot (1 - p_2)) = 0.2712 \end{aligned}$$

Die Sekretärin wird die Probezeit überstehen, wenn ihr in keiner der vier Wochen gekündigt wurde. Dies geschieht mit Wahrscheinlichkeit $(1-p_3)^4$. Also wird ihr mit Wahrscheinlichkeit

$$p_4 = 1 - (1 - p_3)^4 = 0.7179$$

im Verlauf der Probezeit gekündigt.

Lösung Aufgabe 36

Gesucht ist eine Schranke s, so dass für eine $N(3.7, 0.0081)$-verteilte Zufallsvariable X die Bedingung

$$P(X \geq s) = 0.6$$

erfüllt ist. Mit Hilfe der Standardisierung von X erhält man

$$P(X \geq s) = P\left(\frac{X - 3.7}{\sqrt{0.0081}} \geq \frac{s - 3.7}{\sqrt{0.0081}}\right) = 1 - \Phi\left(\frac{s - 3.7}{0.09}\right) = \Phi\left(\frac{3.7 - s}{0.09}\right) = 0.6$$

Daraus folgt

$$\frac{3.7 - s}{0.09} = u_{0.6} \qquad \text{bzw.} \qquad s = 3.7 - 0.09 \cdot u_{0.6}$$

Aus der Tabelle mit den Werten der Verteilungsfunktion der $N(0,1)$-Verteilung erhält man (mit Hilfe linearer Interpolation)

$$u_{0.6} = 0.253$$

Somit gilt

$$s = 3.677$$

Lösung Aufgabe 37

Die Verteilungsfunktion F_1 der Zufallsvariablen $2X$ hat die folgende Gestalt

$$F_1(x) = P(2X \leq x) = P\left(X \leq \frac{x}{2}\right) = \begin{cases} 0 & \text{für } x < 0 \\ \frac{1}{2} \cdot \frac{x}{2} = \frac{1}{4}x & \text{für } 0 \leq x \leq 4 \\ 1 & \text{für } x > 4 \end{cases}$$

Die Zufallsvariable $2X$ ist stetig verteilt mit der Dichte f_1

$$f_1(x) = \begin{cases} 0 & \text{für } x < 0 \text{ und } x > 4 \\ \frac{1}{4} & \text{für } 0 \leq x \leq 4 \end{cases}$$

Für die Zufallsvariable Y^2 gilt im Falle $x \geq 0$

$$P(Y^2 \leq x) = P(-\sqrt{x} \leq Y \leq \sqrt{x}) = \int_0^{\sqrt{x}} e^{-y} dy = 1 - e^{-\sqrt{x}}$$

Die Verteilungsfunktion F_2 und eine Dichte f_2 dieser Zufallsvariablen sind somit gegeben durch

$$F_2(x) = \begin{cases} 0 & \text{für } x \leq 0 \\ 1 - e^{-\sqrt{x}} & \text{für } x > 0 \end{cases} \qquad f_2(x) = \begin{cases} 0 & \text{für } x \leq 0 \\ \dfrac{1}{2\sqrt{x}} e^{-\sqrt{x}} & \text{für } x > 0 \end{cases}$$

Schließlich besitzt die Zufallsvariable $4Y - 1$ die Verteilungsfunktion F_3 mit

$$F_3(x) = P(4Y - 1 \leq x) = P\left(Y \leq \frac{1}{4}(x+1)\right) = \begin{cases} 0 & \text{für } x \leq -1 \\ 1 - e^{-\frac{1}{4}(x+1)} & \text{für } x > -1 \end{cases}$$

und eine Dichte f_3 der Form

$$f_3(x) = \begin{cases} 0 & \text{für } x \leq -1 \\ \dfrac{1}{4} e^{-\frac{1}{4}(x+1)} & \text{für } x > -1 \end{cases}$$

Lösung Aufgabe 38

a) Da der Flächeninhalt des Trapezes gleich 1 sein muss, gilt für den maximalen Funktionswert h der Dichte f_θ

$$h \cdot \frac{1}{2}(8 + 2) = 1$$

Daraus folgt $h = \frac{1}{5}$. Also ist

$$F_\theta(x) = \begin{cases} 0 & \text{für } x < \theta \\ \dfrac{1}{20}(x - \theta)^2 & \text{für } \theta \leq x \leq \theta + 2 \\ \dfrac{1}{5} + \dfrac{1}{5}(x - \theta - 2) & \text{für } \theta + 2 < x < \theta + 4 \\ 1 - \dfrac{1}{40}(\theta + 8 - x)^2 & \text{für } \theta + 4 \leq x < \theta + 8 \\ 1 & \text{für } \theta + 8 \leq x \end{cases}$$

b) Die Funktion g beschreibe in Abhängigkeit vom Parameter θ die Wahrscheinlichkeit dafür, dass die Zufallsvariable X Werte im Intervall $[7.5, 10]$ annimmt:

$$g(\theta) = P_\theta(7.5 \leq X \leq 10) = F_\theta(10) - F_\theta(7.5)$$

Gesucht ist die Maximalstelle $\hat{\theta}$ der Funktion g, d.h. ein $\hat{\theta} \in \mathbb{R}$ mit der Eigenschaft

$$g(\hat{\theta}) \geq g(\theta) \qquad \text{für alle } \theta \in \mathbb{R}$$

Aufgrund der speziellen Form von f_θ muss die Maximalstelle $\hat{\theta}$ die folgenden Ungleichungen erfüllen:

$$\hat{\theta} + 2 - 0.5 \leq 7.5$$
$$10 \leq \hat{\theta} + 4 + 0.5$$

Es genügt also, die Funktion g auf dem Intervall $[5.5, 6]$ zu maximieren. Für alle $\theta \in [5.5, 6]$ gilt

$$\theta \leq 7.5 \leq \theta + 2$$
$$\theta + 4 \leq 10 < \theta + 8$$

Daraus folgt

$$\begin{aligned} g(\theta) &= 1 - \frac{1}{40}(\theta + 8 - 10)^2 - \frac{1}{20}(7.5 - \theta)^2 \\ &= 1 + \frac{1}{40}(-3\theta^2 + 34\theta - 116.5) \end{aligned}$$

Somit gilt für die Maximalstelle $\hat{\theta}$ der Funktion g

$$\hat{\theta} = \frac{34}{6} = \frac{17}{3} = 5.67$$

Lösung Aufgabe 39

Die $\text{Ex}(\lambda)$-verteilte Zufallsvariable X hat die Verteilungsfunktion

$$F(x) = \begin{cases} 1 - e^{-\lambda x} & \text{für } x \geq 0 \\ 0 & \text{für } x < 0 \end{cases}$$

a) $P(X > 200) = 1 - P(X \leq 200) = 1 - F(200) = e^{-\lambda \cdot 200} = 0.6703$

b) $P(X < 100) = F(100) = 1 - e^{-\lambda \cdot 100} = 0.1813$

c) $P(200 \leq X \leq 300) = F(300) - F(200) = e^{-\lambda \cdot 200} - e^{-\lambda \cdot 300} = 0.1215$

d) Aus der Bedingung

$$P(X > t_4) = 1 - P(X \leq t_4) = e^{-\lambda t_4} = 0.9$$

folgt

$$t_4 = -\frac{\ln 0.9}{\lambda} = -500 \ln 0.9 = 52.68$$

Mit mindestens 90% Sicherheit überlebt das Bauteil alle Zeitpunkte $t \leq t_4$.

e) Aus der Bedingung

$$P(X \geq 50) = e^{-\lambda \cdot 50} = 0.9$$

folgt

$$\lambda = -\frac{\ln 0.9}{50} = 0.00211$$

Lösung Aufgabe 40

a) Für $x > 0$ gilt

$$P(T \leq x) = \int\limits_0^x \lambda^2 t e^{-\lambda t} dt = -e^{-\lambda t}(1 + \lambda t)\big|_0^x = 1 - (1 + \lambda x)e^{-\lambda x}$$

Die Verteilungsfunktion F der Zufallsvariablen T lautet daher

$$F(x) = \begin{cases} 0 & \text{für } x \leq 0 \\ 1 - (1 + \lambda x)e^{-\lambda x} & \text{für } x > 0 \end{cases}$$

b) $P(T > 200) = 1 - P(T \leq 200) = (1 + \lambda \cdot 200)e^{-\lambda 200} = \frac{3}{2}e^{-\frac{1}{2}} = 0.9098$

c) $P(200 \leq T \leq 400) = P(T \geq 200) - P(T > 400) = \frac{3}{2}e^{-\frac{1}{2}} - 2 \cdot e^{-1} = 0.1740$

3.5 Erwartungswert und Varianz

Lösung Aufgabe 41

Sei e die Höhe des Einsatzes bei der Lotterie und j die gesetzte Zahl. Die Anzahl der Würfel, die nach dem Wurf die Augenzahl j zeigen, lässt sich durch eine $B(3, \frac{1}{6})$-verteilte Zufallsvariable X beschreiben. Für die den Gewinn beschreibende Zufallsvariable G gilt daher

$$G = \begin{cases} -e & \text{falls } X = 0 \\ e \cdot X & \text{falls } X > 0 \end{cases}$$

Daraus folgt mit (16) für den Erwartungswert von G

$$E(G) = e \cdot E(X) - e \cdot P(X = 0) = e \cdot \left(\frac{3}{6} - \left(\frac{5}{6} \right)^3 \right) = -\frac{17}{216} \cdot e$$

Für die Varianz von G erhält man mit Hilfe von (18) und (16)

$$\begin{aligned} Var(G) &= E(G^2) - E(G)^2 \\ &= (e^2 E(X^2) + e^2 P(X = 0)) - E(G)^2 \\ &= e^2 \left(Var(X) + E(X)^2 + P(X = 0) - \left(\frac{17}{216} \right)^2 \right) \\ &= e^2 \left(3 \cdot \frac{1}{6} \cdot \frac{5}{6} + \left(3 \cdot \frac{1}{6} \right)^2 + \left(\frac{5}{6} \right)^3 - \left(\frac{17}{216} \right)^2 \right) \\ &= e^2 \cdot \frac{57815}{6^6} = 1.239 \cdot e^2 \end{aligned}$$

Lösung Aufgabe 42

a) Aus $\lim\limits_{x \to 0} F(x) = F(0)$ und $\lim\limits_{x \to \infty} F(x) = 1$ folgt $c_1 = \frac{1}{4}$ und $c_1 + c_2 = 1$, also $c_2 = \frac{3}{4}$.

b) Die Funktion f mit

$$f(t) = \begin{cases} 0 & \text{für } t < -2 \\[2mm] \dfrac{1}{8} & \text{für } -2 \leq t \leq 0 \\[2mm] \dfrac{3}{4} e^{-t} & \text{für } 0 < t \end{cases}$$

ist eine Dichte von X. Wegen $\int\limits_{-\infty}^{\infty} |t| f(t) dt < \infty$ existiert der Erwartungswert von X, und es gilt gemäß (15)

$$E(X) = \int\limits_{-\infty}^{\infty} t f(t) dt = \int\limits_{-2}^{0} \frac{1}{8} t \, dt + \int\limits_{0}^{\infty} \frac{3}{4} t e^{-t} dt = \frac{1}{8} \cdot \left(-\frac{4}{2} \right) + \frac{3}{4} \cdot 1 = \frac{1}{2}$$

c) Man erhält

$$P(X > -1) = 1 - F(-1) = 1 - \left(\frac{1}{4} - \frac{1}{8} \right) = \frac{7}{8}$$

Lösung Aufgabe 43

a) Mit (14) erhält man

$$E(X) = \sum_{i=1}^{\infty} \sqrt{i} \cdot \frac{c}{i^2} = c \cdot \sum_{i=1}^{\infty} \frac{1}{i^{3/2}} < \infty$$

Wegen der Divergenz der unendlichen Reihe

$$\sum_{i=1}^{\infty} (\sqrt{i})^2 \cdot \frac{c}{i^2} = c \cdot \sum_{i=1}^{\infty} \frac{1}{i}$$

existiert der Erwartungswert von X^2 nicht und daher auch nicht die Varianz von X.

b) Das uneigentliche Integral

$$\int_{-\infty}^{\infty} |x| \cdot \frac{1}{\pi} \cdot \frac{1}{1+x^2} dx$$

konvergiert nicht. Darum besitzt Y keinen Erwartungswert.

Lösung Aufgabe 44

Wegen $K = k(X)$ erhält man mit (17)

$$\begin{aligned}
E(K) &= \int_{-\infty}^{\infty} k(x) f(x) dx \\
&= \int_{0}^{4} 1 \cdot 4x e^{-2x} dx + \int_{4}^{\infty} \frac{1}{4} x \cdot 4x e^{-2x} dx \\
&= -e^{-2x}(2x+1)\Big|_{0}^{4} - \frac{1}{8} e^{-2x}(4x^2+4x+2)\Big|_{4}^{\infty} \\
&= 1 - 9e^{-8} + \frac{41}{4} e^{-8} = 1 + \frac{5}{4} e^{-8} = 1.00042
\end{aligned}$$

Lösung Aufgabe 45

a) Aus $\lim_{x \to 1} f(x) = f(1) = c_1$ und $\int_{-\infty}^{\infty} f(x) dx = 1$ folgt

$$c_2 = c_1 = \left(\int_{0}^{1} x \, dx + \int_{1}^{2} \frac{1}{x^2} dx \right)^{-1} = 1$$

b) Die Verteilungsfunktion F der Zufallsvariablen D ist gegeben durch

$$F(x) = \begin{cases} 0 & \text{für } x < 0 \\[2mm] \dfrac{1}{2} x^2 & \text{für } 0 \le x \le 1 \\[2mm] \dfrac{3}{2} - \dfrac{1}{x} & \text{für } 1 < x \le 2 \\[2mm] 1 & \text{für } 2 < x \end{cases}$$

Für $0 \leq t < 2$ und $0 \leq x < \infty$ gilt daher

$$F_t(x) = P(D \leq t + x | D > t) = \frac{P(t < D \leq t + x)}{P(D > t)} = \frac{F(t + x) - F(t)}{1 - F(t)}$$

Für $0 \leq t < 2$ und $x < 0$ gilt $F_t(x) = 0$. Die Funktion F_t ist daher für $0 \leq t < 2$ eine Verteilungsfunktion mit der Dichte

$$f_t(x) = \begin{cases} 0 & \text{für } x < 0 \text{ und } x > 2 - t \\ \dfrac{f(t + x)}{1 - F(t)} & \text{für } 0 \leq x \leq 2 - t \end{cases}$$

c) Für den Erwartungswert der Zufallsvariablen D_t gilt

$$E(D_t) = \int\limits_0^{2-t} x \cdot \frac{f(t + x)}{1 - F(t)} dx = \frac{1}{1 - F(t)} \int\limits_0^{2-t} x \cdot f(t + x) dx$$

In den Fällen $t = 0.75$, $t = 1$ und $t = 1.25$ erhält man speziell

$$\begin{aligned}
E(D_{0.75}) &= \frac{32}{23} \left(\int\limits_0^{0.25} x(0.75 + x)dx + \int\limits_{0.25}^{1.25} \frac{x}{(0.75 + x)^2} dx \right) \\
&= \frac{32}{23} \left(\frac{11}{384} + \left(\ln 2 - \frac{3}{8} \right) \right) = 0.4825 \\
E(D_1) &= 2 \cdot \int\limits_0^1 \frac{x}{(1 + x^2)} dx \\
&= 2\ln 2 - 1 = 0.3863 \\
E(D_{1.25}) &= \frac{10}{3} \cdot \int\limits_0^{0.75} \frac{x}{(1.25 + x)^2} dx \\
&= \frac{10}{3} \left(\ln \frac{8}{5} - \frac{3}{8} \right) = 0.3167
\end{aligned}$$

Bemerkung: Beschreibt die Zufallsvariable D die Lebensdauer eines Bauteils, so kann man $F_t(x)$ interpretieren als die bedingte Wahrscheinlichkeit dafür, dass das Bauteil spätestens nach x weiteren Zeiteinheiten ausfällt, wenn es zum Zeitpunkt t noch intakt ist. Den Wert $1 - F_t(x)$ bezeichnet man in diesem Fall als bedingte Überlebenswahrscheinlichkeit. Den Erwartungswert $E(D_t)$ kann man deuten als mittlere Restlebensdauer für Bauteile, die zum Zeitpunkt t noch intakt sind.

Lösung Aufgabe 46

Die Zufallsvariable X bzw. Y beschreibe die Anzahl der pro Zeiteinheit auftreffenden bzw. registrierten Teilchen. Aus den Modellannahmen folgt

$$\begin{aligned}
P(X = k) &= \frac{\lambda^k}{k!} e^{-\lambda}, \quad k = 0, 1, 2, \dots \\
P(Y = i | X = k) &= \binom{k}{i} p^i (1 - p)^{k-i}, \quad 0 \leq i \leq k \\
P(Y = i | X = k) &= 0, \quad k < i
\end{aligned}$$

Daraus folgt mit Hilfe von (12)

$$P(Y = i) = \sum_{k=i}^{\infty} P(Y = i | X = k) P(X = k)$$

$$= \sum_{k=i}^{\infty} \binom{k}{i} p^i (1-p)^{k-i} \cdot \frac{\lambda^k}{k!} e^{-\lambda}$$

$$= p^i e^{-\lambda} \sum_{k=i}^{\infty} \frac{k!}{i!(k-i)!} (1-p)^{k-i} \frac{\lambda^k}{k!}$$

$$= \frac{(\lambda p)^i}{i!} e^{-\lambda} \sum_{k=i}^{\infty} \frac{((1-p)\lambda)^{k-i}}{(k-i)!}$$

$$= \frac{(\lambda p)^i}{i!} e^{-\lambda} e^{(1-p)\lambda} = \frac{(\lambda p)^i}{i!} e^{-\lambda p}$$

Also ist Y eine mit Parameter λp Poisson–verteilte Zufallsvariable, und es gilt

$$E(Y) = Var(Y) = \lambda \cdot p.$$

Lösung Aufgabe 47

a) Mit Hilfe der in Aufgabe 14 berechneten Werte erhalten wir unter Verwendung von (14), (16) und (18)

$$E(Z) = \frac{1}{10^2}(0 \cdot 1 + 1 \cdot 2 + \ldots + 9 \cdot 10 + 10 \cdot 9 + 11 \cdot 8 + \ldots + 18 \cdot 1) = 9$$

$$E(Z^2) = \frac{1}{10^2}(0^2 \cdot 1 + 1^2 \cdot 2 + \ldots + 9^2 \cdot 10 + 10^2 \cdot 9$$
$$+ 11^2 \cdot 8 + \ldots + 18^2 \cdot 1) = 97.5$$

$$Var(Z) = E(Z^2) - E(Z)^2 = 16.5$$

$$E(V) = \frac{1}{10^4}((0+36) \cdot 1 + (1+35) \cdot 4 + \ldots + (17+19) \cdot 660 + 18 \cdot 670)$$
$$= 18$$

$$E(V^2) = \frac{1}{10^4}((0^2+36^2) \cdot 1 + (1^2+35^2) \cdot 4 + \ldots$$
$$\ldots + (17^2+19^2) \cdot 660 + 18^2 \cdot 670) = 357$$

$$Var(V) = E(V^2) - E(V)^2 = 33$$

b) Wegen der Symmetrie der Verteilung von V gilt

$$q_i = P\left(|V - E(V)| \geq \frac{i}{2} \cdot \sqrt{Var(V)}\right)$$

$$= P(|V - 18| \geq i \cdot 2.87)$$
$$= P(V \leq 18 - i \cdot 2.87) + P(V \geq 18 + i \cdot 2.87)$$
$$= 2 \cdot P(V \leq 18 - i \cdot 2.87)$$

Für $i = 1, \ldots, 5$ liefert die Berechnung der Wahrscheinlichkeiten q_i folgende Werte

i	1	2	3	4	5
q_i	0.6744	0.3520	0.1430	0.0420	0.0070

c) Wegen (28) und der Symmetrie der Normalverteilung gilt

$$
\begin{aligned}
p_i &= P\left(|X - \mu| \geq \frac{i}{2} \cdot \sigma\right) \\
&= P\left(\frac{X - \mu}{\sigma} \leq -\frac{i}{2}\right) + P\left(\frac{X - \mu}{\sigma} \geq \frac{i}{2}\right) \\
&= 2\left(1 - \Phi\left(\frac{i}{2}\right)\right)
\end{aligned}
$$

Für $i = 1, \ldots, 5$ erhält man hier die Werte

i	1	2	3	4	5
p_i	0.6170	0.3174	0.1336	0.0456	0.0124

Bemerkung: Beachtet man, dass die Zufallsvariable V als Summe von vier unabhängigen Zufallsvariablen $X_1, \ldots, X_4$ mit

$$
P(X_i = k) = \frac{1}{10}, \quad k = 0, 1, \ldots, 9, \quad i = 1, \ldots, 4
$$

dargestellt werden kann, so lässt sich der Erwartungswert und die Varianz von V unter Verwendung von (43) und (44) wesentlich einfacher berechnen.

Lösung Aufgabe 48

a) Mit Hilfe der Formel $\Gamma(\gamma + 1) = \gamma \cdot \Gamma(\gamma)$, $\gamma > 1$, für die Gamma–Funktion erhält man

$$
\begin{aligned}
E(X) &= \frac{\Gamma(\alpha + \beta)}{\Gamma(\alpha)\Gamma(\beta)} \int_0^1 x^\alpha (1 - x)^{\beta-1} dx \\
&= \frac{\Gamma(\alpha + \beta)}{\Gamma(\alpha)\Gamma(\beta)} \cdot \frac{\Gamma(\alpha + 1)\Gamma(\beta)}{\Gamma(\alpha + \beta + 1)} \\
&= \frac{\alpha}{\alpha + \beta} \\
E(X^2) &= \frac{\Gamma(\alpha + \beta)}{\Gamma(\alpha)\Gamma(\beta)} \int_0^1 x^{\alpha+1} (1 - x)^{\beta-1} dx \\
&= \frac{\Gamma(\alpha + \beta)\Gamma(\alpha + 2)}{\Gamma(\alpha)\Gamma(\alpha + \beta + 2)} \\
&= \frac{\alpha(\alpha + 1)}{(\alpha + \beta)(\alpha + \beta + 1)}
\end{aligned}
$$

Anwendung von (18) liefert für die Varianz von X

$$
\begin{aligned}
Var(X) &= \frac{\alpha(\alpha+1)}{(\alpha+\beta)(\alpha+\beta+1)} - \frac{\alpha^2}{(\alpha+\beta)^2} \\
&= \frac{\alpha}{\alpha+\beta} \cdot \frac{(\alpha+1)(\alpha+\beta)-\alpha(\alpha+\beta+1)}{(\alpha+\beta+1)(\alpha+\beta)} \\
&= \frac{\alpha\cdot\beta}{(\alpha+\beta)^2(\alpha+\beta+1)}
\end{aligned}
$$

b) Mit den in a) hergeleiteten Formeln für $E(X)$ und $Var(X)$ erhält man zunächst

$$
\begin{aligned}
E(X) &= \frac{50}{300} = \frac{1}{6} \\
Var(X) &= \frac{50\cdot 250}{300^2\cdot 301} = \frac{5}{36\cdot 301}
\end{aligned}
$$

Die Anwendung der Tschebyscheffschen Ungleichung liefert

$$
\begin{aligned}
P\left(\frac{1}{9}\le X\le\frac{2}{9}\right) &= P\left(\left|X-\frac{1}{6}\right|\le\frac{1}{18}\right) = 1 - P\left(\left|X-\frac{1}{6}\right|>\frac{1}{18}\right) \\
&\ge 1 - \frac{Var(X)}{(1/18)^2} = 1 - \frac{5\cdot 18^2}{36\cdot 301} = 1 - \frac{45}{301} = \frac{256}{301} = 0.8505
\end{aligned}
$$

Lösung Aufgabe 49

a) Wir nehmen an, dass die Anzahl der gesunden Personen in einer Gruppe von r Personen durch eine $B(r,p)$–verteilte Zufallsvariable Y beschrieben werden kann. Dann gilt

$$
X = \begin{cases} r+1 & \text{falls } Y < r \\ 1 & \text{falls } Y = r \end{cases}
$$

Daraus folgt

$$
E(X) = (r+1)\cdot P(Y<r) + 1\cdot P(Y=r) = r(1-P(Y=r)) + 1 = r(1-p^r) + 1
$$

und

$$
\Delta = \frac{1}{r}(r - r(1-p^r) - 1) = p^r - \frac{1}{r}
$$

b) Es gilt

$$
\Delta > 0 \iff rp^r > 1 \iff p > \frac{1}{\sqrt[r]{r}}
$$

Die Funktion $h(x) = 1/\sqrt[x]{x}$, $x>0$, ist streng monoton fallend im Intervall $(0,e]$ und streng monoton wachsend im Intervall $[e,\infty)$. Wegen $h(2) = 0.7071$ und $h(3) = 0.6934$ nimmt die Funktion $h^*(r) = 1/\sqrt[r]{r}$, $r\in\{2,3,4,\ldots\}$, an der Stelle $r^* = 3$ ihr Minimum an. Für alle Werte $p\in(1/\sqrt[3]{3},1)$ existiert daher eine Gruppengröße $r\ge 2$, so dass $\Delta > 0$ gilt.

Lösung Aufgabe 50

Die Zufallsvariable Y beschreibe die Zahl auf der gezogenen Kugel. Dann ist

$$X = \begin{cases} 1 & \text{falls } Y = 4 \\ 2 & \text{falls } Y = 3 \\ 3 & \text{falls } Y \in \{1,2\} \end{cases}$$

Für den Erwartungswert von X gilt daher

$$E(X) = P(Y = 4) + 2P(Y = 3) + 3(P(Y = 2) + P(Y = 1))$$

In den einzelnen Fällen ergeben sich folgende Werte

	$P(Y = 4)$	$P(Y = 3)$	$P(Y = 2) + P(Y = 1)$	$E(X)$
Fall a)	$\dfrac{1}{10}$	$\dfrac{2}{10}$	$\dfrac{7}{10}$	$\dfrac{26}{10}$
Fall b)	$\dfrac{1}{4}$	$\dfrac{1}{4}$	$\dfrac{2}{4}$	$\dfrac{9}{4}$
Fall c)	$\dfrac{4}{10}$	$\dfrac{3}{10}$	$\dfrac{3}{10}$	$\dfrac{19}{10}$

Da bei der Strategie 2 immer genau zwei Fragen gestellt werden, wäre nur im Fall c) Strategie 1 vorzuziehen, wenn man die Güte der Strategien danach beurteilt, wie groß die zu erwartende Anzahl von Fragen ist.

Lösung Aufgabe 51

Die Zufallsvariable X beschreibe die Anzahl der Ziehungen. Unter der Laplace–Annahme lautet die Verteilung von X

k	$P(X = k)$	Gewinner
1	$\dfrac{2}{8}$	A
2	$\dfrac{6}{8} \cdot \dfrac{2}{7}$	B
3	$\dfrac{6}{8} \cdot \dfrac{5}{7} \cdot \dfrac{2}{6}$	A
4	$\dfrac{6}{8} \cdot \dfrac{5}{7} \cdot \dfrac{4}{6} \cdot \dfrac{2}{5}$	B
5	$\dfrac{6}{8} \cdot \dfrac{5}{7} \cdot \dfrac{4}{6} \cdot \dfrac{3}{5} \cdot \dfrac{2}{4}$	A
6	$\dfrac{6}{8} \cdot \dfrac{5}{7} \cdot \dfrac{4}{6} \cdot \dfrac{3}{5} \cdot \dfrac{2}{4} \cdot \dfrac{2}{3}$	B
7	$\dfrac{6}{8} \cdot \dfrac{5}{7} \cdot \dfrac{4}{6} \cdot \dfrac{3}{5} \cdot \dfrac{2}{4} \cdot \dfrac{1}{3}$	A

a) Mit Hilfe der Tabelle erhält man

$$p_A = 1 - \frac{6}{8} \cdot \frac{2}{7} - \frac{4}{8} \cdot \frac{2}{7} - \frac{2}{8} \cdot \frac{2}{7} = \frac{4}{7}$$

b) Für den Erwartungswert von X gilt

$$E(X) = \frac{1}{4} + \frac{1}{56}(2 \cdot 12 + 3 \cdot 10 + 4 \cdot 8 + 5 \cdot 6 + 6 \cdot 4 + 7 \cdot 2) = 3$$

Lösung Aufgabe 52

a) Wir berechnen zunächst den Erwartungswert von X

$$E(X) = \int_0^\infty x \lambda^2 x e^{-\lambda x} dx = \frac{2}{\lambda}$$

Um die Bedingung $E(X) = 100$ zu erfüllen, muss $\lambda = \frac{1}{50}$ gewählt werden.

b) Wegen

$$P(X \leq x) = \int_0^x \lambda^2 t e^{-\lambda t} dt = 1 - (1 + \lambda x)e^{-\lambda x}, \quad x > 0,$$

lautet die Verteilungsfunktion F von X

$$F(x) = \begin{cases} 0 & \text{für } x \leq 0 \\ 1 - (1 + \frac{1}{50}x)e^{-\frac{1}{50}x} & \text{für } x > 0 \end{cases}$$

Daraus folgt

$$
\begin{aligned}
P(X \leq 100) &= 1 - (1 + 2)e^{-2} = 0.5940 \\
P(X \leq 200 | X \geq 100) &= \frac{P(100 \leq X \leq 200)}{1 - P(X < 100)} \\
&= \frac{(1 + 2)e^{-2} - (1 + 4)e^{-4}}{(1 + 2)e^{-2}} = 0.7744 \\
P(X \leq 300 | X \geq 200) &= \frac{P(200 \leq X \leq 300)}{1 - P(X < 200)} \\
&= \frac{(1 + 4)e^{-4} - (1 + 6)e^{-6}}{(1 + 4)e^{-4}} = 0.8105
\end{aligned}
$$

c) Es gilt $Y = \min(X, 100)$. Also ist

$$P(Y \leq x) = \begin{cases} 0 & \text{für } x \leq 0 \\ P(X \leq x) = 1 - (1 + \lambda x)e^{-\lambda x} & \text{für } 0 < x < 100 \\ 1 & \text{für } 100 \leq x \end{cases}$$

Lösung Aufgabe 53

Durch Anwendung von (27) erhalten wir die Gleichungen

$$\Phi\left(\frac{0.97 - \mu}{\sigma}\right) = 0.04 \quad , \quad 1 - \Phi\left(\frac{1.03 - \mu}{\sigma}\right) = 0.03$$

Daraus folgt

$$\frac{\mu - 0.97}{\sigma} = u_{0.96} \quad , \quad \frac{1.03 - \mu}{\sigma} = u_{0.97} \quad ,$$

wobei u_α das α–Quantil einer $N(0,1)$–verteilten Zufallsvariablen ist. Wegen $u_{0.96} = 1.751$ und $u_{0.97} = 1.881$ liefert das Auflösen der beiden Gleichungen nach μ bzw. σ^2 die Werte 0.9989 bzw. $2.729 \cdot 10^{-4}$.

Lösung Aufgabe 54

Die Zufallsvariable X beschreibe den beim Verkauf erzielten Reinerlös. Es gilt

$$X = \begin{cases} c & \text{falls } 19.9 \leq D \leq 20.1 \\ 0.9 \cdot c & \text{falls } D < 19.9 \\ 0 & \text{falls } D > 20.1 \end{cases}$$

Mit den Abkürzungen $a = 19.9$, $b = 20.1$ und $\sigma = 0.1$ ergibt sich in Abhängigkeit von ω für den Erwartungswert von X

$$\begin{aligned} h(\omega) := E_\omega(X) &= c \cdot P(a \leq D \leq b) + 0.9 \cdot c \cdot P(D < a) \\ &= c \cdot (P(D \leq b) - 0.1 \cdot P(D < a)) \\ &= c \cdot \left(\Phi\left(\frac{b - \omega}{\sigma}\right) - 0.1 \cdot \Phi\left(\frac{a - \omega}{\sigma}\right)\right) \end{aligned}$$

Gesucht ist die Maximalstelle der Funktion h. Die Ableitung h' lautet

$$h'(\omega) = \frac{c}{\sqrt{2\pi}\,\sigma} \cdot \left[0.1 \cdot e^{-\frac{1}{2}\left(\frac{a - \omega}{\sigma}\right)^2} - e^{-\frac{1}{2}\left(\frac{b - \omega}{\sigma}\right)^2}\right]$$

Die Zahl ω^* mit

$$\omega^* = \frac{b^2 - a^2 - 2\sigma^2 \ln 10}{2(b - a)} = 19.885$$

ist eine Nullstelle der Funktion h' und es gilt

$$\begin{aligned} h'(\omega) &> 0 & \text{für } \omega < \omega^* \\ h'(\omega) &< 0 & \text{für } \omega > \omega^* \end{aligned}$$

ω^* ist daher die eindeutig bestimmte Maximalstelle der Funktion h.

Lösung Aufgabe 55

a) Die Funktion $\omega(p)$ lautet

$$\begin{aligned} \omega(p) &= P_p(X \leq 1) = \binom{10}{0}(1 - p)^{10} + \binom{10}{1}p(1 - p)^9 \\ &= (1 - p)^9(1 - p + 10p) = (1 - p)^9(1 + 9p) \end{aligned}$$

b) Wegen

$$\begin{aligned}
w'(p) &= -9(1-p)^8(1+9p) + 9(1-p)^9 \\
&= -90p(1-p)^8 < 0
\end{aligned}$$

für $0 < p < 1$ ist ω eine monoton fallende Funktion von p.

c) Für die Zufallsvariable Z gilt

$$Z = \begin{cases} p & \text{falls } X \leq 1 \\ 0 & \text{falls } X > 1 \end{cases}$$

Daraus erhält man für die Verteilung von Z

$$\begin{aligned}
P_p(Z = p) &= \omega(p) \\
P_p(Z = 0) &= 1 - \omega(p)
\end{aligned}$$

Die Funktion $a(p)$, $0 \leq p \leq 1$, lautet daher

$$a(p) = E_p(Z) = p \cdot \omega(p) = p \cdot (1-p)^9 \cdot (1+9p)$$

d) Die Funktion a verschwindet für $p = 0$ und $p = 1$ und ist positiv für $0 < p < 1$. Ihre Ableitung a' lautet

$$\begin{aligned}
a'(p) &= -9(1-p)^8 \cdot (p + 9p^2) + (1-p)^9 \cdot (1+18p) \\
&= (1-p)^8(1 + 8p - 99p^2)
\end{aligned}$$

$p_1 = 1$ und $p_2 = \frac{4+\sqrt{115}}{99} = 0.1487$ sind die Nullstellen der Funktion a' im Intervall $[0, 1]$, und es gilt

$$\begin{aligned}
a'(p) &> 0 && \text{für } p \in [0, p_2) \\
a'(p) &< 0 && \text{für } p \in (p_2, 1)
\end{aligned}$$

Daraus folgt

$$a_{\max} = a(0.1487) = 0.0816$$

3.6   Mehrdimensionale Zufallsvariablen

Lösung Aufgabe 56

a) Mit Hilfe der Multiplikationsformel erhält man zunächst

$$P(X = i, Y = k) = P(X = i|Y = k) \cdot P(Y = k)$$
$$= P(X = i|Y = k) \cdot \binom{3}{k} \cdot \frac{1}{8}$$

Die Auswertung dieser Gleichung liefert die folgende Tabelle für die Wahrscheinlichkeiten $P(X = i, Y = k)$:

i k	1	2	3	4
0	1/32	1/32	2/32	0
1	3/32	3/32	3/32	3/32
2	3/32	3/32	0	6/32
3	0	1/32	2/32	1/32

b) Die Spaltensummen der letzten Tabelle sind gerade die Wahrscheinlichkeiten $P(X = i)$

i	1	2	3	4
$P(X = i)$	7/32	8/32	7/32	10/32

Daher gilt für den Erwartungswert und die Varianz von X

$$E(X) = \frac{1}{32} \cdot (1 \cdot 7 + 2 \cdot 8 + 3 \cdot 7 + 4 \cdot 10) = \frac{84}{32} = \frac{21}{8} = 2.625$$

$$E(X^2) = \frac{1}{32} \cdot (1 \cdot 7 + 4 \cdot 8 + 9 \cdot 7 + 16 \cdot 10) = \frac{262}{32} = 8.1875$$

$$Var(X) = E(X^2) - E(X)^2 = \frac{83}{64} = 1.297$$

$E(Y) = 1.5$ und $Var(Y) = 0.75$, da Y eine B$(3, 0.5)$-verteilte Zufallsvariable ist.

c) Durch Anwendung von (38) erhalten wir zunächst für den Erwartungswert der Zufallsvariablen $X \cdot Y$

$$E(X \cdot Y) = \sum_{\substack{1 \leq i \leq 4 \\ 0 \leq k \leq 3}} i \cdot k \cdot P(X = i, Y = k) = \frac{1}{32} \cdot (1 \cdot 3 + 2 \cdot (3 + 3) + \ldots$$

$$\ldots + 3 \cdot 3 + 4 \cdot (3 + 3) + 6 \cdot 1 + 8 \cdot 6 + 9 \cdot 2 + 12 \cdot 1)$$
$$= \frac{33}{8}$$

Daher gilt für die Kovarianz von X und Y

$$Cov(X, Y) = E(XY) - E(X)E(Y) = \frac{33}{8} - \frac{21}{8} \cdot \frac{3}{2} = \frac{3}{16}$$

d) Wegen

$$P(Z = j) = \sum_{\substack{1 \leq i \leq 4 \\ 0 \leq k \leq 3 \\ i+k=j}} P(X = i, Y = k) = \sum_{i=\max(j-3,0)}^{\min(4,j)} P(X = i, Y = j - i)$$

für $j \in \{1, \ldots, 7\}$ erhält man

j	1	2	3	4	5	6	7
$P(Z = j)$	$\dfrac{1}{32}$	$\dfrac{4}{32}$	$\dfrac{8}{32}$	$\dfrac{6}{32}$	$\dfrac{4}{32}$	$\dfrac{8}{32}$	$\dfrac{1}{32}$

Mit Hilfe von (41) und (42) ergibt sich

$$E(Z) = E(X) + E(Y) = \frac{21}{8} + \frac{12}{8} = \frac{33}{8}$$
$$Var(Z) = Var(X) + Var(Y) + 2Cov(X,Y) = \frac{83}{64} + \frac{3}{4} + \frac{6}{16} = \frac{155}{64}$$

Lösung Aufgabe 57

Die Zufallsvariablen $X_1, X_2, \ldots, X_{n+m}$ seien unabhängig und identisch $B(1, \frac{1}{6})$–verteilt. Die Zufallsvariable X_i, $i \in \{1, \ldots, n + m\}$, nehme genau dann den Wert 1 an, falls beim i–ten Wurf mit dem Würfel eine „Sechs" auftritt. Dann gilt

$$X = \sum_{i=1}^{n} X_i \qquad Y = \sum_{i=1}^{n+m} X_i$$

Aus den Rechenregeln (44) und (45) folgt

$$
\begin{aligned}
Var(X) &= n Var(X_1) \\
Var(Y) &= (n + m) Var(X_1) \\
Cov(X,Y) &= n Var(X_1)
\end{aligned}
$$

Daraus erhält man für den Korrelationskoeffizienten $\rho(X, Y)$

$$\rho(X,Y) = \frac{n Var(X_1)}{\sqrt{n Var(X_1) \cdot (n + m) Var(X_1)}} = \sqrt{\frac{n}{n + m}}$$

Lösung Aufgabe 58

a) Wegen der Unabhängigkeit von X_1 und X_2 gilt für die gesuchte Wahrscheinlichkeit

$$\begin{aligned}
P(X_1 + X_2 \leq 1) &= P(X_1 = X_2 = 0) + P(X_1 = 0, X_2 = 1) + P(X_1 = 1, X_2 = 0) \\
&= 0.1^2 + 0.1 \cdot 0.3 + 0.6 \cdot 0.1 = 0.1
\end{aligned}$$

b) Aus den Rechenregeln (41) und (43) folgt für den Erwartungswert von Z

$$E(Z) = E(Y_1) + E(Y_2) = 3E(X_1) + 2E(X_2) + 1 = 3 \cdot 1.2 + 2 \cdot 1.6 + 1 = 7.8$$

Anwendung von (40) und (41) liefert

$$\begin{aligned}
Cov(Y_1, Z) &= E(Y_1(Y_1 + Y_2)) - E(Y_1)E(Y_1 + Y_2) \\
&= E(Y_1^2) - E(Y_1)^2 + E(Y_1 Y_2) - E(Y_1)E(Y_2) \\
&= Var(Y_1) + Cov(Y_1, Y_2)
\end{aligned}$$

Da die Zufallsvariable Y_1 bzw. Y_2 nur mit Hilfe der Zufallsvariablen X_1 bzw. X_2 gebildet wird, sind Y_1 und Y_2 ebenfalls unabhängig. Es gilt daher $Cov(Y_1, Y_2) = 0$. Daraus folgt unter Verwendung von (42)

$$\rho(Y_1, Z) = \frac{Var(Y_1)}{\sqrt{Var(Y_1) \cdot Var(Z)}} = \sqrt{\frac{Var(Y_1)}{Var(Y_1) + Var(Y_2)}}$$

Die Berechnung der Varianzen von Y_1 und Y_2 ergibt

$$\begin{aligned}
Var(Y_1) &= 9Var(X_1) = 9[E(X_1^2) - E(X_1)^2] \\
&= 9[1.8 - 1.2^2] = 3.24 \\
Var(Y_2) &= 4Var(X_2) = 4[3.2 - 1.6^2] = 2.56
\end{aligned}$$

Einsetzen dieser Werte liefert

$$\rho(Y_1, Z) = 0.7474$$

Lösung Aufgabe 59

Die $Ex(\lambda_i)$-verteilte Zufallsvariable X_i, $i \in \{1, 2, 3\}$, beschreibe die Brenndauer der Glühbirne B_i. Wegen der Unabhängigkeit der Zufallsvariablen X_1, X_2 und X_3 ist gemäß (36)

$$f(x_1, x_2, x_3) = \begin{cases} \lambda_1 \lambda_2 \lambda_3 e^{-\lambda_1 x_1} e^{-\lambda_2 x_2} e^{-\lambda_3 x_3} & \text{falls } x_1, x_2, x_3 \geq 0 \\ 0 & \text{sonst} \end{cases}$$

eine Dichte der Zufallsvariable (X_1, X_2, X_3). Für die gesuchte Wahrscheinlichkeit p gilt daher

$$p = 1 - P(X_1 < X_2 < X_3) = 1 - \iiint\limits_{\substack{\{(x_1, x_2, x_3) \in \mathbb{R}^3: \\ x_1 < x_2 < x_3\}}} f(x_1, x_2, x_3) dx_1 dx_2 dx_3$$

$$= 1 - \int_{x_3=0}^{\infty} \int_{x_2=0}^{x_3} \int_{x_1=0}^{x_2} \lambda_1 \lambda_2 \lambda_3 e^{-\lambda_1 x_1} e^{-\lambda_2 x_2} e^{-\lambda_3 x_3} dx_1 dx_2 dx_3$$

$$= 1 - \int_{x_3=0}^{\infty} \int_{x_2=0}^{x_3} \lambda_2 \lambda_3 (1 - e^{-\lambda_1 x_2}) e^{-\lambda_2 x_2} e^{-\lambda_3 x_3} dx_2 dx_3$$

$$= 1 - \int_{x_3=0}^{\infty} \lambda_3 e^{-\lambda_3 x_3} \left(-e^{-\lambda_2 x_3} + \frac{\lambda_2}{\lambda_1 + \lambda_2} e^{-(\lambda_1+\lambda_2)x_3} + \frac{\lambda_1}{\lambda_2 + \lambda_1} \right) dx_3$$

$$= 1 - \left(\frac{\lambda_1}{\lambda_1 + \lambda_2} - \frac{\lambda_3}{\lambda_2 + \lambda_3} + \frac{\lambda_2 \lambda_3}{(\lambda_1 + \lambda_2)(\lambda_1 + \lambda_2 + \lambda_3)} \right)$$

Einsetzen der Parameter

$$\lambda_1 = \frac{1}{8} \cdot 10^{-3}, \quad \lambda_2 = \frac{1}{14} \cdot 10^{-3}, \quad \lambda_3 = \frac{1}{22} \cdot 10^{-3}$$

in die Formel für p liefert

$$p = 1 - \left(\frac{56}{8 \cdot (7 + 4)} - \frac{154}{22 \cdot (11 + 7)} + \frac{56 \cdot 616}{14 \cdot 22 \cdot (7 + 4) \cdot (77 + 44 + 28)} \right)$$

$$= 1 - \left(\frac{7}{11} - \frac{7}{18} + \frac{112}{1639} \right) = 0.6842$$

Lösung Aufgabe 60

Sei D das Dreieck, auf dem die Dichtefunktion f gleich 1 ist. Dann gilt für Teilmengen $A \subset \mathbf{R}^2$ nach (34)

$$P((X,Y) \in A) = \int \int_A f(x,y) dx dy = \int \int_{A \cap D} 1 dx dy$$

a) Die Verteilungsfunktion F der Zufallsvariablen (X,Y) hat die Form

$$F(x,y) = \int_{-\infty}^{x} \int_{-\infty}^{y} f(u,v) dv du$$

$$= \begin{cases} 0 & \text{für } x < 0 \text{ oder } y < 0 \\ x \cdot y & \text{für } x, y \geq 0,\ 8y + x \leq 4 \\ \frac{1}{16} x(8 - x) + 4y(1 - y) - 1 & \text{für } \begin{array}{l} 0 \leq x \leq 4,\ 0 \leq y \leq \frac{1}{2}, \\ 8y + x > 4 \end{array} \\ \frac{1}{16} x(8 - x) & \text{für } 0 \leq x \leq 4,\ y > \frac{1}{2} \\ 4y(1 - y) & \text{für } 0 \leq y \leq \frac{1}{2},\ x > 4 \\ 1 & \text{für } x > 4,\ y > \frac{1}{2} \end{cases}$$

b) Mit Hilfe von (32) ergibt sich

$$F_X(x) = \lim_{y \to \infty} F(x,y) = \begin{cases} 0 & \text{für } x < 0 \\ \frac{1}{16} x(8 - x) & \text{für } 0 \leq x \leq 4 \\ 1 & \text{für } x > 4 \end{cases}$$

$$F_Y(y) = \lim_{x \to \infty} F(x,y) = \begin{cases} 0 & \text{für } y < 0 \\ 4y(1-y) & \text{für } 0 \le y \le \frac{1}{2} \\ 1 & \text{für } y > \frac{1}{2} \end{cases}$$

c) Wegen

$$F\left(2, \frac{1}{4}\right) = 2 \cdot \frac{1}{4} = \frac{1}{2} \ne \left(\frac{3}{4}\right)^2 = F_X(2) \cdot F_Y\left(\frac{1}{4}\right)$$

ist die Bedingung (35) verletzt, d.h. die Zufallsvariablen X und Y sind nicht unabhängig.

d) Gemäß (37) ist die Funktion h mit

$$h(z) = \int_{-\infty}^{\infty} f(x, x - z)dx, \quad z \in \mathbf{R}$$

eine Dichte der Zufallsvariablen Z. Mit Hilfe dieser Formel erhält man

$$h(z) = \begin{cases} 0 & z < -\frac{1}{2} \text{ oder } z > 4 \\ \dfrac{4(1 + 2z)}{9} & -\frac{1}{2} \le z \le 0 \\ \dfrac{(4 - z)}{9} & 0 < z \le 4 \end{cases}$$

e) Anwendung von (15), (17) und (18) liefert

$$E(Z) = \int_{-\infty}^{\infty} zh(z)dz = \frac{1}{9}\left(\int_{-1/2}^{0} 4z(1 - 2z)dz + \int_{0}^{4} z(4 - z)dz \right) = \frac{7}{6}$$

$$E(Z^2) = \int_{-\infty}^{\infty} z^2 h(z)dz = \frac{1}{9}\left(\int_{-1/2}^{0} 4z^2(1 + 2z)dz + \int_{0}^{4} z^2(4 - z)dz \right) = \frac{19}{8}$$

$$Var(Z) = E(Z^2) - E(Z)^2 = \frac{19}{8} - \frac{49}{36} = \frac{73}{72}$$

Lösung Aufgabe 61

Aus den Annahmen (i)—(iii) folgt

$$X = V \cdot \cos W, \qquad Y = V \cdot \sin W$$

Aufgrund der Unabhängigkeit der Zufallsvariablen V und W sind auch die Zufallsvariablen V und $\cos W$, V und $\sin W$, V^2 und $\cos W \sin W$ unabhängig. Daher gilt

$$\begin{aligned} E(X) &= E(V) \cdot E(\cos W) \\ E(Y) &= E(V) \cdot E(\sin W) \\ E(XY) &= E(V^2) \cdot E(\cos W \sin W) \end{aligned}$$

Anwendung von (17) liefert

$$E(\cos W) \;=\; \frac{1}{2\pi}\int\limits_{0}^{2\pi} \cos\omega\,d\omega = 0$$

$$E(\cos W \sin W) \;=\; \frac{1}{2\pi}\int\limits_{0}^{2\pi} \cos\omega \sin\omega\,d\omega = 0$$

Daraus folgt

$$Cov(X,Y) = E(XY) - E(X)E(Y) = 0,$$

d.h. X und Y sind unkorreliert.

Lösung Aufgabe 62

a) Es gilt wegen der Unabhängigkeit von $X_1,\ldots,X_n$ für die Verteilungsfunktionen F_Y und F_Z der Zufallsvariablen Y und Z

$$
\begin{aligned}
F_Y(x) = P(Y \le x) \;&=\; P(X_1 \le x, \ldots, X_n \le x)\\
&=\; P(X_1 \le x)\cdot\ldots\cdot P(X_n \le x)\\
&=\; F_1(x)\cdot\ldots\cdot F_n(x)\\
F_Z(x) = P(Z \le x) \;&=\; 1 - P(Z > x)\\
&=\; 1 - P(X_1 > x, \ldots, X_n > x)\\
&=\; 1 - P(X_1 > x)\cdot\ldots\cdot P(X_n > x)\\
&=\; 1 - (1 - F_1(x))\cdot\ldots\cdot(1 - F_n(x))
\end{aligned}
$$

b) Seien $X_1,\ldots,X_n$ unabhängige Ex(λ)-verteilte Zufallsvariablen, die die Lebensdauern der Komponenten beschreiben. Für die Zufallsvariable Z bzw. Y, die die Lebensdauer des Systems im Fall (i) bzw. (ii) beschreibt, gilt

$$Z = \min(X_1,\ldots,X_n) \quad bzw. \quad Y = \max(X_1,\ldots,X_n)$$

Bezeichnen wir die Verteilungsfunktionen von Z und Y wiederum mit F_Z bzw. F_Y, so gilt nach Teil a)

$$
F_Z(x) = \begin{cases} 0 & x < 0 \\ 1 - e^{-\lambda n x} & x \ge 0 \end{cases}
$$

$$
F_Y(x) = \begin{cases} 0 & x < 0 \\ (1 - e^{-\lambda x})^n & x \ge 0 \end{cases}
$$

Im Falle $n = 4$ und $\lambda = 0.25$ besitzen die gesuchten Wahrscheinlichkeiten p_1 (Fall (i)) und p_2 (Fall (ii)) die Werte

$$
\begin{aligned}
p_1 \;&=\; P(Z > 10) = e^{-10} = 0.4540\cdot 10^{-4}\\
p_2 \;&=\; P(Y > 10) = 1 - (1 - e^{-2.5})^4 = 0.2901
\end{aligned}
$$

Lösung Aufgabe 63

$X_1, X_2, \ldots$ sei eine Folge unabhängiger Zufallsvariablen. X_i, $i \in \mathbf{N}$, sei stetig verteilt mit der Dichte f.

a) Zu berechnen ist die Wahrscheinlichkeit $P(X_1 + X_2 \leq 1.5)$. Wegen der Unabhängigkeit von X_1 und X_2 ist eine Dichte der zweidimensionalen Zufallsvariablen (X_1, X_2) gemäß (36) gegeben durch

$$h(x,y) = \begin{cases} e^{0.5-x} \cdot e^{0.5-y} & \text{für } x,y \geq 0.5 \\ 0 & \text{sonst} \end{cases}$$

Nach (37) ist die Funktion

$$g(z) = \int\limits_{-\infty}^{\infty} h(x, z-x)dx = \begin{cases} e^{1-z}(z-1) & \text{für } z \geq 1 \\ 0 & \text{für } z < 1 \end{cases}$$

eine Dichte der Zufallsvariablen $X_1 + X_2$. Daraus folgt

$$P(X_1 + X_2 \leq 1.5) = \int\limits_{1}^{1.5} (z-1)e^{-(z-1)}dz = 1 - \frac{3}{2\sqrt{e}} = 0.0902$$

b) Gesucht ist die kleinste Zahl n, so dass die Bedingung

$$P(\min(X_1, \ldots, X_n) \leq 1) \geq 0.99$$

erfüllt ist. F_1 sei die Verteilungsfunktion der Zufallsvariablen X_1. Für die Verteilungsfunktion F der Zufallsvariablen $Z = \min(X_1, \ldots, X_n)$ gilt nach Aufgabe 62

$$F(z) = 1 - (1 - F_1(z))^n = 1 - \left(\int\limits_{z}^{\infty} e^{0.5-x}dx \right)^n = 1 - \left(e^{0.5-z}\right)^n, \quad z \geq 0.5$$

Es gilt also

$$\begin{aligned} P(Z \leq 1) \geq 0.99 \quad &\Longleftrightarrow \quad e^{-0.5 \cdot n} \leq 0.01 \\ &\Longleftrightarrow \quad 0.5n \geq \ln 100 \\ &\Longleftrightarrow \quad n \geq 2 \cdot \ln 100 = 9.21 \end{aligned}$$

Der Angler müsste also mindestens 10 Angeln einsetzen.

Lösung Aufgabe 64

a) Wir betrachten die Ereignisse

$$A_i = \text{„Defekt an der Komponente } K_i\text{“}, \qquad i = 1, \ldots, 4$$

Wegen der Unabhängigkeit der Ereignisse $A_1, \ldots, A_4$ gilt für die gesuchte Ausfallwahrscheinlichkeit p nach Anwendung von (8)

$$\begin{aligned} p &= P(A_3 \cap A_4 \cap (A_1 \cup A_2)) \\ &= P(A_3 \cap A_4 \cap A_1) + P(A_3 \cap A_4 \cap A_2) - P(A_3 \cap A_4 \cap A_1 \cap A_2) \\ &= p_3 p_4 (p_1 + p_2 - p_1 p_2) \end{aligned}$$

b) Die Zufallsvariable X beschreibe die Lebensdauer des Gesamtsystems. Es sei F die Verteilungsfunktion von X und F_i, $i \in \{1, \ldots, 4\}$, die Verteilungsfunktion der Zufallsvariablen Y_i. Dann gilt nach Teil a)

$$F(x) = F_3(x)F_4(x)[F_1(x) + F_2(x) - F_1(x)F_2(x)]$$

Unter den angegebenen Verteilungsannahmen gilt für $x \geq 0$

$$\begin{aligned}
F_1(x) &= 1 - e^{-x} \\
F_2(x) &= 1 - e^{-x} \\
F_3(x) &= 1 - e^{-2x} \\
F_4(x) &= \int\limits_0^x \frac{1}{\sqrt{y}} e^{-2\sqrt{y}} dy = 1 - e^{-2\sqrt{x}}
\end{aligned}$$

Daher ist die Verteilungsfunktion F gegeben durch

$$F(x) = \begin{cases} 0 & \text{für } x < 0 \\ \left(1 - e^{-2x}\right)^2 \left(1 - e^{-2\sqrt{x}}\right) & \text{für } x \geq 0 \end{cases}$$

Die Wahrscheinlichkeit p dafür, dass das System länger als 1 Stunde intakt bleibt, errechnet sich zu

$$p = 1 - F(1) = 1 - (1 - e^{-2})^3 = 0.3535$$

Lösung Aufgabe 65

Sind Y_1 und Y_2 unabhängige $Ex(\lambda_1)$- bzw. $Ex(\lambda_2)$-verteilte Zufallsvariablen, dann ist $X = Y_1 + Y_2$ eine Zufallsvariable, die die Lebensdauer des Systems S beschreibt. Man erhält mit (41) und (42)

$$\begin{aligned}
E(X) &= E(Y_1) + E(Y_2) = \frac{1}{\lambda_1} + \frac{1}{\lambda_2} \\
Var(X) &= Var(Y_1) + Var(Y_2) = \frac{1}{\lambda_1^2} + \frac{1}{\lambda_2^2}
\end{aligned}$$

Eine Dichte g von X erhält man mit Hilfe von (36) und (37)

$$g(z) = \int\limits_0^z \lambda_1 e^{-\lambda_1 x} \cdot \lambda_2 e^{-\lambda_2(z-x)} dx = \lambda_1 \lambda_2 e^{-\lambda_2 z} \cdot \int\limits_0^z e^{(\lambda_2 - \lambda_1)x} dx \quad \text{für } z \geq 0$$

Für $z < 0$ gilt $g(z) = 0$. Im Falle $\lambda_1 = \lambda_2$ erhält man also

$$g(z) = \begin{cases} 0 & \text{für } z < 0 \\ \lambda_1^2 z e^{-\lambda_1 z} & \text{für } z \geq 0 \end{cases}$$

und im Falle $\lambda_1 \neq \lambda_2$

$$g(z) = \begin{cases} 0 & z < 0 \\ \frac{\lambda_1 \cdot \lambda_2}{\lambda_2 - \lambda_1} \cdot (e^{-\lambda_1 z} - e^{-\lambda_2 z}) & z \geq 0 \end{cases}$$

Die Verteilungsfunktion F der Zufallsvariablen X ist im Falle $\lambda_1 = \lambda_2$ gegeben durch

$$F(x) = 0, \qquad x < 0$$

$$F(x) = \int\limits_0^x \lambda_1^2 z e^{-\lambda_1 z} dz = 1 - (1 + \lambda_1 x) e^{-\lambda_1 x}, \qquad x \geq 0$$

und im Falle $\lambda_1 \neq \lambda_2$

$$F(x) = 0, \qquad x < 0$$

$$F(x) = \int\limits_0^x \frac{\lambda_1 \cdot \lambda_2}{\lambda_2 - \lambda_1} \cdot (e^{-\lambda_1 z} - e^{-\lambda_2 z}) dz$$

$$= \frac{\lambda_1 \cdot \lambda_2}{\lambda_2 - \lambda_1} \cdot \left(\frac{1 - e^{-\lambda_1 x}}{\lambda_1} - \frac{1 - e^{-\lambda_2 x}}{\lambda_2} \right)$$

$$= 1 - \frac{\lambda_1 \cdot \lambda_2}{\lambda_2 - \lambda_1} \cdot \left(\frac{e^{-\lambda_1 x}}{\lambda_1} - \frac{e^{-\lambda_2 x}}{\lambda_2} \right), \qquad x \geq 0$$

Lösung Aufgabe 66

Die Zeitpunkte des Eintreffens von A und B seien durch unabhängige $R(12, 13)$-verteilte Zufallsvariablen X und Y beschrieben. Die zweidimensionale Zufallsvariable (X, Y) besitzt somit nach (36) die Dichte

$$f(x, y) = \begin{cases} 1 & \text{für } 12 \leq x, y \leq 13 \\ 0 & \text{sonst} \end{cases}$$

Die jeweils gesuchte Wahrscheinlichkeit sei mit p bezeichnet.

a) Aus der Unabhängigkeit von X und Y folgt unmittelbar

$$p = P(X \leq 12.5, Y \leq 12.5) = P(X \leq 12.5) \cdot P(Y \leq 12.5) = \frac{1}{4}$$

b) Die Anwendung von (34) liefert

$$p = P(X < Y) = \int\limits_{12}^{13} \int\limits_{12}^{y} 1 \, dx dy = \frac{1}{2}$$

c) Aus Flächenberechnungen zur Lösung des Integrals in (34) erhält man

$$p = P\left(X - \frac{1}{6} \leq Y \leq X + \frac{1}{3} \right) = P\left(Y \leq X + \frac{1}{3} \right) - P\left(Y < X - \frac{1}{6} \right)$$

$$= 1 - \frac{1}{2} \left(\frac{2}{3} \right)^2 - \frac{1}{2} \left(\frac{5}{6} \right)^2 = \frac{31}{72} = 0.4306$$

3.7 Normalverteilung und ihre Anwendungen

Lösung Aufgabe 67

Sei $X_1, X_2, \ldots$ eine unabhängige Folge von $N(800, 6400)$-verteilten Zufallsvariablen.

a) Aus (27) folgt

$$P(X_1 \geq 750) \;=\; 1 - \Phi\left(\frac{750 - 800}{80}\right) = \Phi(0.625) = 0.7341$$

$$P(X_1 > 1000) \;=\; 1 - \Phi\left(\frac{1000 - 800}{80}\right) = 1 - \Phi(2.5) = 0.0062$$

b) Die Gesamtlänge der von 100 000 Kokons abgewickelten verwertbaren Seidenfäden
wird durch die Zufallsvariable $S = X_1 + \ldots + X_{100000}$ beschrieben. S ist ebenfalls
normalverteilt, und zwar mit Erwartungswert $a = 8 \cdot 10^7$ und Varianz $b = 640 \cdot 10^6$.
Die gesuchten Grenzen $\underline{c}$ und $\bar{c}$ sollen die Bedingungen

$$P(\underline{c} \leq S \leq \bar{c}) \;=\; P(S \leq \bar{c}) - P(S < \underline{c}) = 0.95$$
$$P(S < \underline{c}) \;=\; P(S > \bar{c}) = 1 - P(S \leq \bar{c})$$

erfüllen. Mit (27) erhält man

$$P(S \leq \bar{c}) = \Phi\left(\frac{\bar{c} - a}{\sqrt{b}}\right) = 0.975 \quad \Longleftrightarrow \quad \frac{\bar{c} - a}{\sqrt{b}} = u_{0.975} = 1.96$$

$$\Longleftrightarrow \quad \bar{c} = a + 1.96 \cdot \sqrt{b}$$

$$\Longleftrightarrow \quad \bar{c} = 80\,049\,584.51$$

Eine analoge Rechnung für $\underline{c}$ liefert

$$\underline{c} = a - 1.96 \cdot \sqrt{b} = 79\,950\,415.49$$

c) Die Zufallsvariable $S_n = X_1 + \ldots + X_n, n \in \mathbf{N}$, ist $N(n \cdot 800, n \cdot 6400)$-verteilt. Gesucht
sind alle $n \in \mathbf{N}$, für die gilt

$$P(S_n \geq 10^8) \geq 0.99$$

Man erhält

$$P(S_n \geq 10^8) \geq 0.99 \quad \Longleftrightarrow \quad \Phi\left(\frac{10^8 - 800 \cdot n}{80 \cdot \sqrt{n}}\right) \leq 0.01$$

$$\Longleftrightarrow \quad \frac{10^8 - 800 \cdot n}{80 \cdot \sqrt{n}} \leq u_{0.01} = -2.326$$

$$\Longleftrightarrow \quad 800 \cdot (\sqrt{n})^2 - 2.326 \cdot 80 \cdot \sqrt{n} - 10^8 \geq 0$$

$$\Longleftrightarrow \quad n \geq 125\,083$$

Lösung Aufgabe 68

Relais 2 fällt vor Relais 1 ab, wenn das Ereignis „$X_2 - X_1 < 0$" eintritt. Die Zufallsvariable $X_2 - X_1$ ist $N(\mu_2 - 1, 0.2)$–verteilt. Für den zu bestimmenden Parameter μ_2 soll gelten

$$P(X_2 - X_1 < 0) = \Phi\left(\frac{0 - (\mu_2 - 1)}{\sqrt{0.2}}\right) \leq 0.01$$

Man erhält

$$\Phi\left(\frac{1 - \mu_2}{\sqrt{0.2}}\right) \leq 0.01 \iff \frac{1 - \mu_2}{\sqrt{0.2}} \leq u_{0.01} = -2.362$$

$$\iff \mu_2 \geq 1 + 2.326 \cdot \sqrt{0.2} = 2.0402$$

Für $\mu_2 = 2.0402$ ist die Differenz zwischen μ_2 und μ_1 möglichst klein.

Lösung Aufgabe 69

Die Zufallsvariablen $Z_i = X_i + Y_i$, $i = 1, \dots, 25$, sind unabhängig und identisch $N(1, 0.0025)$–verteilt.

a) Es gilt

$$P(Z_1 > 1.04) = 1 - \Phi\left(\frac{1.04 - 1}{\sqrt{0.0025}}\right) = 1 - \Phi(0.8) = 0.2119$$

b) Die Dicke des Kerns wird durch die Zufallsvariable $Z = Z_1 + \dots + Z_{25}$ beschrieben. Z ist $N(25, 0.0625)$–verteilt. Daraus folgt

$$P(Z > 25.5) = 1 - \Phi\left(\frac{25.5 - 25}{0.25}\right) = 1 - \Phi(2) = 0.0228$$

Lösung Aufgabe 70

a) Das Gewicht einer Ersatzteillieferung wird durch die Zufallsvariable

$$G = X_1 + Y_1 + Y_2 + Z_1 + Z_2 + Z_3$$

beschrieben. G ist wiederum normalverteilt mit

$$\begin{aligned} E(G) &= 125 + 2 \cdot 84 + 3 \cdot 65 = 488 \\ Var(G) &= 1 + 2 \cdot 4 + 3 \cdot 3 = 18 \end{aligned}$$

Daraus folgt

$$P(G > 500) = 1 - \Phi\left(\frac{500 - 488}{\sqrt{18}}\right) = 1 - 0.9977 = 0.0023$$

b) Wir nehmen an, dass sich die Gewichte der einzelnen Ersatzteillieferungen durch unabhängige identisch wie G verteilte Zufallsvariablen $G_1, \dots, G_n$ beschreiben lassen. Die Zufallsvariable $S_n = G_1 + \dots + G_n$ charakterisiert somit das Gesamtgewicht der Ladung. S_n ist $N(488 \cdot n, 18 \cdot n)$–verteilt, und es gilt

$$P(S_n \leq 18 \cdot 10^3) \geq 0.99 \iff \frac{18 \cdot 10^3 - 488 \cdot n}{\sqrt{18 \cdot n}} \geq u_{0.99} = 2.326$$

$$\iff n \leq 36$$

Lösung Aufgabe 71

Seien V_1, V_2, V_3 unabhängige $N(0,4)$-verteilte Zufallsvariablen. Die Eindringtiefe eines Teilchens wird somit durch die Zufallsvariable $V = \sqrt{V_1^2 + V_2^2 + V_3^2}$ beschrieben. Zu berechnen ist die Wahrscheinlichkeit $P(V > 6.1)$. Nach (47) ist $Z = \frac{1}{4}(V_1^2 + V_2^2 + V_3^2)$ eine χ_3^2-verteilte Zufallsvariable. Mit Hilfe der Tabelle der Quantile einer χ_3^2-verteilten Zufallsvariablen (siehe Tabellenteil des Textes) erhält man

$$P(V > 6.1) = P\left(\frac{1}{4}V^2 > \frac{1}{4}6.1^2\right) = 1 - P\left(Z \leq \frac{1}{4}6.1^2\right) = 1 - P(Z \leq 9.303) \simeq 0.025$$

Lösung Aufgabe 72

Wegen der Unabhängigkeit der Zufallsvariablen X und Y ist gemäß (36) eine Dichte der zweidimensionalen Zufallsvariablen (X, Y) gegeben durch

$$f(x,y) = \frac{1}{2\pi\sigma^2}e^{-(x^2+y^2)/2\sigma^2}, \quad (x,y) \in \mathbf{R}^2$$

Für die Verteilungsfunktion F der zweidimensionalen Zufallsvariablen (R, Φ) gilt daher

$$F(r_0, \varphi_0) = P(R \leq r_0, \Phi \leq \varphi_0) = \iint\limits_A f(x,y)d(x,y)$$

wobei A der Kreissektor $\{(x,y) \in \mathbf{R}^2 : r(x,y) \leq r_0, \phi(x,y) \leq \varphi_0\}$ ist. Falls $r_0 \geq 0$ und $0 \leq \varphi_0 \leq 2\pi$ erhält man mit Hilfe der Transformation

$$x = u \cdot \cos v \qquad y = u \cdot \sin v$$

gemäß der Substitutionsregel für mehrdimensionale Integrale

$$
\begin{aligned}
P(R \leq r_0, \Phi \leq \varphi_0) &= \frac{1}{2\pi\sigma^2} \iint\limits_A e^{-(x^2+y^2)/2\sigma^2}dxdy \\
&= \frac{1}{2\pi\sigma^2} \int_0^{r_0} \int_0^{\varphi_0} e^{-u^2/2\sigma^2} \cdot u\,dvdu \\
&= \int_0^{r_0} \frac{u}{\sigma^2}e^{-u^2/2\sigma^2}du \cdot \int_0^{\varphi_0} \frac{1}{2\pi}dv
\end{aligned}
$$

Daraus ergibt sich mit (33) und (36) die Behauptung.

Lösung Aufgabe 73

Nach (46) bzw. (48) ist $\bar{X}_{(n)}$ eine $N(4, \frac{9}{n})$-verteilte und $\frac{(n-1)}{9} \cdot S_{(n)}^2$ eine χ_{n-1}^2-verteilte Zufallsvariable.

a) Im Falle $n = 100$ erhält man

$$P(|\bar{X}_{(100)} - 4| \geq 0.6) = P\left(\left|\frac{\bar{X}_{(100)} - 4}{0.3}\right| \geq 2\right) = 2 \cdot (1 - \Phi(2)) = 0.0456$$

Die Zufallsvariable $\dfrac{\bar{X}_{(100)} - 4}{\sqrt{S^2_{(100)}/100}}$ ist gemäß (49) t_{99}-verteilt. Sei F die zugehörige Verteilungsfunktion. Mit Hilfe der Tabelle der Quantile einer t_{99}-verteilten Zufallsvariablen (siehe Tabellenteil des Textes) ergibt sich

$$P(|\bar{X}_{(100)} - 4| \geq 0.2 \cdot \sqrt{S^2_{(100)}}) \;=\; P\left(\frac{|\bar{X}_{(100)} - 4|}{\sqrt{S^2_{(100)}/100}} \geq 2 \right)$$

$$= \; 2(1 - F(2)) \simeq 0.05$$

b) Sei $f_{n-1}(t)$, $t \in \mathbf{R}$, $n \geq 2$, die Dichte einer χ^2_{n-1}-verteilten Zufallsvariablen. Dann gilt

$$P(S^2_{(n)} \leq x) \;=\; P\left(\frac{n-1}{9} \cdot S^2_{(n)} \leq \frac{n-1}{9} \cdot x \right)$$

$$= \; \int_{-\infty}^{\frac{n-1}{9}x} f_{n-1}(t)\, dt$$

$$= \; \int_{-\infty}^{x} \frac{n-1}{9} f_{n-1}\left(\frac{n-1}{9} \cdot y \right) dy$$

Somit ist die Funktion

$$\tilde{f}_n(t) = \frac{n-1}{9} f_{n-1}\left(\frac{n-1}{9} \cdot t \right), \quad t \in \mathbf{R},$$

eine Dichte der Zufallsvariablen $S^2_{(n)}$. In den Fällen $n = 2$ und $n = 3$ erhält man mit Hilfe von (29)

$$\tilde{f}_2(t) = \begin{cases} \dfrac{1}{3\sqrt{2\pi}} \cdot \dfrac{1}{\sqrt{t}}\, e^{-\frac{t}{18}} & \text{für } t > 0 \\[2mm] 0 & \text{für } t \leq 0 \end{cases}$$

bzw.

$$\tilde{f}_3(t) = \begin{cases} \dfrac{1}{9}\, e^{-\frac{t}{9}} & \text{für } t > 0 \\[2mm] 0 & \text{für } t \leq 0 \end{cases}$$

c) Anwendung von (29) liefert

$$E(S^2_{(n)}) \;=\; \frac{9}{n-1} \cdot E\left(\frac{n-1}{9} \cdot S^2_{(n)} \right) = \frac{9}{n-1} \cdot (n-1) = 9$$

$$Var(S^2_{(n)}) \;=\; \frac{9^2}{(n-1)^2} \cdot Var\left(\frac{n-1}{9} \cdot S^2_{(n)} \right)$$

$$= \; \frac{81}{(n-1)^2} \cdot 2(n-1) = \frac{162}{n-1}$$

Lösung Aufgabe 74

Es sei X eine $F_{m,n}$-verteilte Zufallsvariable. Dann gilt

$$1 - p = 1 - P(X \le F_{m,n;p}) = P(X \ge F_{m,n;p}) = P\left(\frac{1}{X} \le \frac{1}{F_{m,n;p}}\right)$$

Da die Zufallsvariable $\frac{1}{X}$ $F_{n,m}$-verteilt ist (siehe (31)), folgt daraus

$$\frac{1}{F_{m,n;p}} = F_{n,m;1-p}$$

3.8   Grenzwertsätze

Lösung Aufgabe 75

Die Zufallsvariablen $X_1, \dots, X_n$ seien unabhängig und identisch verteilt mit $E(X_1) = \mu$ und $Var(X_1) = 0.1^2$. Das arithmetische Mittel $\bar{X}_{(n)}$ besitzt somit den Erwartungswert μ und die Varianz $0.1^2/n$.

a) Die Anwendung der Tschebyscheffschen Ungleichung (19) liefert

$$P(|\bar{X}_{(n)} - \mu| \geq 0.02) \leq \frac{0.1^2}{n \cdot 0.02^2} = \frac{25}{n}$$

Um sicher zu sein, dass diese Wahrscheinlichkeit nicht größer als 0.05 ist, muss $n \geq 500$ gewählt werden, d.h. es müssen mindestens 500 Messungen durchgeführt werden.

b) Berücksichtigt man, dass $\bar{X}_{(n)}$ nach dem Zentralen Grenzwertsatz näherungsweise $N(\mu, 0.1^2/n)$-verteilt ist, so erhält man zunächst

$$P(|\bar{X}_{(n)} - \mu| \geq 0.02) = P\left(\frac{|\bar{X}_{(n)} - \mu|}{0.1/\sqrt{n}} \geq \frac{0.02}{0.1} \cdot \sqrt{n}\right) \simeq 2\left(1 - \Phi\left(\frac{\sqrt{n}}{5}\right)\right)$$

Daraus folgt

$$2\left(1 - \Phi\left(\frac{\sqrt{n}}{5}\right)\right) \leq 0.05 \iff \frac{\sqrt{n}}{5} \geq u_{0.975} = 1.96$$

$$\iff n \geq 97$$

Lösung Aufgabe 76

Wir nehmen an, dass unter den nächsten 1000 Neugeborenen die Anzahl der Knaben durch eine $B(1000, 0.51)$-binomialverteilte Zufallsvariable X und die Anzahl der Neugeborenen, die die Erbkrankheit aufweisen, durch eine $B(1000, 0.002)$-binomialverteilte Zufallsvariable Y beschrieben werden kann. Anwendung von (56) liefert

$$P(X > 550) = 1 - P(X \leq 550) \simeq 1 - \Phi\left(\frac{40.5}{\sqrt{249.9}}\right) = 1 - \Phi(2.56) = 0.0052$$

$$P(Y > 4) = 1 - P(Y \leq 4) \simeq 1 - \Phi\left(\frac{2.5}{\sqrt{1.996}}\right) = 1 - \Phi(1.77) = 0.0384$$

Lösung Aufgabe 77

Wir nehmen an, dass sich die Anzahl der mit Produktionsmängeln behafteten Schleifscheiben in einer 500er Kiste durch eine $B(500, 0.03)$-verteilte Zufallsvariable X beschreiben lässt. Mit (56) folgt für $k \in \{0, \dots, 500\}$

$$P(X > k) = 1 - P(X \leq k) \simeq 1 - \Phi\left(\frac{k - 14.5}{\sqrt{14.55}}\right)$$

Es gilt

$$P(X > k) \leq 0.0225 \iff k \geq 14.5 + u_{0.9775} \cdot \sqrt{14.55}$$
$$\iff k \geq 23$$

Die gesuchte Anzahl K ist somit $K = 23$.

Lösung Aufgabe 78

Wir nehmen an, dass sich die Anzahl der Markstücke, bei denen „Zahl" oben zu liegen kommt, durch eine B$(n, 0.5)$-verteilte Zufallsvariable X angemessen beschreiben lässt.

a) Gesucht ist die Wahrscheinlichkeit für das Eintreten des Ereignisses „$X \geq 110$ oder $X \leq 90$". Wegen der Symmetrie der Verteilung von X gilt gemäß (56)

$$P(X \geq 110 \text{ oder } X \leq 90) = 2 \cdot P(X \leq 90) \simeq 2 \cdot \Phi\left(\frac{-9.5}{\sqrt{50}}\right) = 0.1802$$

b) Die Zufallsvariable X ist nach dem Zentralen Grenzwertsatz näherungsweise N$(0.5 \cdot n, 0.25 \cdot n)$–verteilt. Daher gilt

$$P(0.45n \leq X \leq 0.55n) = P\left(\frac{|X - 0.5n|}{\sqrt{0.25n}} \leq \frac{0.05n}{\sqrt{0.25n}}\right) \simeq 2 \cdot \Phi(0.1\sqrt{n}) - 1$$

Es folgt

$$2\Phi(0.1\sqrt{n}) - 1 \geq 0.95 \iff 0.1 \cdot \sqrt{n} \geq u_{0.975} = 1.96$$
$$\iff n \geq 385$$

Lösung Aufgabe 79

Sei n die Anzahl der vorgenommenen Platzreservierungen und X eine B$(n, 0.82)$–verteilte Zufallsvariable zur Beschreibung der Anzahl der zum Abflug erscheinenden Personen.

a) Zu berechnen ist die Wahrscheinlichkeit des Ereignisses „$X \leq 220$". Im Falle $n = 240$ erhält man gemäß (56)

$$P(X \leq 220) \simeq \Phi\left(\frac{220.5 - 196.8}{\sqrt{35.424}}\right) = \Phi(3.98) \simeq 1$$

b) Gesucht ist die größte Zahl $n \in \mathbf{N}$, die die Bedingung $P(X \leq 220) \geq 0.99$ erfüllt. Aus (56) folgt zunächst

$$P(X \leq 220) \simeq \Phi\left(\frac{220.5 - n \cdot 0.82}{\sqrt{n \cdot 0.82 \cdot 0.18}}\right)$$

Es gilt daher

$$P(X \leq 220) \geq 0.99 \iff \frac{220.5 - n \cdot 0.82}{0.3842 \cdot \sqrt{n}} \geq u_{0.99} = 2.326$$
$$\iff n \leq 251$$

Es dürfen also höchstens 251 Plätze reserviert werden.

Lösung Aufgabe 80

Die Zufallsvariablen $Y_1, \ldots, Y_n$ seien unabhängig und identisch wie Y verteilt. Für die Zufallsvariable $S_n = Y_1 + \ldots + Y_n$, die das Gesamtgewicht von n Beuteln beschreibt, gilt

$$E(S_n) = n \cdot \left(10 + \frac{-0.25 + 0.75}{2} \right) = n \cdot 10.25$$

$$Var(S_n) = n \cdot \frac{1}{12}$$

Anwendung von (53) liefert in den Fällen $n = 97$ und $n = 98$

$$P(S_{97} > 1000) \simeq 1 - \Phi \left(\frac{1000 - 97 \cdot 10.25}{\sqrt{97/12}} \right) = 1 - \Phi(2.02) = 0.0217$$

$$P(S_{98} > 1000) \simeq 1 - \Phi \left(\frac{1000 - 98 \cdot 10.25}{\sqrt{97/12}} \right) = 1 - \Phi(-1.58) = 0.9429$$

Lösung Aufgabe 81

Seien $X_1, \ldots, X_{225}$ unabhängige $\text{Ex}(\frac{1}{5})$-verteilte Zufallsvariablen. Dann gilt für die Zufallsvariable $S = X_1 + \ldots + X_{225}$

$$E(S) = 225 \cdot 5 \qquad \text{und} \qquad Var(S) = 225 \cdot 25$$

Daraus folgt mit (53)

$$P(S > 15 \cdot 60) \simeq 1 - \Phi \left(\frac{900 - 1125}{\sqrt{5625}} \right) = 1 - \Phi(-3) = 0.9987$$

Lösung Aufgabe 82

Wir nehmen an, dass die Anzahl der befragten Bürger, die die Partei A gewählt haben, durch eine $B(800, 0.002)$-verteilte Zufallsvariable X beschrieben werden kann. Zu berechnen ist die Wahrscheinlichkeit $P(X \leq 1)$.

a) Das exakte Ergebnis lautet

$$P(X \leq 1) = 0.998^{800} + 800 \cdot 0.002 \cdot 0.998^{799} = 0.5247$$

b) Mit $\lambda = 800 \cdot 0.002 = 1.6$ liefert der Poissonsche Grenzwertsatz (57)

$$P(X \leq 1) = P(X = 0) + P(X = 1) \simeq e^{-1.6} \cdot (1 + 1.6) = 0.5249$$

c) Mit dem Zentralen Grenzwertsatz und ohne Verwendung einer Stetigkeitskorrektur erhält man

$$P(X \leq 1) \simeq \Phi \left(\frac{1 - 1.6}{\sqrt{1.6 \cdot 0.998}} \right) = \Phi(-0.47) = 0.3192$$

Die Verwendung einer Stetigkeitskorrektur ergibt nach (56)

$$P(X \leq 1) \simeq \Phi \left(\frac{1.5 - 1.6}{1.264} \right) = \Phi(-0.08) = 0.4681$$

Lösung Aufgabe 83

Die Anzahl der defekten Schrauben in der Stichprobe wird beschrieben durch eine $H(500, 5000, 10)$–verteilte Zufallsvariable X. Für die Wahrscheinlichkeit $P(X = 1)$ erhält man

a) bei exakter Rechnung gemäß (22)

$$P(X = 1) = \frac{\binom{10}{1} \cdot \binom{4990}{499}}{\binom{5000}{500}} = 0.3878$$

b) bei Anwendung der Binomialapproximation der hypergeometrischen Verteilung (58)

$$P(X = 1) \simeq \binom{500}{1} \cdot \frac{10}{5000} \cdot \left(\frac{4990}{5000}\right)^{499} = 0.3682$$

c) mit Hilfe des Poissonschen Grenzwertsatzes (57), wobei $\lambda = 500 \cdot \frac{10}{5000} = 1$

$$P(X = 1) = e^{-1} = 0.3679$$

Lösung Aufgabe 84

a) Sei $X_1, X_2, \ldots$ eine unabhängige Folge von $N(0, 1)$–verteilten Zufallsvariablen. Die Zufallsvariable $Z_r = X_1^2 + \ldots + X_r^2$ ist χ_r^2–verteilt, und man erhält aus (29)

$$E(Z_r) = r, \qquad Var(Z_r) = 2r$$

Es gilt

$$\alpha = P(Z_r \le \chi_{r;\alpha}^2) = P\left(\frac{Z_r - r}{\sqrt{2r}} \le \frac{\chi_{r;\alpha}^2 - r}{\sqrt{2r}}\right)$$

Aus dem Zentralen Grenzwertsatz (52) folgt

$$\lim_{r \to \infty} P\left(\frac{Z_r - r}{\sqrt{2r}} \le x\right) = \Phi(x) \quad \text{für } x \in \mathbb{R}$$

Es seien a und b beliebige reelle Zahlen mit $a < u_\alpha < b$. Wegen

$$\Phi(a) < \Phi(u_\alpha) = \alpha < \Phi(b)$$

gilt für hinreichend große r

$$P\left(\frac{Z_r - r}{\sqrt{2r}} \le a\right) < \alpha < P\left(\frac{Z_r - r}{\sqrt{2r}} \le b\right)$$

Aus der Monotonie der Verteilungsfunktion der Zufallsvariablen $\frac{Z_r - r}{\sqrt{2r}}$ erhält man daher die Ungleichungen

$$a < \frac{\chi_{r;\alpha}^2 - r}{\sqrt{2r}} < b$$

Da a und b beliebig gewählt waren, folgt daraus die Behauptung.

b) Mit Hilfe von a) erhält man folgenden Näherungswert für $\chi^2_{200;0.1}$

$$\chi^2_{200;0.1} \simeq 200 + u_{0.1} \cdot \sqrt{400} = 200 - 20 \cdot u_{0.9} = 174.36$$

Der exakte Wert lautet

$$\chi^2_{200;0.1} = 174.84$$

Lösung Aufgabe 85

a) Mit der Substitution $x = \alpha t^\beta$ erhält man aus (26)

$$E(X) = \int_0^\infty t \cdot \alpha\beta t^{\beta-1} e^{-\alpha t^\beta} dt = \frac{1}{\alpha^{\frac{1}{\beta}}} \cdot \int_0^\infty x^{\frac{1}{\beta}} e^{-x} dx = \frac{1}{\alpha^{\frac{1}{\beta}}} \Gamma\left(1 + \frac{1}{\beta}\right)$$

$$E(X^2) = \int_0^\infty t^2 \cdot \alpha\beta t^{\beta-1} e^{-\alpha t^\beta} dt = \frac{1}{\alpha^{\frac{2}{\beta}}} \cdot \int_0^\infty x^{\frac{2}{\beta}} e^{-x} dx = \frac{1}{\alpha^{\frac{2}{\beta}}} \Gamma\left(1 + \frac{2}{\beta}\right)$$

$$Var(X) = \frac{1}{\alpha^{\frac{2}{\beta}}} \cdot \left(\Gamma\left(1 + \frac{2}{\beta}\right) - \Gamma\left(1 + \frac{1}{\beta}\right)^2\right)$$

b) Sei $S = X_1 + \ldots + X_{100}$. Mit den Formeln aus a) erhält man für $\alpha = 1$ und $\beta = \frac{1}{2}$

$$E(S) = 100 \cdot \Gamma(3) = 200, \qquad Var(S) = 100 \cdot \left(\Gamma(5) - \Gamma(3)^2\right) = 2000$$

Die Anwendung der Tschebyscheffschen Ungleichung (19) liefert

$$P(150 \leq S \leq 250) = 1 - P(|S - 200| > 50) \geq 1 - \frac{2000}{50^2} = 0.2$$

Bei Anwendung des Zentralen Grenzwertsatzes ergibt sich gemäß (54)

$$P(150 \leq S \leq 250) \simeq \Phi(1.12) - \Phi(-1.12) = 2\Phi(1.12) - 1 = 0.7372$$

Lösung Aufgabe 86

Die Zufallsvariablen $X_i = \sqrt{12}(U_i - \frac{1}{2})$, $i = 1, 2, \ldots$, sind eine unabhängige Folge von identisch $R(-\sqrt{3}, \sqrt{3})$-verteilten Zufallsvariablen. Also gilt gemäß (24) für $i = 1, 2, \ldots$

$$E(X_i) = 0, \quad Var(X_i) = 1, \quad E(X_i^3) = 0, \quad E(X_i^4) = \frac{9}{5}$$

Aus dem Zentralen Grenzwertsatz (52) folgt unmittelbar für $x \in \mathbb{R}$

$$\lim_{n \to \infty} P(V_n \leq x) = \lim_{n \to \infty} P\left(\frac{X_1 + \ldots + X_n}{\sqrt{n}} \leq x\right) = \Phi(x) = P(X \leq x)$$

Aus $V_n = \frac{1}{\sqrt{n}} \sum_{i=1}^n X_i$ erhält man ferner

$$E(V_n) = 0$$

$$E(V_n^2) = Var(V_n) = 1$$

$$E(V_n^3) = \frac{1}{(\sqrt{n})^3} \cdot E\left(\sum_{i=1}^{n} X_i^3 + 3 \sum_{i \neq j} X_i^2 X_j + 6 \sum_{i<j<k} X_i X_j X_k \right)$$

$$= \frac{1}{(\sqrt{n})^3} \cdot \left[\sum_{i=1}^{n} E(X_i^3) + 3 \sum_{i \neq j} E(X_i^2)E(X_j) + 6 \sum_{i<j<k} E(X_i)E(X_j)E(X_k) \right] = 0$$

$$E(V_n^4) = \frac{1}{(\sqrt{n})^4} \cdot E\left(\sum_{i=1}^{n} X_i^4 + 4 \sum_{i \neq j} X_i^3 X_j + 6 \sum_{i<j} X_i^2 X_j^2 + \right.$$

$$\left. +12 \sum_{i \neq j \neq k} X_i^2 X_j X_k + 4! \sum_{i<j<k<l} X_i X_j X_k X_l \right)$$

$$= \frac{1}{n^2} \cdot \left(nE(X_1^4) + 3n(n-1)E(X_1^2)^2 \right) = 3 - \frac{6}{5n}$$

Damit ergibt sich für V_n die Schiefe 0 und der Exzess

$$\frac{E(V_n^4)}{Var(V_n)^2} - 3 = E(V_n^4) - 3 = -\frac{6}{5n}$$

Die normalverteilte Zufallsvariable X besitzt die Schiefe 0 und den Exzess 0.

3.9   Schätzer und ihre Eigenschaften

Lösung Aufgabe 87

a) Für alle $\theta > 0$ gilt wegen $E_\theta(X_i) = \frac{\theta}{2}$, $i \in \mathbf{N}$,

$$E_\theta(T_n) = \frac{2}{n}\left(E_\theta(X_1) + \ldots + E_\theta(X_n)\right) = \frac{2}{n} \cdot n \cdot \frac{\theta}{2} = \theta,$$

d.h. T_n, $n \in \mathbf{N}$, ist ein erwartungstreuer Schätzer für θ.

b) Wegen $Var_\theta(X_i) = \frac{\theta^2}{12}$, $i \in \mathbf{N}$, erhält man

$$Var_\theta(T_n) = \frac{4}{n^2}\left(Var_\theta(X_1) + \ldots + Var_\theta(X_n)\right) = \frac{4}{n^2} \cdot n \cdot \frac{\theta^2}{12} = \frac{\theta^2}{3n}$$

c) $T_1, T_2, \ldots$ ist eine Folge erwartungstreuer Schätzer für $\tau(\theta) = \theta$. Ferner gilt nach b) für alle $\theta > 0$

$$\lim_{n \to \infty} Var_\theta(T_n) = \lim_{n \to \infty} \frac{\theta^2}{3n} = 0$$

Aus (65) folgt daher die Konsistenz der Schätzerfolge.

Lösung Aufgabe 88

Sei $\tilde{T}_n$ der Schätzer aus Aufgabe 87. Dann ist $T_n = (\tilde{T}_n)^2$.

a) Wegen

$$E_\theta(T_n) = Var_\theta(\tilde{T}_n) + \left[E_\theta(\tilde{T}_n)\right]^2 = \frac{\theta^2}{3n} + \theta^2 = \theta^2\left(1 + \frac{1}{3n}\right)$$

ist T_n kein erwartungstreuer Schätzer für $\tau(\theta) = \theta^2$.

b) Der Bias des Schätzers T_n ist

$$E_\theta(T_n) - \theta^2 = \frac{\theta^2}{3n}$$

c) Wegen a) ist

$$T_n' = \frac{1}{1 + \frac{1}{3n}} \cdot T_n$$

ein erwartungstreuer Schätzer für θ^2.

Lösung Aufgabe 89

a) Die Verteilungsfunktion $F_\theta(t)$ der Schätzvariablen $T_\alpha(X_1, \ldots, X_n)$ lautet

$$F_\theta(t) = P_\theta(T_\alpha \leq t) = P_\theta\left(\max(X_1, \ldots, X_n) \leq \frac{t}{\alpha}\right)$$

$$= P_\theta\left(X_1 \leq \frac{t}{\alpha}\right)^n = \begin{cases} 0 & \text{für } t < 0 \\ \left(\frac{t}{\theta\alpha}\right)^n & \text{für } 0 \leq t \leq \theta \cdot \alpha \\ 1 & \text{für } t > \theta \cdot \alpha \end{cases}$$

b) Für den Erwartungswert von T_α gilt

$$E_\theta(T_\alpha) = \int_0^{\theta\cdot\alpha} t\cdot n\cdot \frac{t^{n-1}}{(\theta\cdot\alpha)^n}dt = \frac{n}{(\theta\cdot\alpha)^n}\cdot\frac{(\theta\cdot\alpha)^{n+1}}{n+1} = \frac{n\alpha}{n+1}\cdot\theta$$

Für $\alpha = \frac{n+1}{n}$ ist daher T_α ein erwartungstreuer Schätzer für θ.

Lösung Aufgabe 90

Das arithmetische Mittel der Zufallsvariablen $X_1,\ldots,X_n$ sei mit $\bar{X}_{(n)}$ bezeichnet.

a) Wegen $T_n = \bar{X}_{(n)}^2$ gilt

$$E_\theta(T_n) = E_\theta(\bar{X}_{(n)}^2) = Var_\theta(\bar{X}_{(n)}) + \left[E_\theta(\bar{X}_{(n)})\right]^2 = \frac{1}{n\theta^2} + \frac{1}{\theta^2} = \frac{n+1}{n}\cdot\frac{1}{\theta^2} \neq \frac{1}{\theta^2}$$

b) Der Bias von T_n ist

$$E_\theta(T_n) - \frac{1}{\theta^2} = \frac{1}{n\theta^2}$$

c) Für

$$T_n' = \frac{n}{n+1}\cdot T_n$$

gilt $E_\theta(T_n') = \frac{1}{\theta^2}$, d.h. T_n' ist ein erwartungstreuer Schätzer für $\frac{1}{\theta^2}$.

Lösung Aufgabe 91

Die Zufallsvariable $M_n = \min(X_1,\ldots,X_n)$ ist nach Aufgabe 62 $Ex(n\theta)$-verteilt.

a) Wegen $E_\theta(M_n) = \frac{1}{n\theta}$ ist für $\alpha_n = n$ die geforderte Bedingung erfüllt.

b) Es gilt für alle $n \in \mathbf{N}$ und $\theta > 0$

$$P_\theta\left(\left|T_n - \frac{1}{\theta}\right| > \frac{1}{\theta}\right) = P_\theta\left(M_n > \frac{2}{n\theta}\right) = e^{-2n\theta/n\theta} = \frac{1}{e^2}$$

Für $\varepsilon = \frac{1}{\theta}$ ist somit die Bedingung (64) verletzt, d.h. $T_1, T_2,\ldots$ ist keine konsistente Schätzerfolge für τ.

Lösung Aufgabe 92

a) Es gilt

$$E_\theta(X) = \int_0^\theta x\cdot\frac{x}{\theta^2}dx + \int_\theta^{2\theta} x\cdot\left(\frac{2}{\theta} - \frac{x}{\theta^2}\right)dx = \theta$$

$$Var_\theta(X) = E_\theta(X^2) - E_\theta(X)^2 = \frac{\theta^2}{6}$$

b) Wegen

$$E_\theta\left[\left(\sum_{i=1}^n X_i\right)^2\right] = Var_\theta\left(\sum_{i=1}^n X_i\right) + E_\theta\left(\sum_{i=1}^n X_i\right)^2 = n\cdot\frac{\theta^2}{6}+(n\theta)^2 = (n+6n^2)\cdot\frac{\theta^2}{6}$$

ist der Schätzer

$$T_n(X_1,\ldots,X_n) = \frac{1}{n+6n^2}\left(\sum_{i=1}^n X_i\right)^2$$

erwartungstreu für $\tau(\theta) = Var_\theta(X)$.

Lösung Aufgabe 93

a) Unter der Laplace–Annahme gilt

$$P(X = k) = \frac{1}{\theta}, \quad k = 1,2,\ldots,\theta$$

b) Für den Erwartungswert von $T(X) = 2X - 1$ ergibt sich

$$E_\theta(2X - 1) = 2E_\theta(X) - 1 = 2\cdot\sum_{k=1}^{\theta}\frac{k}{\theta} - 1 = 2\cdot\frac{\theta(\theta+1)}{2\theta} - 1 = \theta$$

c) Es gilt

$$P_\theta(T(X) = \theta) = P_\theta\left(X = \frac{\theta+1}{2}\right) = \begin{cases} \dfrac{1}{\theta} & \text{falls } \theta \text{ ungerade} \\ 0 & \text{falls } \theta \text{ gerade} \end{cases}$$

In den Fällen $\theta = 4$ und $\theta = 5$ erhält man die Wahrscheinlichkeiten 0 bzw. $\frac{1}{5}$.

d) Die Varianz von T berechnet sich zu

$$\begin{aligned} Var_\theta(2X - 1) &= 4\cdot Var_\theta(X) = 4(E_\theta(X^2) - E_\theta(X)^2) \\ &= 4\left(\sum_{k=1}^{\theta} k^2\cdot\frac{1}{\theta} - \left(\frac{\theta+1}{2}\right)^2\right) \\ &= 4\left(\frac{\theta(\theta+1)(2\theta+1)}{6}\cdot\frac{1}{\theta} - \frac{(\theta+1)^2}{4}\right) = \frac{\theta^2 - 1}{3} \end{aligned}$$

e) Unter der Laplace–Annahme gilt wegen der Unabhängigkeit von X_1 und X_2 für $k \in \{1,\ldots,\theta\}$

$$\begin{aligned} P(X^* = k) &= P(X_1 = k)\cdot P(X_2 \leq k) + P(X_1 < k)\cdot P(X_2 = k) \\ &= \frac{1}{\theta}\cdot\frac{k}{\theta} + \frac{k-1}{\theta}\cdot\frac{1}{\theta} = \frac{1}{\theta^2}\cdot(2k - 1) \end{aligned}$$

f) Für den Erwartungswert von $T(X^*)$ ergibt sich

$$E_\theta(T(X^*)) = \sum_{k=1}^{\theta} \frac{1}{2k-1}(k^3 - (k-1)^3) \cdot \frac{1}{\theta^2} \cdot (2k-1)$$

$$= \frac{1}{\theta^2} \sum_{k=1}^{\theta} (k^3 - (k-1)^3) = \frac{1}{\theta^2} \cdot \theta^3 = \theta$$

Lösung Aufgabe 94

a) Für $i \in \mathbf{N}$ sei die Zufallsvariable Y_i definiert durch

$$Y_i = \begin{cases} 1 & \text{falls der } i\text{-te gefangene Fisch zur} \\ & \text{bestimmten Sorte gehört} \\ 0 & \text{sonst} \end{cases}$$

Die Folge $Y_1, Y_2, \ldots$ sei unabhängig, und es gilt für die Verteilung von Y_i

$$P_\theta(Y_i = 1) = \theta = 1 - P_\theta(Y_i = 0)$$

Für $j = 1, 2, \ldots$ ist die Zufallsvariable $\sum_{i=1}^{j} Y_i$ somit $B(j, \theta)$-verteilt, und es folgt daher für $k = n, n+1, \ldots$

$$P_\theta(X = k) = P_\theta\left(\sum_{i=1}^{k-1} Y_i = n-1\right) P_\theta(Y_k = 1) = \binom{k-1}{n-1}\theta^{n-1}(1-\theta)^{k-n} \cdot \theta$$

b) Für den Erwartungswert der Schätzvariablen $T(X)$ gilt zunächst

$$E_\theta(T(X)) = \sum_{k=n}^{\infty} \frac{n-1}{k-1}\binom{k-1}{n-1}\theta^n(1-\theta)^{k-n}$$

$$= \frac{\theta^n}{(n-2)!} \cdot \sum_{k=n}^{\infty} (k-2) \cdot \ldots \cdot (k-n+1)(1-\theta)^{k-n}$$

Aus der Gleichung

$$\sum_{k=2}^{\infty} (1-\theta)^{k-2} = \frac{1}{\theta}, \qquad 0 < \theta < 1$$

folgt durch $(n-2)$-maliges Differenzieren nach θ

$$\sum_{k=n}^{\infty} (k-2) \cdot \ldots \cdot (k-n+1)(1-\theta)^{k-n} = \frac{(n-2)!}{\theta^{n-1}}$$

Insgesamt erhält man also

$$E_\theta(T(X)) = \frac{\theta^n}{(n-2)!} \cdot \frac{(n-2)!}{\theta^{n-1}} = \theta$$

Lösung Aufgabe 95

Für $n = 1, 2, \ldots$ sei $\varepsilon_n := |E_\theta(T_n) - \tau(\theta)|$. Nach Voraussetzung (i) gilt $\lim\limits_{n \to \infty} \varepsilon_n = 0$. Aus der Dreiecksungleichung

$$|T_n - \tau(\theta)| \leq |T_n - E_\theta(T_n)| + |E_\theta(T_n) - \tau(\theta)|$$

und der Tschebyscheffschen Ungleichung folgt für $\varepsilon > 0$ und hinreichend große n

$$P_\theta(|T_n - \tau(\theta)| > \varepsilon) \leq P_\theta(|T_n - E_\theta(T_n)| + \varepsilon_n > \varepsilon) \leq \frac{Var_\theta(T_n)}{(\varepsilon - \varepsilon_n)^2}$$

Wegen Voraussetzung (ii) gilt

$$\lim_{n \to \infty} P_\theta(|T_n - \tau(\theta)| > \varepsilon) = 0,$$

d.h. die Folge $T_1, T_2, \ldots$ ist konsistent für τ.

Lösung Aufgabe 96

a) Wegen

$$E_\theta(T_n) = E_\theta(\bar{X}_{(n)}) - \frac{1}{2} = E_\theta(X_1) - \frac{1}{2} = \theta + \frac{1}{2} - \frac{1}{2} = \theta$$

ist der Schätzer T_n erwartungstreu für θ, der Bias von T_n also gleich 0. Die Schätzvariable $T_n^*(X_1, \ldots, X_n) = \min(X_1, \ldots, X_n)$ besitzt (vgl. Aufgabe 62) die Dichte

$$f^*(x) = \begin{cases} n(1 + \theta - x)^{n-1} & \text{für } \theta < x < \theta + 1 \\ 0 & \text{sonst} \end{cases}$$

Daraus folgt

$$E_\theta(T_n^*) = n \cdot \int\limits_\theta^{\theta+1} x(1 + \theta - x)^{n-1} dx = \theta + \frac{1}{n+1}$$

Der Bias des Schätzers T_n^* ist daher gleich $1/(n+1)$.

b) Für die Varianz der Schätzvariablen gilt

$$\begin{aligned}
Var_\theta(T_n) &= Var_\theta(\bar{X}_{(n)}) = \frac{1}{n} Var_\theta(X_1) = \frac{1}{12 \cdot n} \\
Var_\theta(T_n^*) &= E_\theta\left([T_n^*]^2\right) - E_\theta(T_n^*)^2 \\
&= n \cdot \int\limits_\theta^{\theta+1} x^2(1 + \theta - x)^{n-1} dx - \left(\theta + \frac{1}{n+1}\right)^2 \\
&= \theta^2 + \frac{2\theta}{n+1} + \frac{2}{(n+1)(n+2)} - \left(\theta + \frac{1}{n+1}\right)^2 = \frac{n}{(n+1)^2(n+2)}
\end{aligned}$$

Für den mittleren quadratischen Fehler ergibt sich gemäß (63)

$$\begin{aligned}
E_\theta((T_n - \theta)^2) &= Var_\theta(T_n) = \frac{1}{12n} \\
E_\theta((T_n^* - \theta)^2) &= \frac{n}{(n+1)^2(n+2)} + \frac{1}{(n+1)^2} = \frac{2}{(n+1)(n+2)}
\end{aligned}$$

c) Die Konsistenz beider Folgen von Schätzern erhält man aus Aufgabe 95.

3.10   Maximum-Likelihood-Methode

Lösung Aufgabe 97

Die k Beobachtungsergebnisse seien mit $x_1, \ldots, x_k$ bezeichnet. Die Likelihood-Funktion (66) ist gegeben durch

$$L(\theta; x_1, \ldots, x_k) = \prod_{i=1}^{k}(1-\theta)^{x_i-1} \cdot \theta = \theta^k \cdot (1-\theta)^{\left(\sum_{i=1}^{k} x_i\right) - k}, \quad 0 \leq \theta \leq 1$$

Die Ableitung der Funktion

$$g(\theta) = \ln L(\theta; x_1, \ldots, x_k) = k \cdot \ln\theta + \left(\left(\sum_{i=1}^{k} x_i\right) - k\right) \cdot \ln(1-\theta), \quad 0 < \theta < 1,$$

verschwindet an der Stelle $\hat\theta = k / \sum_{i=1}^{k} x_i$. Wegen

$$g'(\theta) > 0 \quad \text{für} \quad \theta \in (0, \hat\theta)$$
$$g'(\theta) < 0 \quad \text{für} \quad \theta \in (\hat\theta, 1)$$

und

$$L(0; x_1, \ldots, x_k) = L(1; x_1, \ldots, x_k) = 0$$

ist $\hat\theta$ ein Maximum–Likelihood–Schätzwert für θ. Für das konkrete Zahlenbeispiel ergibt sich

$$\hat\theta = \frac{10}{466} = 0.0215$$

Lösung Aufgabe 98

a) Wir nehmen an, dass die Anzahl der Kranken unter den n neugeborenen Kindern durch eine $B(n, \theta^2)$-verteilte Zufallsvariable X beschrieben werden kann. Unter dieser Annahme gilt

$$L(\theta; x) = \binom{n}{x} \theta^{2x} (1-\theta^2)^{n-x}, \quad 0 \leq \theta \leq 1$$

Diese Likelihood-Funktion besitzt ihr Maximum an der Stelle $\hat\theta = \sqrt{\dfrac{x}{n}}$

b) Als Maximum-Likelihood-Schätzwert für θ erhält man

$$\hat\theta = \sqrt{\frac{35}{1842}} = 0.1378$$

Lösung Aufgabe 99

Wir nehmen an, dass sich die Anzahl derjenigen eingefangenen Tiere, die von der Krankheit befallen sind, durch eine H$(4, 12, \theta)$-verteilte Zufallsvariable X angemessen beschreiben lässt. Die Likelihood–Funktion (66) hat folgende Form

$$L(\theta; 1) = \frac{\binom{\theta}{1}\binom{12-\theta}{3}}{\binom{12}{4}} = \frac{\theta \cdot (12 - \theta) \cdot (12 - \theta - 1) \cdot (12 - \theta - 2)}{3! \cdot \binom{12}{4}}, \quad \theta \in \{1, 2, \dots, 9\}$$

Aus der Äquivalenz

$$L(\theta + 1; 1) - L(\theta; 1) = \frac{(12 - \theta - 1)(12 - \theta - 2)(9 - 4\theta)}{3! \cdot \binom{12}{4}} > 0 \Longleftrightarrow \theta < \frac{9}{4}$$

folgt, dass $\hat{\theta} = 3$ ein Maximum–Likelihood–Schätzwert für θ ist.

Lösung Aufgabe 100

Wir nehmen an, dass sich die Anzahl derjenigen gefangenen Rothirsche, die gekennzeichnet sind, durch eine H$(3, \theta, 7)$-verteilte Zufallsvariable X angemessen beschreiben lässt. Dann gilt für die Likelihood–Funktion

$$L(\theta; 2) = \frac{\binom{7}{2}\binom{\theta-7}{1}}{\binom{\theta}{3}} = \frac{126 \cdot (\theta - 7)}{\theta(\theta - 1)(\theta - 2)}, \quad \theta \geq 8$$

Aus der Äquivalenz

$$L(\theta + 1; 2) - L(\theta; 2) = \frac{126 \cdot (19 - 2\theta)}{(\theta + 1)\theta(\theta - 1)(\theta - 2)} > 0 \Longleftrightarrow \theta < \frac{19}{2}$$

folgt, dass die Likelihood–Funktion ihr Maximum an der Stelle $\hat{\theta} = 10$ annimmt.

Lösung Aufgabe 101

a) Die Lösung zu Aufgabe 97 zeigt, dass

$$T_n(x_1, \dots, x_n) = \frac{1}{\dfrac{1}{n}\displaystyle\sum_{i=1}^{n} x_i}$$

ein Maximum–Likelihood–Schätzer für θ ist.

b) Im Falle $n = 1$ gilt

$$\begin{aligned}
E_\theta(T_1) &= \sum_{j=1}^{\infty} \frac{1}{j}\theta(1 - \theta)^{j-1} = \frac{\theta}{1 - \theta}\left(\sum_{j=1}^{\infty} \frac{1}{j}(1 - \theta)^{j}\right) \\
&= \frac{\theta}{1 - \theta}(-\ln(1 - (1 - \theta))) = \frac{\theta}{1 - \theta}\ln\frac{1}{\theta}, \quad 0 < \theta < 1
\end{aligned}$$

Der Schätzer T_1 ist somit nicht erwartungstreu für θ.

Lösung Aufgabe 102

a) Die Likelihood–Funktion lautet

$$L(\lambda; x_1, \ldots, x_n) = \prod_{i=1}^{n} e^{-\lambda} \cdot \frac{\lambda^{x_i}}{x_i!}, \quad \lambda > 0$$

Die Funktion

$$\ln L(\lambda; x_1, \ldots, x_n) = -\lambda n + \ln \lambda \cdot \left(\sum_{i=1}^{n} x_i \right) - \sum_{i=1}^{n} \ln(x_i!)$$

und daher auch die Likelihood–Funktion selbst ist maximal für

$$\hat{\lambda}_n(x_1, \ldots, x_n) = \frac{1}{n} \sum_{i=1}^{n} x_i$$

b) Es sei $\bar{X}_{(n)}$ das arithmetische Mittel der Zufallsvariablen $X_1, \ldots, X_n$. Wegen $\hat{\lambda}_n(X_1, \ldots, X_n) = \bar{X}_{(n)}$ erhält man

$$\begin{aligned} E_\lambda(\hat{\lambda}_n) &= E_\lambda(\bar{X}_{(n)}) = E_\lambda(X_1) = \lambda \\ Var_\lambda(\hat{\lambda}_n) &= Var_\lambda(\bar{X}_{(n)}) = \frac{1}{n} \cdot Var_\lambda(X_1) = \frac{\lambda}{n} \end{aligned}$$

c) Für die gesuchte Wahrscheinlichkeit p gilt zunächst

$$\begin{aligned} p = P_{10}(|\bar{X}_{(20)} - 10| \geq 0.5) &= 1 - P_{10}(9.5 < \bar{X}_{(20)} < 10.5) \\ &= 1 - P_{10}(191 \leq X_1 + \ldots + X_{20} \leq 209) \end{aligned}$$

Die Anwendung des Zentralen Grenzwertsatzes liefert gemäß (55)

$$\begin{aligned} p &\simeq 1 - \left[\Phi\left(\frac{209 - 200 + 0.5}{\sqrt{200}} \right) - \Phi\left(\frac{191 - 200 - 0.5}{\sqrt{200}} \right) \right] \\ &= 2\left(1 - \Phi\left(\frac{0.95}{\sqrt{2}} \right) \right) = 0.5028 \end{aligned}$$

d) Aus dem Zentralen Grenzwertsatz erhält man

$$P_{10}(|\bar{X}_{(n)} - 10| \leq 0.1) = P_{10}\left(\frac{|\bar{X}_{(n)} - 10|}{\sqrt{10/n}} \leq 0.1 \cdot \sqrt{\frac{n}{10}} \right) \simeq 2\Phi\left(0.1 \cdot \sqrt{\frac{n}{10}} \right) - 1$$

Es gilt

$$2\Phi\left(0.1 \cdot \sqrt{\frac{n}{10}} \right) - 1 \geq 0.99 \quad \Longleftrightarrow \quad n \geq 6636$$

e) Wegen

$$\lim_{n \to \infty} Var_\lambda(\hat{\lambda}_n) = \lim_{n \to \infty} \frac{\lambda}{n} = 0$$

folgt die Konsistenz von $\hat{\lambda}_1, \hat{\lambda}_2, \ldots$ aus (65).

Lösung Aufgabe 103

a) Es gilt

$$S = \min(X_1, X_2, X_3)$$

Die Verteilungsfunktionen F_i der Zufallsvariablen X_i, $i \in \{1,2,3\}$, haben die Form

$$F_1(x) = \begin{cases} 1 - e^{-\theta x} & , \ x \geq 0 \\ 0 & , \ x < 0 \end{cases} \qquad F_2(x) = F_3(x) = \begin{cases} 1 - e^{-\theta \sqrt[3]{x}} & , \ x > 0 \\ 0 & , \ x \leq 0 \end{cases}$$

Daraus folgt für $x > 0$

$$P(S > x) = P(X_1 > x, X_2 > x, X_3 > x) = e^{-\theta x} \left(e^{-\theta \sqrt[3]{x}} \right)^2 = e^{-\theta(x + 2\sqrt[3]{x})}$$

Für die Verteilungsfunktion F_S der Zufallsvariablen S gilt daher

$$F_S(x) = \begin{cases} 1 - e^{-\theta(x + 2\sqrt[3]{x})} & , \ x > 0 \\ 0 & , \ x \leq 0 \end{cases}$$

Eine Dichte von S ist gegeben durch

$$f_S(x) = \begin{cases} \theta \left(1 + \frac{2}{3 \cdot \sqrt[3]{x^2}} \right) e^{-\theta(x + 2\sqrt[3]{x})} & , \ x > 0 \\ 0 & , \ x \leq 0 \end{cases}$$

b) Für die Likelihood-Funktion zur Messreihe $x_1, \ldots, x_5$ ergibt sich

$$L(\theta; x_1, \ldots, x_5) = \theta^5 \cdot \left[\prod_{i=1}^{5} \left(1 + \frac{2}{3\sqrt[3]{x_i^2}} \right) \right] \cdot e^{-\theta \sum_{i=1}^{5} (x_i + 2\sqrt[3]{x_i})}, \qquad \theta > 0$$

Mit den Bezeichnungen

$$a = \prod_{i=1}^{5} \left(1 + \frac{2}{3 \cdot \sqrt[3]{x_i^2}} \right)$$

$$b = \sum_{i=1}^{5} (x_i + 2\sqrt[3]{x_i})$$

besitzt die Log-Likelihood-Funktion die folgende Form

$$\ln L(\theta; x_1, \ldots, x_5) = \ln a + 5 \cdot \ln \theta - b \cdot \theta$$

Die Maximalstelle $\hat{\theta}$ dieser Funktion und damit der Likelihood-Funktion ist

$$\hat{\theta} = \frac{5}{b}$$

Für die angegebenen Messwerte $x_1, \ldots, x_5$ ergibt sich

$$\hat{\theta} = \frac{5}{547.25} = 0.00914$$

Lösung Aufgabe 104

Die zu der Messreihe $x_1, \ldots, x_{15}$ gehörende Likelihood-Funktion ist

$$L(\theta; x_1, \ldots, x_{15}) = (2\theta)^{15} \cdot \left[\prod_{i=1}^{15} x_i\right] \cdot e^{-\theta \sum_{i=1}^{15} x_i^2}, \quad \theta > 0$$

Die Log-Likelihood-Funktion

$$\ln L(\theta; x_1, \ldots, x_{15}) = 15 \cdot \ln(2\theta) + \sum_{i=1}^{15} \ln x_i - \theta \sum_{i=1}^{15} x_i^2$$

ist maximal an der Stelle

$$\hat{\theta} = \frac{15}{\displaystyle\sum_{i=1}^{15} x_i^2} = \frac{15}{36.415} = 0.4119$$

Lösung Aufgabe 105

Die Likelihood–Funktion $L(\cdot; x_1, \ldots, x_n)$, die Log-Likelihood–Funktion $\ln L(\cdot; x_1, \ldots, x_n)$ und der Maximum–Likelihood–Schätzwert $\hat{\theta}(x_1, \ldots, x_n)$ besitzen in den einzelnen Fällen die folgende Form:

a)

$$L(\theta; x_1, \ldots, x_n) = \left(\frac{\beta}{\theta}\right)^n \cdot \left(\prod_{i=1}^{n} x_i\right)^{\beta-1} \cdot e^{-\frac{1}{\theta} \sum_{i=1}^{n} x_i^\beta}$$

$$\ln L(\theta; x_1, \ldots, x_n) = n \ln \beta - n \ln \theta + (\beta - 1) \sum_{i=1}^{n} \ln x_i - \frac{1}{\theta} \sum_{i=1}^{n} x_i^\beta$$

$$\hat{\theta}(x_1, \ldots, x_n) = \frac{1}{n} \sum_{i=1}^{n} x_i^\beta$$

b)

$$L(\theta; x_1, \ldots, x_n) = \left(\frac{\theta^3}{120}\right)^n \cdot \left(\prod_{i=1}^{n} x_i\right)^5 \cdot e^{-\sqrt{\theta} \cdot \sum_{i=1}^{n} x_i}$$

$$\ln L(\theta; x_1, \ldots, x_n) = 3n \ln \theta - n \ln 120 + 5 \sum_{i=1}^{n} \ln x_i - \sqrt{\theta} \cdot \sum_{i=1}^{n} x_i$$

$$\hat{\theta}(x_1, \ldots, x_n) = \left(\frac{6n}{\displaystyle\sum_{i=1}^{n} x_i}\right)^2$$

c)

$$L(\theta; x_1, \ldots, x_n) \;=\; \left(\prod_{i=1}^{n} \frac{1}{x_i}\right) \cdot \left(\frac{1}{2\pi\theta}\right)^{\frac{n}{2}} \cdot e^{-\dfrac{1}{2\theta}\sum_{i=1}^{n}(\ln x_i - \beta)^2}$$

$$\ln L(\theta; x_1, \ldots, x_n) \;=\; -\sum_{i=1}^{n}\ln x_i - \frac{n}{2}\ln\frac{\pi}{2} - \frac{n}{2}\ln\theta - \frac{1}{2\theta}\sum_{i=1}^{n}(\ln x_i - \beta)^2$$

$$\hat{\theta}(x_1, \ldots, x_n) \;=\; \frac{1}{n}\sum_{i=1}^{n}(\ln x_i - \beta)^2$$

Lösung Aufgabe 106

a) Die Likelihood-Funktion

$$L(\theta; x_1, \ldots, x_n) = \begin{cases} e^{-\left(\sum_{i=1}^{n} x_i\right) + n(\theta - 1)} & \text{falls } \min(x_1, \ldots, x_n) \geq \theta - 1 \\ 0 & \text{sonst} \end{cases}$$

hat ihr Maximum an der Stelle $\hat{\theta} = \min(x_1, \ldots, x_n) + 1$. Also ist

$$\hat{\theta}(X_1, \ldots, X_n) = \min(X_1, \ldots, X_n) + 1$$

der Maximum–Likelihood–Schätzer für θ. Da die Zufallsvariablen $Y_i = X_i - \theta + 1$, $i = 1, \ldots, n$, unabhängig und Ex(1)–verteilt sind, ist die Zufallsvariable

$$Y = \min(Y_1, \ldots, Y_n) = \min(X_1, \ldots, X_n) - \theta + 1$$

Ex(n)-verteilt (siehe Aufgabe 62). Daraus folgt

$$P_\theta(\hat{\theta}(X_1, \ldots, X_n) \leq x) \;=\; P_\theta(Y \leq x - \theta) = \begin{cases} 1 - e^{-n(x-\theta)} & \text{für } x \geq \theta \\ 0 & \text{für } x < \theta \end{cases}$$

$$E_\theta(\hat{\theta}(X_1, \ldots, X_n)) \;=\; E_\theta(Y + \theta) = \frac{1}{n} + \theta$$

$$Var_\theta(\hat{\theta}(X_1, \ldots, X_n)) \;=\; Var_\theta(Y + \theta) = Var_\theta(Y) = \frac{1}{n^2}$$

b) Die Messreihe $x_1, \ldots, x_{10}$ liefert

$$\hat{\theta} = \min(x_1, \ldots, x_{10}) + 1 = 2.24 + 1 = 3.24$$

Für den Erwartungswert und die Varianz der Zufallsvariablen X_1 gilt

$$E_{\hat{\theta}}(X_1) \;=\; E_{\hat{\theta}}(Y_1) + \hat{\theta} - 1 = \hat{\theta} = 3.24$$
$$Var_{\hat{\theta}}(X_1) \;=\; Var_{\hat{\theta}}(Y_1) = 1$$

Das arithmetische Mittel $\bar{x}$ und die empirische Varianz s^2 der Messreihe haben die Werte

$$\bar{x} = 3.037 \qquad s^2 = 0.419$$

Lösung Aufgabe 107

a) Die Likelihood–Funktion zur Stichprobe $x_{11}, \ldots, x_{mn}$ lautet

$$L(\theta; x_{11}, \ldots, x_{mn}) = L(\mu_1, \ldots, \mu_m, \sigma^2; x_{11}, \ldots, x_{mn})$$

$$= \left(\frac{1}{2\pi\sigma^2}\right)^{\frac{mn}{2}} \cdot e^{-\frac{1}{2\sigma^2} \sum_{i=1}^{m} \sum_{j=1}^{n} (x_{ij} - \mu_i)^2}$$

Mit der Bezeichnung $\bar{x}_i = \dfrac{1}{n} \displaystyle\sum_{j=1}^{n} x_{ij}$ für $i \in \{1, \ldots, m\}$ gilt für die Log–Likelihood–Funktion

$$\ln L(\theta; x_{11}, \ldots, x_{mn}) = -\frac{mn}{2} \ln(2\pi\sigma^2) - \frac{1}{2\sigma^2} \sum_{i=1}^{m} \sum_{j=1}^{n} (x_{ij} - \mu_i)^2$$

$$= -\frac{mn}{2} \ln(2\pi\sigma^2) - \frac{1}{2\sigma^2} \sum_{i=1}^{m} \left[\sum_{j=1}^{n} (x_{ij} - \bar{x}_i)^2 + n(\mu_i - \bar{x}_i)^2 \right]$$

Die Maximalstelle der Likelihood–Funktion ist daher

$$\hat{\theta} = \left(\bar{x}_1, \ldots, \bar{x}_m, \frac{1}{mn} \sum_{i=1}^{m} \sum_{j=1}^{n} (x_{ij} - \bar{x}_i)^2 \right)$$

b) Die Zufallsvariablen Y_i, $i = 1, \ldots, m$, seien wie folgt definiert

$$Y_i = \sum_{j=1}^{n_0} (X_{ij} - \bar{X}_i)^2, \quad \text{wobei} \quad \bar{X}_i = \frac{1}{n_0} \sum_{j=1}^{n_0} X_{ij}$$

$Y_1, \ldots, Y_m$ sind unabhängig und $\frac{1}{\sigma^2} Y_i$ ist nach (48) $\chi^2_{n_0-1}$–verteilt für alle $i \in \{1, \ldots, m\}$. Wegen $S_m = \frac{1}{mn_0}(Y_1 + \ldots + Y_m)$ gilt

$$E_{\sigma^2}(S_m) = \frac{1}{mn_0} \cdot m E_{\sigma^2}(Y_1) = \frac{n_0 - 1}{n_0} \cdot \sigma^2 \neq \sigma^2$$

$$Var_{\sigma^2}(S_m) = \frac{1}{m^2 n_0^2} \cdot m Var_{\sigma^2}(Y_1) = \frac{2(n_0 - 1)}{mn_0^2} \cdot \sigma^4$$

Es sei $\epsilon = \dfrac{\sigma^2}{2n_0}$. Dann gilt

$$\sigma^2 - \frac{n_0 - 1}{n_0}\sigma^2 = \frac{\sigma^2}{n_0} = 2\epsilon$$

Aus dieser Beziehung und der Tschebyscheffschen Ungleichung folgt

$$P_{\sigma^2}\left(|S_m - \sigma^2| > \epsilon\right) \geq P_{\sigma^2}\left(\left|S_m - \frac{n_0 - 1}{n_0}\sigma^2\right| < \epsilon\right)$$

$$\geq 1 - \frac{Var_{\sigma^2}(S_m)}{\epsilon^2} = 1 - \frac{8(n_0 - 1)}{m}$$

Wegen

$$\lim_{m \to \infty} 1 - \frac{8(n_0 - 1)}{m} = 1$$

ist die Bedingung (64) für $\varepsilon = \dfrac{\sigma^2}{2n_0}$ verletzt, die Schätzerfolge $S_1, S_2, \ldots$ also nicht konsistent für σ^2.

c) Für $a_m = \frac{n_0}{n_0 - 1}$, $m \in \mathbf{N}$, gilt

$$E_{\sigma^2}(T_m) = \frac{n_0}{n_0 - 1} \cdot E_{\sigma^2}(S_m) = \sigma^2$$

$$Var_{\sigma^2}(T_m) = \left(\frac{n_0}{n_0 - 1}\right)^2 \cdot Var_{\sigma^2}(S_m) = \frac{2\sigma^4}{m(n_0 - 1)}$$

Die Konsistenz der Schätzerfolge $T_1, T_2, \ldots$ ergibt sich damit aus (65).

Lösung Aufgabe 108

a) O.B.d.A. seien alle Messwerte in der Stichprobe $x_1, \ldots, x_n$ größer 0. Die Likelihood–Funktion

$$L(\theta; x_1, \ldots, x_n) = \left(\frac{9}{2\pi}\right)^{\frac{n}{2}} \cdot \left[\prod_{i=1}^{n} \frac{1}{x_i}\right] \cdot e^{-\frac{9}{2} \sum_{i=1}^{n} (\theta - \ln x_i)^2}$$

ist maximal an der Stelle

$$\hat{\theta}(x_1, \ldots, x_n) = \frac{1}{n} \cdot \sum_{i=1}^{n} \ln x_i$$

Daher ist

$$T_n(X_1, \ldots, X_n) = \frac{1}{n} \cdot \sum_{i=1}^{n} \ln X_i$$

ein Maximum–Likelihood–Schätzer.

b) Es gilt

$$P(Y \leq x) = P(X \leq e^x) = \int_0^{e^x} \frac{3}{t\sqrt{2\pi}} \cdot e^{-\frac{9}{2}(\theta - \ln t)^2} dt$$

$$= \frac{3}{\sqrt{2\pi}} \cdot \int_{-\infty}^{x} e^{-\frac{9}{2}(u - \theta)^2} du$$

Also ist Y eine normalverteilte Zufallsvariable mit $E_\theta(Y) = \theta$ und $Var_\theta(Y) = \frac{1}{9}$.

c) Die Berechnung des Erwartungswertes von T_n liefert

$$E_\theta(T_n) = E_\theta\left(\frac{1}{n} \cdot \sum_{i=1}^{n} \ln X_i\right) = \frac{1}{n} \cdot \sum_{i=1}^{n} E_\theta(Y_i) = \theta$$

3.11 Konfidenzintervalle

Lösung Aufgabe 109

Für die Chrommanteldicke d gilt

$$d = \sqrt{r^2 + \frac{b^2 - a^2}{4}} - r$$

Die Anwendung dieser Formel liefert

i	1	2	3	4	5	6	7	8	9	10
d_i	1.38	1.27	1.22	1.15	1.02	1.21	1.30	1.03	1.36	1.39

Das arithmetische Mittel der Werte $d_1, \ldots, d_{10}$ ist $\bar{d} = 1.236$. Aus (67) erhält man mit $u_{0.975} = 1.96$ und $\sigma_0^2 = 0.01$ das konkrete Schätzintervall $[1.174, 1.298]$ für μ.

Lösung Aufgabe 110

Es sei $\bar{X}_{(n)}$ das arithmetische Mittel und $S_{(n)}^2$ die Stichprobenvarianz der unabhängigen und $N(\mu, \sigma^2)$-verteilten Zufallsvariablen $X_1, \ldots, X_n$. Nach (49) ist die Zufallsvariable

$$Y_{(n)} = \frac{\sqrt{n}(\bar{X}_{(n)} - \mu)}{\sqrt{S_{(n)}^2}}$$

t_{n-1}-verteilt. Daher gilt mit $\theta = (\mu, \sigma^2)$

$$\begin{aligned}
1 - \alpha &= P_\theta(Y_{(n)} \le t_{n-1;1-\alpha}) \\
&= P_\theta\left(\bar{X}_{(n)} - t_{n-1;1-\alpha} \cdot \sqrt{\frac{S_{(n)}^2}{n}} \le \mu\right)
\end{aligned}$$

Also ist

$$\left[\bar{X}_{(n)} - t_{n-1;1-\alpha} \cdot \sqrt{\frac{S_{(n)}^2}{n}}, \infty\right)$$

ein Konfidenzintervall für $\tau(\theta) = \mu$ zum Konfidenzniveau $1 - \alpha$. Als konkretes Schätzintervall für μ erhält man

$$[19.943, \infty)$$

Lösung Aufgabe 111

Das Konfidenzschätzverfahren (67) mit $\alpha = 0.05$ und $\sigma_0^2 = 3.24$ liefert das konkrete Schätzintervall $[34.282, 36.318]$ für μ.

Lösung Aufgabe 112

a) Anwendung von (68) liefert das konkrete Schätzintervall $[52.545, 54.815]$ für μ.

b) Mit dem Konfidenzschätzverfahren (70) erhält man für σ^2 das konkrete Schätzintervall $[29.394, 49.552]$.

c) Mit $\sigma_0^2 = 6.13^2$ ergibt sich aus (67) das konkrete Schätzintervall $[52.556, 54.804]$ für μ.

Lösung Aufgabe 113

Das Konfidenzschätzverfahren (67) liefert Konfidenzintervalle der Länge

$$L = 2 \cdot u_{1-\frac{\alpha}{2}} \cdot \frac{\sigma_0}{\sqrt{n}}$$

a) Für $\alpha = 0.1$ und $\sigma_0 = 5$ gilt

$$L = \frac{10 \cdot u_{0.95}}{\sqrt{n}} = \frac{16.45}{\sqrt{n}} \leq 1.25 \qquad \Longleftrightarrow \qquad n \geq 174$$

b) Mit $n = 200$ und $L = 1.15$ erhält man die Gleichung

$$1 - \frac{\alpha}{2} = \Phi(u_{1-\frac{\alpha}{2}}) = \Phi\left(\frac{1.15 \cdot \sqrt{200}}{10}\right) = \Phi(1.63) = 0.9484$$

Das Konfidenzniveau ist also gleich 0.8968.

c) Das konkrete Schätzintervall besitzt die Länge

$$L = 2 \cdot u_{0.9} \cdot \frac{5}{\sqrt{150}} = 1.047$$

Lösung Aufgabe 114

a) Mit $\mu_0 = 0.33$ und den Quantilen $\chi^2_{10;0.025} = 3.247$ bzw. $\chi^2_{10;0.975} = 20.483$ erhält man gemäß (69) das konkrete Schätzintervall $I = [9.96 \cdot 10^{-6}, 62.83 \cdot 10^{-6}]$ für σ^2.

b) Die Zufallsvariable X sei $N(0.33, \sigma^2)$-verteilt mit $\sigma^2 \in I$. Dann gilt

$$P_{\sigma^2}(X \leq 0.32) = \Phi\left(-\frac{0.01}{\sqrt{\sigma^2}}\right) \leq \Phi\left(-\frac{0.01}{\sqrt{62.83 \cdot 10^{-6}}}\right) = \Phi(-1.26) = 0.1038$$

Lösung Aufgabe 115

a) Das Konfidenzschätzverfahren (68) liefert mit $t_{50;0.975} = 2.0086$ das konkrete Schätzintervall $[9.748, 10.252]$ für μ.

b) Die Länge des Konfidenzintervalles wird beschrieben durch die Zufallsvariable

$$L = 2 \cdot t_{50;0.975} \cdot \sqrt{\frac{S^2_{(51)}}{51}} = 0.5625 \cdot \sqrt{S^2_{(51)}}$$

Es gilt

$$L \leq 0.3 \quad \Longleftrightarrow \quad S^2_{(51)} \leq 0.5333^2$$

$$\Longleftrightarrow \quad \frac{n-1}{\sigma^2} \cdot S^2_{(51)} = 100 \cdot S^2_{(51)} \leq 28.44$$

Die Zufallsvariable $100 \cdot S^2_{(51)}$ ist nach (48) χ^2_{50}-verteilt. Mit Hilfe des Zentralen Grenzwertsatzes erhält man näherungsweise

$$P(100 \cdot S^2_{(51)} \leq 28.44) \simeq \Phi\left(\frac{28.44 - 50}{\sqrt{100}}\right) = \Phi(-2.16) = 0.0154$$

Lösung Aufgabe 116

Es wird angenommen, dass die Anzahl derjenigen befragten Besitzer, die mit der Straßenlage ihres Fahrzeugs unzufrieden sind, durch eine $B(n,p)$-verteilte Zufallsvariable Z mit $n = 3000$ angemessen beschrieben werden kann. Nach dem Zentralen Grenzwertsatz ist die standardisierte Zufallsvariable

$$Y = \frac{Z - np}{\sqrt{np(1-p)}}$$

näherungsweise N(0,1)-verteilt. Daraus erhält man für $0 < \alpha < 0.5$

$$P_p(Y \geq u_\alpha) \simeq 1 - \alpha \qquad \text{für alle } 0 < p < 1$$

Es gilt

$$\frac{Z - np}{\sqrt{np(1-p)}} \geq u_\alpha \iff Z - np \geq u_\alpha \cdot \sqrt{np(1-p)}$$

$$\iff Z - np \geq 0 \quad \text{oder} \quad u_\alpha \cdot \sqrt{np(1-p)} \leq Z - np < 0$$

$$\iff p \leq \frac{Z}{n} \quad \text{oder} \quad \left[p > \frac{Z}{n} \text{ und } (Z-np)^2 \leq u^2_{1-\alpha} \cdot np(1-p)\right]$$

$$\iff p \in \left[0, \frac{1}{n + u^2_{1-\alpha}}\left(Z + \frac{u^2_{1-\alpha}}{2} + u_{1-\alpha} \cdot \sqrt{\frac{Z(n-Z)}{n} + \frac{u^2_{1-\alpha}}{4}}\right)\right]$$

Mit $c = u_{1-\alpha}$ ist also

$$\left[0, \frac{1}{n + c^2}\left(Z + \frac{c^2}{2} + c \cdot \sqrt{\frac{Z(n-Z)}{n} + \frac{c^2}{4}}\right)\right]$$

ein Konfidenzintervall für p, dessen Niveau näherungsweise gleich $1 - \alpha$ ist. Für die Realisation $z = 60$ und $n = 3000$ ergibt sich $[0, 0.0247]$ als konkretes Schätzintervall für p zum Niveau 0.95.

Lösung Aufgabe 117

Wir nehmen an, dass die Anzahl defekter Bauteile innerhalb der Stichprobe durch eine $B(n, p)$-verteilte Zufallsvariable Z beschrieben werden kann.

a) Mit $c = u_{0.975} = 1.96$ erhält man aus (71) bzw. (72) das konkrete Schätzintervall $[0.0919, 0.1430]$ für p.

b) Es sei z die Anzahl der defekten Bauteile in der gezogenen Stichprobe. Dann ist die Länge L des konkreten Schätzintervalles gleich

$$L = \frac{2c}{n + c^2} \cdot \sqrt{\frac{z(n - z)}{n} + \frac{c^2}{4}}$$

Aus

$$\frac{z(n - z)}{n} \leq \frac{n}{4} \quad \text{für alle } z \in \{0, \dots, n\}$$

und

$$\frac{2c}{n + c^2} \cdot \sqrt{\frac{n}{4} + \frac{c^2}{4}} \leq 0.05 \qquad \Longleftrightarrow \qquad 399c^2 \leq n$$

folgt, dass für $n \geq 1533$ das Konfidenzschätzverfahren zum Niveau 0.95 konkrete Schätzintervalle liefert, deren Längen nicht größer als 0.05 sind.

3.12   Tests bei Normalverteilungsannahmen

Lösung Aufgabe 118

Zur Prüfung der Hypothese H_0 wird jeweils der Gauß–Test verwendet.

a) Wegen

$$T(x_1, \ldots, x_{16}) = -1.886 > -u_{0.975} = -1.96$$

kann gegen H_0 nichts eingewendet werden.

b) Die Hypothese H_0 wird abgelehnt, da

$$T(x_1, \ldots, x_{16}) = -1.886 < u_{0.05} = -1.645$$

Lösung Aufgabe 119

a) Der zweiseitige Gauß–Test führt auf dem Niveau 0.05 wegen

$$T(x_1, \ldots, x_{81}) = -1.5 > -u_{0.975} = -1.96$$

nicht zu einer Ablehnung der Hypothese $H_0 : \mu = 38\,g$.

b) Die Hypothese wird nicht verworfen, falls das Ereignis „$|T(X_1, \ldots, X_{81})| \leq u_{0.975}$" eintritt. Die Zufallsvariable

$$T(X_1, \ldots, X_{81}) = \frac{9}{6}(\bar{X}_{(81)} - 38)$$

ist $N(-1.5, 1)$–verteilt, falls $\mu = 37\,g$ gilt. Daraus folgt

$$
\begin{aligned}
P(|T(X_1, \ldots, X_{81})| \leq 1.96) &= \Phi(1.96 + 1.5) - \Phi(-1.96 + 1.5) \\
&= 1 - 0.3228 = 0.6772
\end{aligned}
$$

c) Die Zufallsvariable

$$T(X_1, \ldots, X_n) = \frac{\sqrt{n}}{6}\left(\bar{X}_{(n)} - 38\right)$$

ist $N(-\frac{\sqrt{n}}{6}, 1)$–verteilt, falls $\mu = 37\,g$ gilt. Es folgt

$$P(|T(X_1, \ldots, X_n)| \leq 1.96) = \Phi\left(1.96 + \frac{\sqrt{n}}{6}\right) - \Phi\left(-1.96 + \frac{\sqrt{n}}{6}\right)$$

Diese Wahrscheinlichkeit ist sicher dann ≤ 0.05, wenn gilt

$$-1.96 + \frac{\sqrt{n}}{6} \geq u_{0.95} = 1.645$$

Diese Bedingung ist für $n \geq 468$ erfüllt.

Lösung Aufgabe 120

Die Anwendung des Gauß–Tests führt zur Ablehnung der Nullhypothese, wenn für das arithmetische Mittel $\bar{x}$ der Messreihe $x_1, \ldots, x_{16}$ gilt

$$\frac{4}{\sqrt{1.21}}(\bar{x} - 20) < u_{0.1} = -1.282 \qquad \Longleftrightarrow \qquad \bar{x} < 19.65$$

Die Zufallsvariable $\bar{X}_{(16)}$ ist $N(\mu, \frac{1.21}{16})$–verteilt. Man erhält also

$$P(\bar{X}_{(16)} < 19.65) = \Phi(3.64 \cdot (19.65 - \mu))$$

Für $\mu = 19.6$ bzw. $\mu = 20.1$ ergibt sich die Wahrscheinlichkeit 0.5714 bzw. 0.0505.

Lösung Aufgabe 121

Der einseitige Zweistichproben–Gauß–Test führt wegen

$$T(x_1, \ldots, x_{10}, y_1, \ldots, y_{16}) = -1.03 > u_{0.05} = -1.645$$

nicht zur Ablehnung der Hypothese H_0.

Lösung Aufgabe 122

a) Wegen
$$|T(x_1, \ldots, x_{20}, y_1, \ldots, y_{15})| = |1.031| < u_{0.985} = 2.17$$

kann bei Anwendung des Zweistichproben–Gauß–Tests gegen die Nullhypothese $\mu_1 = \mu_2$ nichts eingewendet werden.

b) Die Zufallsvariable $\bar{X}_{(20)} + \bar{Y}_{(15)}$ ist $N(\mu_1 + \mu_2, 0.65)$–verteilt. Also ist

$$\left[\bar{X}_{(20)} + \bar{Y}_{(15)} - u_{0.98} \cdot \sqrt{0.65}, \bar{X}_{(20)} + \bar{Y}_{(15)} + u_{0.98} \cdot \sqrt{0.65} \right]$$

ein Konfidenzintervall für $\mu_1 + \mu_2$ zum Niveau 0.96. Aus den Daten erhält man das konkrete Schätzintervall $[39.727, 43.041]$.

Lösung Aufgabe 123

a) Das Konfidenzschätzverfahren (68) liefert für den Erwartungswert μ das konkrete Schätzintervall $[2.74, 2.90]$.

b) Der Wert der Testgröße des t-Tests ist in diesem Fall -2.0. Wegen

$$-2.0 > t_{24;0.01} = -2.49$$

kann die Hypothese auf dem Niveau 1% nicht verworfen werden.

Lösung Aufgabe 124

a) Der t-Test eignet sich zum Überprüfen der Hypothese $\mu = \mu_0$. Er führt zur Ablehnung dieser Hypothese, falls für das arithmetische Mittel $\bar{x}$ und die empirische Varianz s^2 der Messreihe gilt

$$\sqrt{11} \cdot \left| \frac{\bar{x} - \mu_0}{\sqrt{s^2}} \right| > t_{10;0.99} = 2.7638$$

b) Wegen

$$\sqrt{11} \cdot \left| \frac{\bar{x}}{\sqrt{s^2}} \right| = 1.0106$$

kann gegen die Hypothese $\mu_0 = 0$ nichts eingewendet werden.

c) Die Nullhypothese wird nicht abgelehnt, falls gilt

$$\sqrt{11} \cdot \left| \frac{\bar{x} - \mu_0}{\sqrt{s^2}} \right| \leq t_{10;0.99} \quad \Longleftrightarrow \quad \bar{x} - t_{10;0.99} \cdot \sqrt{\frac{s^2}{11}} \leq \mu_0 \leq \bar{x} + t_{10;0.99} \cdot \sqrt{\frac{s^2}{11}}$$

d.h. falls μ_0 im vom Konfidenzschätzverfahren (68) gelieferten konkreten Schätzintervall für μ zum Niveau 0.98 liegt. Für alle $\mu_0 \in [-0.2287, 0.4923]$ führt der t-Test daher nicht zur Ablehnung der Hypothese $\mu = \mu_0$.

Lösung Aufgabe 125

Es wird davon ausgegangen, dass die Messwerte $x_1, \ldots, x_{15}$ bzw. $y_1, \ldots, y_{20}$ eine Realisierung von unabhängigen $N(\mu_1, \sigma^2)$-verteilten bzw. $N(\mu_2, \sigma^2)$-verteilten Zufallsvariablen sind. Zu prüfen ist die Hypothese $H_0 : \mu_1 = \mu_2$. Wegen

$$T(x_1, \ldots, x_{15}, y_1, \ldots, y_{20}) = 0.7064 < t_{33;0.975} = 2.0345$$

kann aufgrund des Zweistichproben-t-Tests die Hypothese nicht verworfen werden.

Lösung Aufgabe 126

a) Es wird angenommen, dass das Gewicht eines neugeborenen ausgetragenen Knaben durch eine $N(\mu_1, \sigma^2)$-verteilte Zufallsvariable und das entsprechende Gewicht eines Mädchens durch eine $N(\mu_2, \sigma^2)$-verteilte Zufallsvariable angemessen beschrieben werden kann. Zu prüfen ist die Nullhypothese $H_0 : \mu_1 = \mu_2$. Die Testgröße des Zweistichproben-t-Tests hat den Wert

$$T(x_1, \ldots, x_{270}, y_1, \ldots, y_{256}) = -6.031$$

Wegen $t_{524;0.995} = 2.58$ ist die Nullhypothese auf dem Niveau $\alpha = 0.01$ und damit erst recht auf den anderen betrachteten Niveaus abzulehnen.

b) Gemäß (68) erhält man die folgenden konkreten Schätzintervalle

für	konkretes Schätzintervall zum Niveau		
	0.9	0.95	0.99
μ_1	[3302, 3398]	[3293, 3407]	[3275, 3425]
μ_2	[3052, 3148]	[3042, 3158]	[3024, 3176]

c) Wegen $3550 \notin [3293, 3407]$ und $3250 \notin [3042, 3158]$ werden beide Annahmen auf dem 5%-Niveau durch die Beobachtungen widerlegt.

Lösung Aufgabe 127

Wir setzen voraus, dass die Messwerte eine Realisierung unabhängiger $N(\mu_x, \sigma^2)$- bzw. $N(\mu_y, \sigma^2)$-verteilter Zufallsvariablen sind und wenden einen Zweistichproben-t-Test an. Die Testgröße hat den Wert

$$T = \sqrt{\frac{60 \cdot 42 \cdot 100}{102}} \cdot \frac{28.3 - 24.8}{\sqrt{59 \cdot 5.4^2 + 41 \cdot 8.4^2}} = 2.561$$

Wegen $t_{100;0.975} = 1.984$ ist die Hypothese zu verwerfen.

Lösung Aufgabe 128

Es wird ein einseitiger Zweistichproben-t-Test zur Überprüfung der Hypothese angewandt. Wegen

$$T(x_1, \ldots, x_{25}, y_1, \ldots, y_{35}) = 2.1444 > t_{58;0.95} = 1.6716$$

wird die Hypothese H_0 verworfen.

Lösung Aufgabe 129

a) Die Testgröße des einseitigen Zweistichproben-t-Tests hat den Wert

$$T(x_1, \ldots, x_{21}, y_1, \ldots, y_9) = \sqrt{\frac{21 \cdot 9 \cdot 28}{30}} \cdot \frac{503 - 501}{\sqrt{20 \cdot 3.24 + 8 \cdot 3.61}} = 2.744$$

Wegen $t_{28;0.95} = 1.7011$ wird die Hypothese verworfen.

b) Für die Testgröße des F-Tests gilt

$$T(x_1, \ldots, x_{21}, y_1, \ldots, y_9) = \frac{3.24}{3.61} = 0.8975$$

Wegen

$$F_{20,8;0.05} = \frac{1}{F_{8,20;0.95}} = 0.4086 < 0.8975 < F_{20,8;0.95} = 3.1502$$

kann gegen die Annahme $\sigma_1^2 = \sigma_2^2$ nichts eingewendet werden.

Lösung Aufgabe 130

a) Wegen

$$F_{9,9;0.05} = 0.3146 < T(x_1, \ldots, x_{10}, y_1, \ldots, y_{10}) = 1.1077 < F_{9,9;0.95} = 3.1789$$

kann bei Anwendung des F-Tests gegen die Annahme gleicher Streuungen nichts eingewendet werden.

b) Zur Überprüfung der Hypothese wird ein einseitiger Zweistichproben-t-Test verwendet. Die Testgröße hat bei den vorliegenden Daten den Wert -2.1273. Wegen $-t_{18;0.975} = -2.1009$ muss die Hypothese verworfen werden.

Lösung Aufgabe 131

a) Aufgrund des einseitigen F-Tests kann wegen

$$T(x_1, \ldots, x_{21}, y_1, \ldots, y_{16}) = 0.4615 > F_{20,15;0.05} = \frac{1}{F_{15,20;0.95}} = 0.4539$$

die Hypothese nicht verworfen werden.

b) Mit $t_{20;0.95} = 1.7247$ und $t_{15;0.95} = 1.7530$ ergibt sich aus (68) das konkrete Schätzintervall $[55.788, 56.612]$ für μ_1 bzw. $[29.793, 31.207]$ für μ_2.

c) Wegen $P_{\mu_1}(U_1 \leq \mu_1 \leq O_1) = P_{\mu_2}(U_2 \leq \mu_2 \leq O_2) = 0.9$ gilt

$$P_{(\mu_1,\mu_2)}(U_1 + U_2 \leq \mu_1 + \mu_2 \leq O_1 + O_2)$$
$$\geq P_{(\mu_1,\mu_2)}(U_1 \leq \mu_1 \leq O_1 \text{ und } U_2 \leq \mu_2 \leq O_2) = 0.9^2 = 0.81$$

Dabei wurde ausgenutzt, dass die zweidimensionalen Zufallsvariablen (U_1, O_1) und (U_2, O_2) unabhängig sind, da sie Funktionen der Zufallsvariablen $X_1, \ldots, X_{21}$ bzw. $Y_1, \ldots, Y_{16}$ sind.

Lösung Aufgabe 132

Wir setzen voraus, dass die Messreihen eine Realisierung von unabhängigen $N(\mu, \sigma_A^2)$- bzw. $N(\mu, \sigma_B^2)$-verteilten Zufallsvariablen sind und führen einen einseitigen F-Test zur Prüfung der Nullhypothese $\sigma_A^2 \leq \sigma_B^2$ durch. Wegen

$$T(x_1, \ldots, x_{10}, y_1, \ldots, y_{10}) = 3.6340 > F_{9,9;0.95} = 3.1789$$

wird die Nullhypothese verworfen. Auf die Anschaffung der neuen Waage sollte nicht verzichtet werden.

Lösung Aufgabe 133

Zur Überprüfung der Annahme verwenden wir einen F-Test. Die Annahme gleicher Varianzen ist dabei zu verwerfen, denn

$$T(x_1, \ldots, x_{10}, y_1, \ldots, y_8) = 0.2257 < F_{9,7;0.05} = 0.3037$$

Die Anwendung des Zweistichproben-t-Tests war also nicht gerechtfertigt.

Lösung Aufgabe 134

Zur Prüfung der Nullhypothese $\sigma_1^2 \leq \sigma_2^2$ wird ein F-Test angewandt. Wegen

$$T(x_1, \ldots, x_{10}, y_1, \ldots, y_{20}) = \frac{1.2067}{0.1622} = 7.4404 > F_{9,19;0.95} = 2.4227$$

ist die Nullhypothese zu verwerfen.

Lösung Aufgabe 135

a) Zum Testen der Hypothese $\mu = 1000$ wird der t-Test verwendet. Der Wert der Testgröße ist $T(x_1, \ldots, x_{10}) = -1.1209$. Wegen $t_{9;0.975} = 2.2622$ kann die Hypothese nicht verworfen werden.

b) Die Durchführung des einseitigen χ^2-Streuungstests zur Prüfung der Hypothese $\sigma^2 \geq 4$ führt wegen

$$T(x_1, \ldots, x_{10}) = 8.775 > \chi^2_{9;0.05} = 3.325$$

nicht zur Ablehnung der Hypothese.

Lösung Aufgabe 136

a) Der Wert der Testgröße des einseitigen χ^2-Streuungstests ist $T(x_1, \ldots, x_{12}) = 4.8457$. Wegen $\chi^2_{11;0.1} = 5.578$ wird daher die Nullhypothese $\sigma^2 \geq 10^{-4}$ verworfen.

b) Die Nullhypothese $\mu = 3$ wird durch Anwendung eines t-Tests geprüft. Wegen

$$T(x_1, \ldots, x_{12}) = 0.3088 < t_{11;0.95} = 1.7959$$

wird die Hypothese nicht verworfen. Zu einer Korrektur wird aufgrund dieses Befundes nicht geraten.

Lösung Aufgabe 137

Die Nullhypothese $\sigma^2 \leq 40$ kann aufgrund des einseitigen χ^2-Streuungstests nicht abgelehnt werden, da gilt

$$T(x_1, \ldots, x_{35}) = 39.73 < \chi^2_{34;0.95} = 48.602$$

Die Zufallsvariable

$$T^*(X_1, \ldots, X_{35}) = \frac{34}{55} \cdot S^2_{(35)}$$

ist gemäß (48) χ^2_{34}-verteilt, falls $\sigma^2 = 55$ gilt. Unter der Annahme $\sigma^2 = 55$ ist die Wahrscheinlichkeit für den Fehler 2. Art bei dem in a) verwendeten Testverfahren daher gegeben durch

$$P_{55}\left(\frac{34}{40} \cdot S^2_{(35)} \leq 48.602\right) = P_{55}\left(T^* \leq \frac{40}{55} \cdot 48.602\right)$$

$$\simeq \Phi\left(\frac{35.3469 - 34}{\sqrt{68}}\right) = \Phi(0.16) = 0.5636$$

Lösung Aufgabe 138

a) Die Testgröße T_n ist unter der Nullhypothese $B(n, 0.5)$-verteilt.

b) Die OC–Funktion $\beta_i^{(n)}$ des Tests mit dem Ablehnungsbereich $K_i^{(n)}$ lautet

$$\beta_i^{(n)}(\theta) = P_\theta(T_n < i) = \sum_{k=0}^{i-1} \binom{n}{k} \theta^k (1-\theta)^{n-k}, \quad i \geq 0, \ \theta \geq 0.5$$

c) Wegen

$$P_{0.5}(T_4 \geq i) = \sum_{k=i}^{4} \binom{4}{k} \frac{1}{2^4} = \begin{cases} 0 & \text{für } i = 5 \\ 0.0625 & \text{für } i = 4 \\ 0.3125 & \text{für } i = 3 \end{cases}$$

haben lediglich die Tests mit den Ablehnungsbereichen $K_5^{(4)}$ und $K_4^{(4)}$ das Niveau $\alpha = 0.1$.

d) Man erhält

$$\beta_5^{(4)}(0.9) = P_{0.9}(T_4 < 5) = 1.0$$
$$\beta_4^{(4)}(0.9) = P_{0.9}(T_4 < 4) = 1 - 0.9^4 = 0.3439$$

e) Für $n = 4$ erfüllt nach Teil d) kein Test die geforderten Bedingungen. In den Fällen $n = 5$, $n = 6$ und $n = 7$ erhält man durch analoge Berechnungen die folgenden Ergebnisse

n	Niveau-α-Tests	Wert der OC–Funktion an der Stelle $\theta = 0.9$
5	$K_5^{(5)}$, $K_6^{(5)}$	$\beta_5^{(5)}(0.9) = 0.4095$, $\beta_6^{(5)}(0.9) = 1.0$
6	$K_6^{(6)}$, $K_7^{(6)}$	$\beta_6^{(6)}(0.9) = 0.4686$, $\beta_7^{(6)}(0.9) = 1.0$
7	$K_6^{(7)}$, $K_7^{(7)}$, $K_8^{(7)}$	$\beta_6^{(7)} = 0.1497 < 0.15,$ $\beta_7^{(7)} = 0.5217$, $\beta_8^{(7)} = 1.0$

Der Test mit dem Ablehnungsbereich $K_6^{(7)}$ erfüllt die geforderten Bedingungen. Der kleinste Stichprobenumfang n, für den ein solcher Test existiert, ist also $n = 7$.

f) Die Zahlen n und i sind so zu bestimmen, dass gilt

$$P_{0.5}(T_n \geq i) \leq 0.01 \quad \text{und} \quad P_{0.9}(T_n < i) \leq 0.01$$

Durch Anwendung der Approximationsformel (53) erhält man

$$1 - \Phi\left(\frac{2(i-1) - n}{\sqrt{n}}\right) \leq 0.01 \quad \text{und} \quad \Phi\left(\frac{10(i-1) - 9n}{3\sqrt{n}}\right) \leq 0.01,$$

woraus sich mit $u_{0.99} = 2.326$ ergibt:

$$5n + 5 \cdot 2.326 \cdot \sqrt{n} + 10 \leq 10i \leq 9n - 3 \cdot 2.326 \cdot \sqrt{n} + 10$$

Für $n = 24$ und $i = 19$ sind diese Ungleichungen erfüllt. Für $n = 23$ und $n = 22$ ist die rechte Schranke zwar noch größer als die linke; es liegt jedoch kein ganzzahliges Vielfaches von 10 zwischen den Schranken. Für $n < 22$ ist die linke Schranke größer als die rechte.

Lösung Aufgabe 139

Die Anzahl der Bauteile erster Wahl unter den 4000 gefertigten Bauteilen lässt sich durch eine B(4000, θ)–verteilte Zufallsvariable X angemessen beschreiben. Zu testen ist die Hypothese $H_0 : \theta = 0.75$ gegen die Alternative $H_1 : \theta < 0.75$. Es erscheint sinnvoll, H_0 abzulehnen, falls das Beobachtungsergebnis k „zu klein" ausfällt, d.h. falls gilt

$$P_{0.75}(X \leq k) \leq \alpha = 0.04$$

Für $k = 2951$ erhält man näherungsweise gemäß (56)

$$\begin{aligned}
P_{0.75}(X \leq 2951) &\simeq \Phi\left(\frac{2951 - 3000 + 0.5}{\sqrt{3000 \cdot 0.25}}\right) \\
&= \Phi(-1.77) = 0.0384 \leq 0.04 = \alpha
\end{aligned}$$

Die Hypothese H_0 ist somit auf dem 4%–Niveau abzulehnen.

Lösung Aufgabe 140

Die Anzahl derjenigen befragten Einwohner, die die neue Politik des Bürgermeisters befürworten, lässt sich durch eine B(500, θ)–verteilte Zufallsvariable X angemessen beschreiben. Zu prüfen ist die Nullhypothese $H_0 : \theta \leq 0.5$ gegen die Alternative $H_1 : \theta > 0.5$. Die Nullhypothese H_0 wird zugunsten der Alternative H_1 verworfen, falls das Beobachtungsergebnis k „zu groß" ist, d.h. falls für alle $\theta \leq 0.5$ gilt

$$P_\theta(X \geq k) \leq \alpha = 0.05$$

Für $k = 270$ gilt näherungsweise gemäß (56) für alle $\theta \leq 0.5$

$$\begin{aligned}
P_\theta(X \geq 270) &= 1 - P_\theta(X \leq 269) \\
&\simeq 1 - \Phi\left(\frac{269 - 500 \cdot \theta + 0.5}{\sqrt{500 \cdot \theta \cdot (1 - \theta)}}\right) \\
&\leq 1 - \Phi\left(\frac{269 - 250 + 0.5}{\sqrt{500 \cdot 0.25}}\right) \\
&= 1 - \Phi(1.74) = 0.0409 \leq 0.05 = \alpha
\end{aligned}$$

Die Nullhypothese ist also auf dem 5%–Niveau zu verwerfen.

Lösung Aufgabe 141

a) Die Zufallsvariable

$$Y = \sum_{i=1}^{n} \left(\frac{X_i - \mu_0}{\sigma}\right)^2$$

ist als Summe von n unabhängigen N(0,1)–verteilten Zufallsvariablen χ_n^2–verteilt (siehe (47)). Also gilt

$$\begin{aligned}
1 - \alpha &= P_{\sigma^2}(\chi_{n;\alpha/2}^2 \leq Y \leq \chi_{n;1-\alpha/2}^2) \\
&= P_{\sigma^2}\left(\frac{\sum_{i=1}^{n}(X_i - \mu_0)^2}{\chi_{n;1-\alpha/2}^2} \leq \sigma^2 \leq \frac{\sum_{i=1}^{n}(X_i - \mu_0)^2}{\chi_{n;\alpha/2}^2}\right)
\end{aligned}$$

Demnach ist

$$I(X_1, \ldots, X_n) = \left[\frac{\sum_{i=1}^{n}(X_i - \mu_0)^2}{\chi^2_{n;1-\alpha/2}}, \frac{\sum_{i=1}^{n}(X_i - \mu_0)^2}{\chi^2_{n;\alpha/2}} \right]$$

ein Konfidenzintervall für σ^2 zum Niveau $1 - \alpha$.

b) Die angegebenen Messwerte liefern das konkrete Schätzintervall $I(x_1, \ldots, x_{10}) = [0.748, 4.721]$ für σ^2 zum Niveau 0.95.

c) Die Testgröße

$$T(X_1, \ldots, X_n) = \frac{1}{\sigma_0^2} \sum_{i=1}^{n}(X_i - \mu_0)^2$$

ist χ_n^2-verteilt, falls $\sigma^2 = \sigma_0^2$ gilt. Die Nullhypothese $H_0 : \sigma^2 = \sigma_0^2$ wird daher verworfen, falls für die Beobachtungswerte $x_1, \ldots, x_{10}$ gilt

$$T(x_1, \ldots, x_{10}) < \chi^2_{n;\alpha/2} \quad \text{oder} \quad T(x_1, \ldots, x_{10}) > \chi^2_{n;1-\alpha/2}$$

d) Wegen

$$\chi^2_{10;0.05} = 3.940 \; < \; T(x_1, \ldots, x_{10}) = 15.330 \; < \; \chi^2_{10;0.95} = 18.307$$

kann gegen die Hypothese $H_0 : \sigma^2 = 1$ auf dem 10%-Niveau nichts eingewendet werden.

Lösung Aufgabe 142

Die Zufallsvariablen $X_1, \ldots, X_{120}$ seien unabhängig und identisch Poisson-verteilt mit Parameter $\lambda > 0$. Zu testen ist die Nullhypothese $H_0 : \lambda \leq 10$ bei der Alternative $H_1 : \lambda > 10$. Als Testgröße verwenden wir die Zufallsvariable

$$T(X_1, \ldots, X_{120}) = \sum_{i=1}^{120} X_i$$

Ist die Anzahl der während der zweistündigen Zählung beobachteten Fahrzeuge gleich k, so ist es sinnvoll, H_0 zu verwerfen, falls für alle $\lambda \leq 10$ gilt

$$P_\lambda(T(X_1, \ldots, X_{120}) \geq k) \leq \alpha = 0.05$$

Für $k = 1278$ erhält man mit Hilfe von (55) für $\lambda \leq 10$

$$\begin{aligned}
P_\lambda(T(X_1, \ldots, X_{120}) \geq 1278) \; &\simeq \; 1 - \Phi\left(\frac{1277 - 120 \cdot \lambda + 0.5}{\sqrt{120 \cdot \lambda}} \right) \\
&\leq \; 1 - \Phi\left(\frac{1277 - 1200 + 0.5}{\sqrt{1200}} \right) \\
&= \; 1 - \Phi(2.24) = 0.0125 \leq 0.05 = \alpha
\end{aligned}$$

Die Nullhypothese $H_0 : \lambda \leq 10$ ist daher auf dem 5%-Niveau zu verwerfen.

3.13 Anpassungstests

Lösung Aufgabe 143

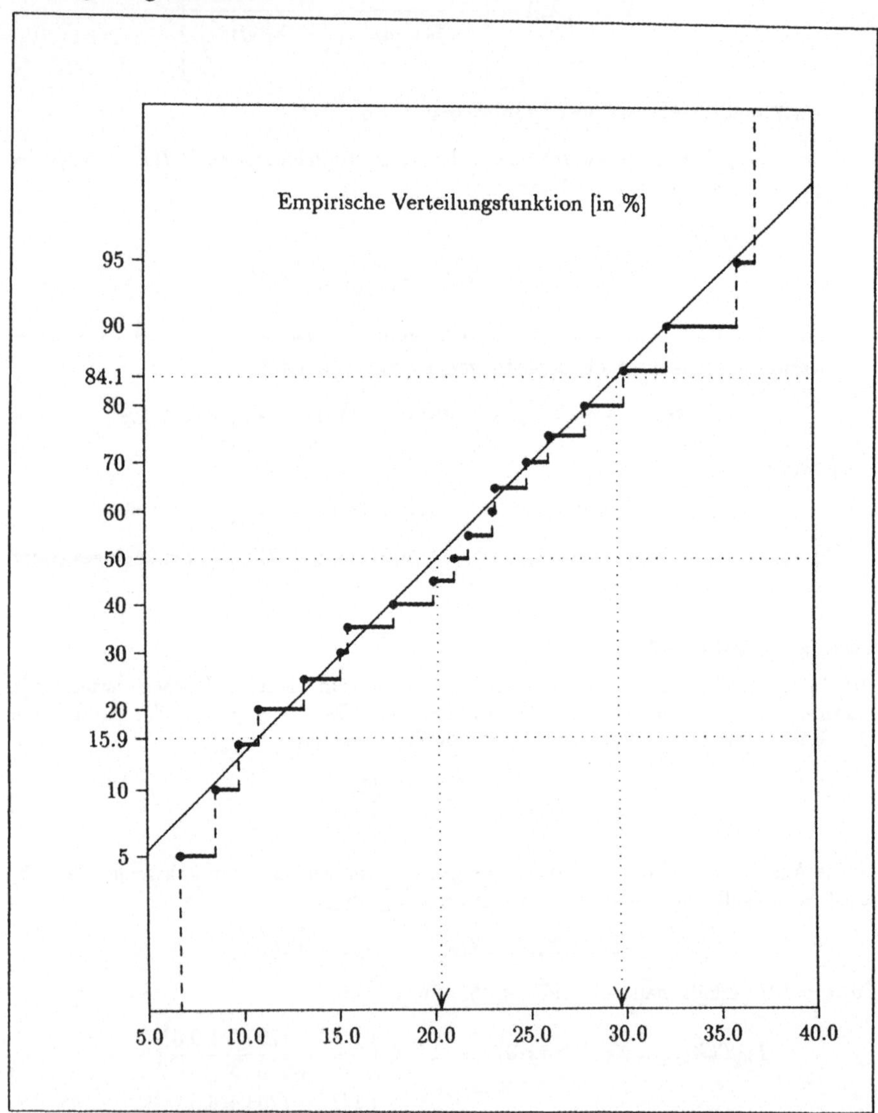

Der Graph der empirischen Verteilungsfunktion zur Messreihe (i) lässt sich durch eine Gerade annähern. Als Schätzwerte für μ und σ erhält man 20.3 bzw. 9.4.

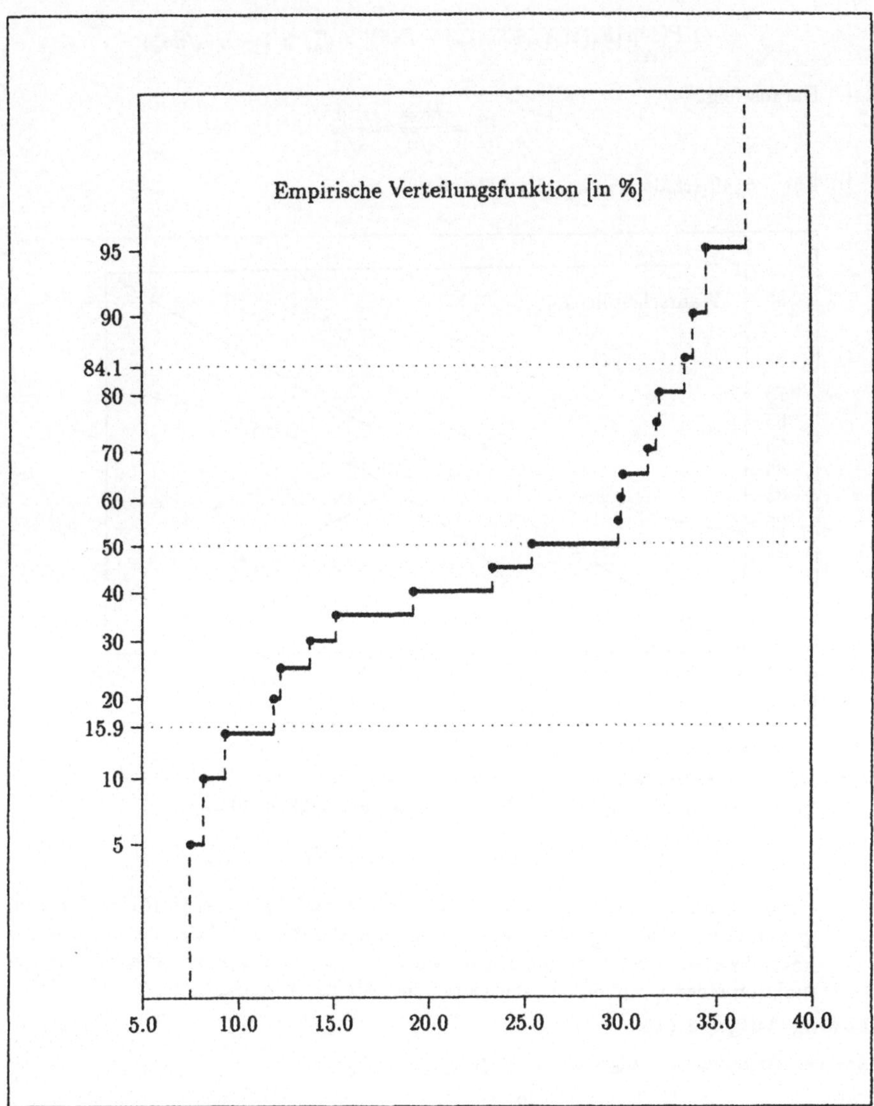

Die Abweichungen zwischen der empirischen Verteilungsfunktion zur Messreihe (ii) und einer Geraden sind sehr groß. Die Normalverteilungsannahme erscheint daher in diesem Fall nicht gerechtfertigt.

Lösung Aufgabe 144

a) Nach (59) gilt näherungsweise

$$P(\sup_{z\in\mathbf{R}}|F_n(z;X_1,\dots,X_n)-F(z)|>d_n^*)\simeq 1-K(\sqrt{n}d_n^*)$$

Daraus folgt

$$d_n^*=\frac{k_{0.96}}{\sqrt{n}}=\frac{1.4}{\sqrt{n}}$$

b) Für $n=49$ erhält man $d_{49}^*=1.4/7=0.2$.

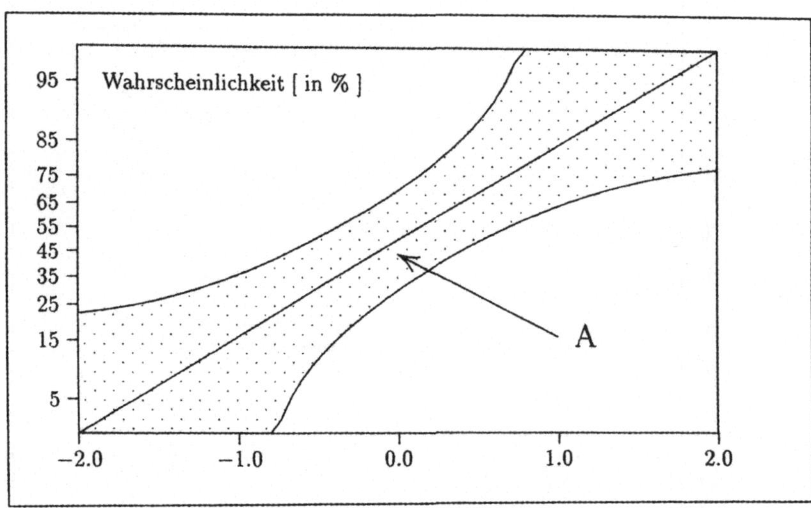

c) Die Zufallsvariablen $X_1,\dots,X_{49}$ seien unabhängig und N(0,1)–verteilt. Für eine Stichprobe $x_1,\dots,x_{49}$ sei die Menge $B\subset\mathbf{R}^2$ wie folgt definiert

$$B:=\{(z,y)\in\mathbf{R}^2:y=F_{49}(z;x_1,\dots,x_{49})\}$$

Dann hat die Wahrscheinlichkeit dafür, dass die „zufällige" Menge B eine Teilmenge von A ist, näherungsweise den Wert 0.96, d.h. mit einer Wahrscheinlichkeit von ungefähr 0.96 ergibt sich eine Stichprobe $x_1,\dots,x_{49}$, deren empirische Verteilungsfunktion einen Graphen hat, der ganz in der Menge A verläuft.

Lösung Aufgabe 145

Aus den Angaben im Aufgabentext folgt

$$F_{100}(x_{(80)})=\frac{80}{100}\qquad\text{und}\qquad F_{100}(x_{(80)}-)=\frac{79}{100}$$

Mit $\Phi(x_{(80)})=0.937$ erhält man

$$\sqrt{n}\cdot\sup_{z\in\mathbf{R}}|F_n(z;x_1,\dots,x_n)-\Phi(z)|=10\cdot(0.937-0.79)=1.47$$

Wegen $K(1.47) = 0.9734 > 0.97$ ist die Hypothese abzulehnen.

Lösung Aufgabe 146

Die Testgröße des Kolmogoroff–Smirnov–Tests hat den Wert $\sqrt{20} \cdot 0.1167 = 0.52$. Wegen $K(0.52) = 0.0503 < 0.9$ kann gegen die Annahme nichts eingewendet werden.

Lösung Aufgabe 147

Der Wert der empirischen Verteilungsfunktion zur Messreihe $x_1, \ldots, x_{60}$ ist an den Stellen $z_i = 95.5 + 5i$, $i = 1, \ldots, 13$, bekannt. Die relativen Summenhäufigkeiten an diesen Stellen ergeben im Wahrscheinlichkeitspapier Punkte, die sich durch eine Gerade approximieren lassen. Mit Hilfe einer solchen Näherungsgeraden erhält man für μ und σ^2 die Schätzwerte 125.0 bzw. 298.2.

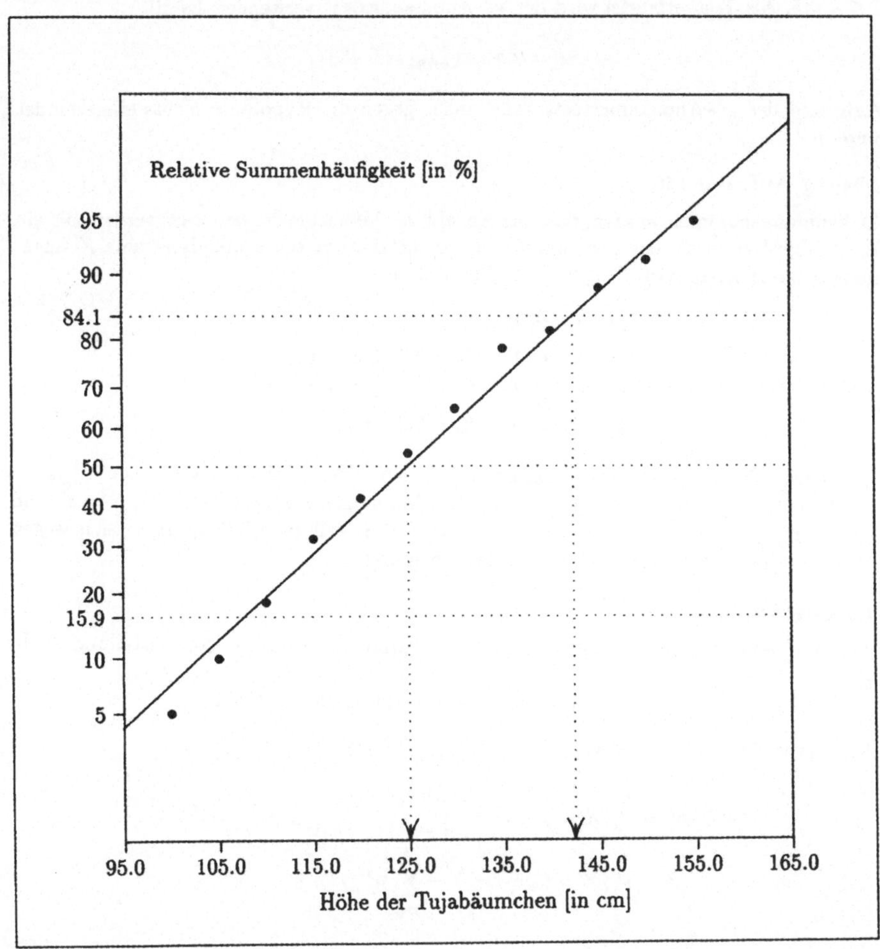

Lösung Aufgabe 148

Zur Überprüfung der Hypothese wird der χ^2-Anpassungstest verwendet. Für die Testgröße T gilt

$$T = \sum_{j=1}^{12} \frac{(n_j - np_j^0)^2}{np_j^0} \geq \frac{(n_1 - np_1^0)^2}{np_1^0} = 94.755$$

Der Wert der Testgröße T ist somit größer als $\chi^2_{11;0.99} = 24.725$. Die Hypothese ist also zu verwerfen.

Lösung Aufgabe 149

Es seien $p_1^0, p_2^0, \ldots, p_5^0$ die Wahrscheinlichkeiten dafür, dass ein eintägiger Arbeitsausfall auf den Montag, Dienstag, ... bzw. Freitag fällt. Zu prüfen ist somit die Hypothese $p_i^0 = \frac{1}{5}$, $1 \leq i \leq 5$. Als Testverfahren wird der χ^2-Anpassungstest verwendet. Es gilt

$$T = 2.5 < \chi^2_{4;0.95} = 9.488$$

Aufgrund des χ^2-Anpassungstests kann daher gegen die Hypothese nichts eingewendet werden.

Lösung Aufgabe 150

Es kann angenommen werden, dass die Anzahl der Versuche, die benötigt werden, bis ein Brief fehlerfrei geschrieben ist, durch eine geometrisch verteilte Zufallsvariable X angemessen beschrieben wird. Unter der Nullhypothese gilt daher

$$\begin{aligned}
p_1^0 &= P(X = 1) = 0.7 \\
p_2^0 &= P(X = 2) = 0.7 \cdot 0.3 = 0.21 \\
p_3^0 &= P(X = 3) = 0.7 \cdot 0.3^2 = 0.063 \\
p_4^0 &= P(X > 3) = 0.3^3 = 0.027
\end{aligned}$$

Die Testgröße T des χ^2-Anpassungstests hat den Wert 5.218, so dass wegen $\chi^2_{3;0.95} = 7.815$ die Nullhypothese nicht abgelehnt wird. Vereinigt man die Ereignisse „$X = 3$" und „$X > 3$", um die Bedingung $n \cdot p_i^0 \geq 5$ für $1 \leq i \leq 3$ zu erfüllen, ergibt sich wegen $T = 4.336$ und $\chi^2_{2;0.95} = 5.991$ dieselbe Entscheidung.

Lösung Aufgabe 151

Als Maximum-Likelihood-Schätzwert für den Parameter λ der Poisson-Verteilung ergibt sich

$$\hat{\lambda} = (72 \cdot 0 + 169 \cdot 1 + \ldots + 11 \cdot 6)/650 = 2.071$$

Für die Wahrscheinlichkeiten $p_j^{\hat{\lambda}}$, $1 \leq j \leq 7$, gilt daher

$$p_j^{\hat{\lambda}} = P_{\hat{\lambda}}(X = j - 1) = \frac{\hat{\lambda}^{j-1}}{(j-1)!} e^{-\hat{\lambda}}, \qquad j = 1, \ldots, 6$$

$$p_7^{\hat{\lambda}} = P_{\hat{\lambda}}(X \geq 6) = 1 - \sum_{j=1}^{6} p_j^{\hat{\lambda}}$$

Einsetzen des Schätzwertes $\hat{\lambda} = 2.071$ liefert die folgenden Werte

j	1	2	3	4	5	6	7
p_j^λ	0.1261	0.2611	0.2703	0.1866	0.0966	0.0400	0.0193

Die Testgröße des χ^2-Anpassungstests hat den Wert 3.866. Wegen $\chi^2_{7-1;0.95} = \chi^2_{6;0.95} = 12.592$ kann gegen die Hypothese nichts eingewendet werden.

Lösung Aufgabe 152

Als Maximum–Likelihood–Schätzwert für den Parameter θ der Binomialverteilung erhält man

$$\hat{\theta} = \frac{0 \cdot 215 + 1 \cdot 1485 + \ldots + 8 \cdot 342}{8 \cdot 53680} = 0.5147$$

Für die Wahrscheinlichkeiten $p_j^{\hat{\theta}}$, $1 \le j \le 9$, gilt

$$p_j^{\theta} = P_{\hat{\theta}}(X = j - 1) = \binom{8}{j-1} \hat{\theta}^{j-1} (1 - \hat{\theta})^{n-j+1}, \qquad j = 1, \ldots, 9$$

Die Durchführung des χ^2-Anpassungstests führt zur Ablehnung der Binomialverteilungsannahme, da

$$T = 91.622 > \chi^2_{8;0.95} = 15.507$$

Lösung Aufgabe 153

a) Die Testgröße T des Kolmogoroff–Smirnov–Tests hat den Wert $\sqrt{25} \cdot 0.1249 = 0.6245$. Wegen $0.6245 < 1.35 < k_{0.95}$ kann gegen die Annahme nichts eingewendet werden.

b) Für die Testgröße T des χ^2-Anpassungstests gilt

$$T(x_1, \ldots, x_{25}) = 2.6095 < \chi^2_{3;0.95} = 7.815$$

Der χ^2-Anpassungstest führt daher zum gleichen Ergebnis wie der Kolmogoroff–Smirnov–Test.

Lösung Aufgabe 154

a) Die Anwendung des χ^2-Anpassungstests führt zur Ablehnung der Hypothese, da für die Testgröße T gilt

$$T = 42.183 > 16.919 = \chi^2_{9;0.95}$$

b) Bei Anwendung des Kolmogoroff–Smirnov–Tests wird die Hypothese verworfen, wenn sich die empirische Verteilungsfunktion $F_{1000}(z)$ zur Messreihe $x_1, \ldots, x_{1000}$ und die Verteilungsfunktion $F(z)$ einer Ex(0.002)–verteilten Zufallsvariablen an einer Stelle z_0 um mehr als $k_{0.95}/\sqrt{1000} = 0.0430$ unterscheiden. Für $z_0 = 500$ gilt

$$F(500) - F_{1000}(500) = (1 - e^{-1}) - \frac{588}{1000} = 0.0441 > 0.0430$$

Auch der Kolmogoroff–Smirnov–Test führt daher zur Ablehnung der Hypothese.

Lösung Aufgabe 155

Wegen

$$T = 2.862 < \chi^2_{8;0.95} = 15.507$$

kann gegen die Hypothese nichts eingewendet werden.

Lösung Aufgabe 156

a) Die Punkte, die den relativen Summenhäufigkeiten über den rechten Klassengrenzen entsprechen, lassen sich im Wahrscheinlichkeitspapier durch eine Gerade approximieren. Als Schätzwerte für den Erwartungswert und die Varianz erhält man mit Hilfe einer solchen Näherungsgeraden die Werte 109.0 bzw. 234.0.

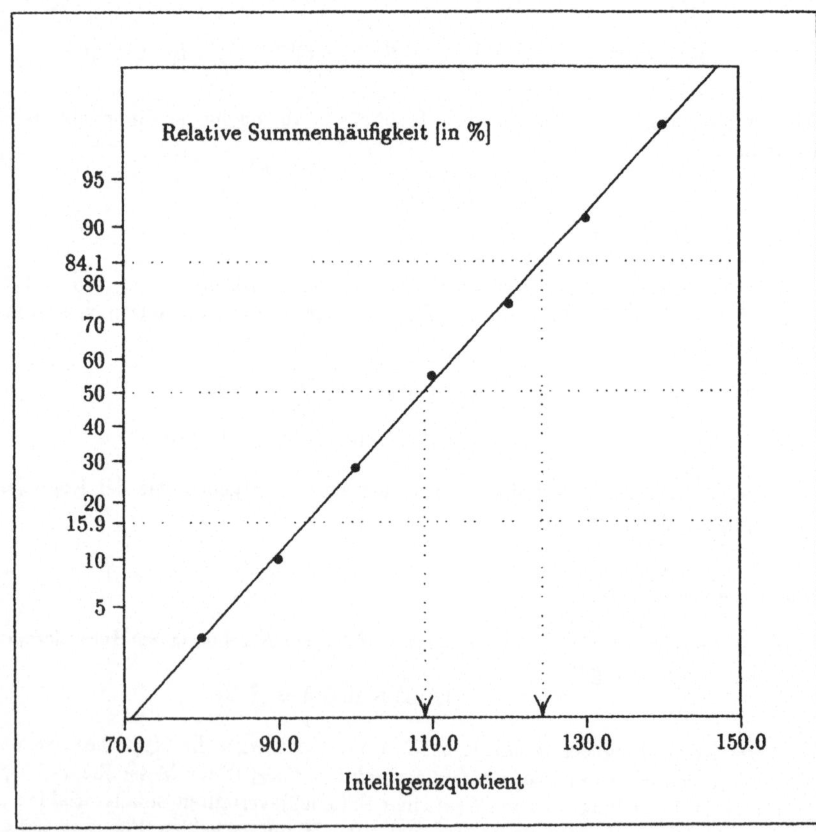

b) Die Testgröße beim χ^2-Anpassungstest hat den Wert 6.450. Wegen $\chi^2_{7;0.9} = 12.017$ wird die Hypothese nicht verworfen.

Lösung Aufgabe 157

Aus der Bedingung

$$\int_{0.45}^{0.46} f(x)\,dx = 1$$

ergibt sich $c = 30 \cdot 10^{10}$. Für die Wahrscheinlichkeiten

$$p_i^0 = \int_{I_i} f(x)\,dx, \qquad i = 1,\dots,6$$

erhält man die folgenden Werte

i	1	2	3	4	5	6
p_i^0	0.1631	0.1543	0.1826	0.1826	0.1543	0.1631

Die Anwendung des χ^2-Anpassungstests führt wegen

$$T(x_1,\dots,x_{40}) = 4.903 < \chi^2_{5;0.9} = 9.236$$

nicht zur Ablehnung der Hypothese.

Lösung Aufgabe 158

Zur Überprüfung der Verteilungsannahme wird ein χ^2-Anpassungstest durchgeführt. Wegen

$$T(x_1,\dots,x_{1000}) = 31.32 > \chi^2_{9;0.95} = 16.919$$

wird die Annahme verworfen.

3.14 Unabhängigkeitstests

Lösung Aufgabe 159

Die Testgröße T des χ^2-Unabhängigkeitstests hat den Wert 8.101. Wegen $\chi^2_{6;0.95} = 12.592$ kann gegen die Unabhängigkeitsannahme nichts eingewendet werden.

Lösung Aufgabe 160

Aus den Daten erhält man die folgende Vierfeldertafel

	j		
i	1	2	$n_{i\cdot}$
1	186	319	505
2	101	235	336
$n_{\cdot j}$	287	554	841

Der χ^2-Unabhängigkeitstest führt wegen

$$T = 841 \cdot \frac{(186 \cdot 235 - 319 \cdot 101)^2}{287 \cdot 554 \cdot 505 \cdot 336} = 4.116 > \chi^2_{1;0.95} = 3.841$$

zur Ablehnung der Hypothese.
Wendet man zur Überprüfung der Hypothese den exakten Test von Fisher an, so hat die Testgröße den Wert 186. Die Testgröße ist, falls die Hypothese zutrifft, H(505, 841, 287)-verteilt. Als Näherungswerte für die Ablehnungsschranken $h_{0.025}$ und $h_{0.975}$ erhält man die Werte 159.13 bzw. 185.54. Somit wird auch bei Anwendung des exakten Tests von Fisher die Hypothese verworfen.

Lösung Aufgabe 161

Testverfahren:	χ^2-Unabhängigkeitstest
Wert der Testgröße:	9.924
Entscheidung:	Wegen $\chi^2_{4;0.95} = 9.488$ wird die Unabhängigkeitsannahme verworfen.

Lösung Aufgabe 162

Testverfahren:	χ^2-Unabhängigkeitstest
Wert der Testgröße:	10.742
Entscheidung:	Die Unabhängigkeitsannahme wird verworfen, da $\chi^2_{4;0.95} = 9.488$.

Lösung Aufgabe 163

Aus den Ergebnissen erhält man die folgende Kontingenztafel

Wochentag	Produktionsleistung x			Σ
	$x \leq 49$	$50 \leq x \leq 54$	$55 \leq x$	
Mo	7	2	5	14
Di	1	8	9	18
Mi	5	7	8	20
Do	3	15	8	26
Fr	7	11	4	22
Σ	23	43	34	100

Zur Prüfung der Unabhängigkeitshypothese wird der χ^2-Unabhängigkeitstest angewandt. Der Wert der Testgröße ist 16.907. Wegen $\chi^2_{8;0.95} = 15.507$ wird die Hypothese verworfen.

Lösung Aufgabe 164

Die angegebenen Daten liefern die folgende Vierfeldertafel

Prüfungsergebnis	Geschlechtszugehörigkeit	
	männlich	weiblich
bestanden	11	5
nicht bestanden	10	9

Die Testgröße des exakten Tests von Fisher hat den Wert 11. Sie ist, falls die Hypothese der Unabhängigkeit von Geschlechtszugehörigkeit und Prüfungsergebnis zutrifft, H(16, 35, 21)-verteilt. Die Werte der Ablehnungsschranken $h_{0.025}$ und $h_{0.975}$ dieser Verteilung sind 7 bzw. 12. Bei Anwendung des exakten Tests von Fisher kann somit gegen die Unabhängigkeitshypothese nichts eingewendet werden.

Lösung Aufgabe 165

Aus den Angaben erhält man die folgende Vierfeldertafel

	geheilt	nicht geheilt	Σ
Medikament	$0.45n$	$0.55n$	n
Placebo	$0.4n$	$0.6n$	n
Σ	$0.85n$	$1.15n$	$2n$

Die Testgröße T des exakten Tests von Fisher ist H($n, 2n, 0.85n$)-verteilt, falls die Hypothese zutrifft. Da die Anwendung des Tests zur Ablehnung der Hypothese führte und die Ablehnungsschranken $h_{0.025}$ und $h_{0.975}$ näherungsweise berechnet wurden, musste eine der beiden folgenden Ungleichungen erfüllt sein

$$0.45n > \frac{n \cdot 0.85n}{2n} + u_{0.975} \cdot \sqrt{\frac{n \cdot 0.85n}{2n} \cdot \left(1 - \frac{0.85n}{2n}\right) \cdot \left(1 - \frac{n-1}{2n-1}\right)}$$

$$0.45n \;<\; \frac{n \cdot 0.85n}{2n} - u_{0.975} \cdot \sqrt{\frac{n \cdot 0.85n}{2n} \cdot \left(1 - \frac{0.85n}{2n}\right) \cdot \left(1 - \frac{n-1}{2n-1}\right)}$$

Die zweite Ungleichung ist für kein $n \in \mathbf{N}$ erfüllt. Aus der ersten Ungleichung erhält man $n \geq 752$.

Lösung Aufgabe 166

Testverfahren:	χ^2–Unabhängigkeitstest
Wert der Testgröße:	108.066
Entscheidung:	Die Hypothese wird abgelehnt, da $\chi^2_{6;0.95} = 12.592$.

Lösung Aufgabe 167

Testverfahren:	χ^2–Unabhängigkeitstest
Wert der Testgröße:	115.387
Entscheidung:	Wegen $\chi^2_{4;0.95} = 9.488$ wird die Annahme verworfen.

3.15 Verteilungsunabhängige Tests

Lösung Aufgabe 168

Testverfahren:	Vorzeichentest
Wert der Testgröße:	15
Entscheidung:	Wegen $b_{0.975} = 14$ ist die Hypothese der Gleichwertigkeit der beiden Entwürfe abzulehnen, der Veranstalter sollte seine Meinung aufgrund dieses Ergebnisses überdenken.

Lösung Aufgabe 169

a) Das beschriebene Ereignis tritt genau dann ein, wenn die Anzahl der Runs beim Wechsel der Farben innerhalb der Folge der 15 blauen und roten Kugeln gleich 2 oder 3 ist. Aufgrund der Laplace–Annahme erhält man für die gesuchte Wahrscheinlichkeit p mit Hilfe der Formeln für die Verteilung der Testgröße beim Run–Test

$$p = \frac{2 + 13}{\binom{15}{7}} = 0.0023$$

b) Die gesuchte Wahrscheinlichkeit q ist gleich der Wahrscheinlichkeit dafür, dass die entstehende Folge mindestens 13 Runs enthält. Die Formeln liefern hier

$$q = \frac{\binom{6}{5}\binom{7}{6} + \binom{6}{6}\binom{7}{5} + 2\binom{6}{6}\binom{7}{6} + \binom{6}{6}\binom{7}{7} + \binom{6}{7}\binom{7}{6}}{\binom{15}{7}}$$

$$= \frac{42 + 21 + 14 + 1 + 0}{6435} = 0.0121$$

Lösung Aufgabe 170

Der zufällig zusammengestellte Güterzug kann durch eine Sequenz von 5 Zeichen W („West") und 15 Zeichen O („Ost") beschrieben werden, wobei wir für die entstehende Reihenfolge der Zeichen die Laplace–Annahme machen. Das beschriebene Ereignis entspricht somit dem Ereignis „Anzahl der O–W–Runs ≤ 4" und hat darum die Wahrscheinlichkeit

$$\frac{2\binom{4}{0}\binom{14}{0} + \binom{4}{0}\binom{14}{1} + \binom{4}{1}\binom{14}{0} + 2\binom{4}{1}\binom{14}{1}}{\binom{20}{5}} = \frac{132}{\binom{20}{5}} = 0.0085$$

Lösung Aufgabe 171

Kennzeichnet man die einzelnen Spieler je nach Mannschaftszugehörigkeit mit dem Buchstaben x bzw. y, so kann das Laufergebnis durch eine Folge der Länge 10 dargestellt werden, in der beide Buchstaben genau 5mal auftreten. Wegen der gleichen Laufstärke bei allen 10 Spielern ist für das Laufergebnis die Laplace–Annahme gerechtfertigt. Die Zufallsvariable U beschreibe die Anzahl der Inversionen in der x–y–Sequenz, die das Laufergebnis charakterisiert. Aus Symmetriegründen gilt für die gesuchte Wahrscheinlichkeit p

$$p = P(5 \leq U \leq 20) = 1 - 2 \cdot P(U \leq 4)$$

Die folgende Tabelle enthält alle x–y–Sequenzen, bei denen die Zufallsvariable U Werte ≤ 4 annimmt:

x–y–Sequenz	Anzahl der Inversionen
xxxxxyyyyy	0
xxxxyxyyyy	1
xxxyxxyyyy	2
xxxxyyxyyy	2
xxyxxxyyyy	3
xxxyxyxyyy	3
xxxxyyyxyy	3
xyxxxxyyyy	4
xxyxxyxyyy	4
xxxyyxxyyy	4
xxxyxyyxyy	4
xxxxyyyyxy	4

Somit gilt

$$p = 1 - \frac{2 \cdot 12}{\binom{10}{5}} = 1 - \frac{2}{21} = 0.9048$$

Lösung Aufgabe 172

Testverfahren:	U–Test
Wert der Testgröße:	18
Entscheidung:	Unter der Hypothese, dass beide Gerätetypen die gleiche Zuverlässigkeit besitzen, gilt für die Testgröße T

$$P(T \le 3) = \frac{1}{30} = \frac{\alpha}{2}$$

Aus Symmetriegründen erhält man daraus für die Ablehnungsschranken

$$w_{4,6;29/30} = 20 \quad \text{und} \quad n \cdot m - w_{4,6;29/30} = 24 - 20 = 4$$

Gegen die Hypothese kann somit bei Anwendung des Zweistichproben-Tests von Wilcoxon, Mann und Whitney nichts eingewendet werden.

Lösung Aufgabe 173

a)	Testverfahren:	U–Test
	Wert der Testgröße:	13
	Entscheidung:	Wegen $w_{4,6;0.025} = 3$ und

$$w_{4,6;0.975} = n \cdot m - w_{4,6;0.025} = 21$$

wird H_0 nicht verworfen.

b)   Testverfahren: Run–Test

     Wert der Testgröße: 9

     Entscheidung: Wegen $r_{4,6;0.05} = 3$ wird H_0 auch hier nicht verworfen.

Lösung Aufgabe 174

a)   Testverfahren: U–Test

     Wert der Testgröße: 135

     Entscheidung: Mit Hilfe von Normalverteilungsquantilen erhält man näherungsweise

$$w_{15,13;0.025} \simeq 54.952 \quad \text{bzw.} \quad w_{15,13;0.975} \simeq 140.048$$

Gegen die Hypothese kann somit nichts eingewendet werden.

b)   Testverfahren: Run–Test

     Wert der Testgröße: 14

     Entscheidung: Auch bei Anwendung des Run–Tests kann gegen die Hypothese $F = G$ nichts eingewendet werden, da $r_{15,13;0.05} = 11$ gilt.

Lösung Aufgabe 175

a)   Testverfahren: U–Test

     Wert der Testgröße: 365

     Entscheidung: Man erhält näherungsweise

$$w_{26,21;0.025} \simeq 181.403 \quad \text{bzw.} \quad w_{26,21;0.975} \simeq 364.597$$

Die Hypothese wird somit verworfen.

b)   Testverfahren: Zweistichproben–t–Test

     Wert der Testgröße: -2.1472

     Entscheidung: Wegen $t_{45;0.975} = 2.0141$ wird die Annahme des gleichen mittleren Benzinverbrauchs auf dem 5%–Niveau widerlegt.

Lösung Aufgabe 176

     Testverfahren: U–Test

Wert der Testgröße: 75

     Entscheidung: Die Hypothese wird nicht verworfen, da $w_{10,16;0.05} = 49$ bzw. $w_{10,16;0.95} = 10 \cdot 16 - 49 = 111$

3.16 Einfache Varianzanalyse

Lösung Aufgabe 177

Testverfahren:	Einfache Varianzanalyse
Wert der Testgröße:	7.2921
Entscheidung:	Aus den Eigenschaften der F-Verteilungen ergibt sich sofort für die Quantile

$$F_{3,28;0.95} \leq F_{3,20;0.95}$$

Einer Tabelle entnimmt man $F_{3,20;0.95} = 3.0983$. Wegen

$$F_{3,28;0.95} \leq F_{3,20;0.95} = 3.0983 < 7.2921$$

ist die Annahme zu verwerfen.

Lösung Aufgabe 178

Testverfahren:	Einfache Varianzanalyse
Wert der Testgröße:	4.5012
Entscheidung:	Wegen $F_{2,15;0.95} = 3.6822$ ist die Annahme zu verwerfen.

Lösung Aufgabe 179

Testverfahren:	Einfache Varianzanalyse
Wert der Testgröße:	42.1535
Entscheidung:	Wegen $F_{3,16;0.99} = 5.2921$ wird die Annahme verworfen.

Lösung Aufgabe 180

Testverfahren:	Einfache Varianzanalyse
Wert der Testgröße:	1.9941
Entscheidung:	Gegen die Annahme kann nichts eingewendet werden, da $F_{2,15;0.95} = 3.6822$ gilt.

Lösung Aufgabe 181

Testverfahren:	Einfache Varianzanalyse
Wert der Testgröße:	1.0824
Entscheidung:	Wegen $F_{2,20;0.95} = 3.4928$ wird die Annahme nicht verworfen.

Lösung Aufgabe 182

Testverfahren:	Einfache Varianzanalyse
Wert der Testgröße:	7.9845
Entscheidung:	Die Hypothese, dass der mittlere Hopfenertrag bei unterschiedlicher Gerüsthöhe gleich ist, wird verworfen, da $F_{2,16;0.95} = 3.6337$ gilt.

3.17 Einfache lineare Regression

Lösung Aufgabe 183

a) Aus den Formeln (73), (74) und (75) erhält man die folgenden Schätzwerte für a, b und σ^2

$$\hat{a} = 0.9520, \quad \hat{b} = -1.4313, \quad \hat{\sigma}^2 = 0.0196$$

b) Unter der Nullhypothese $b = 0$ ist die Testgröße

$$\tilde{B} = \frac{B}{\sqrt{\tilde{S}^2 \cdot \left(\frac{1}{n} + \frac{\bar{x}^2}{\text{SSX}}\right)}}$$

t_{n-2}-verteilt. Sie hat den Wert -0.7444. Wegen $t_{12;0.95} = 1.7823$ kann gegen die Nullhypothese nichts eingewendet werden.

Lösung Aufgabe 184

a) Für die Likelihood-Funktion ergibt sich

$$L(a, \sigma^2; (x_1, y_1), \ldots, (x_n, y_n)) = \left[\frac{1}{\sqrt{2\pi\sigma^2}}\right]^n e^{-\left(\sum_{i=1}^{n} \frac{(y_i - ax_i)^2}{2\sigma^2}\right)}, \quad a \in \mathbf{R}, \sigma^2 > 0$$

Sie nimmt ihr Maximum an für

$$\hat{a} = \left(\sum_{i=1}^{n} x_i y_i\right) / \left(\sum_{i=1}^{n} x_i^2\right) = 0.8970$$

$$\hat{\sigma}^2 = \frac{1}{n} \sum_{i=1}^{n} (y_i - \hat{a} x_i)^2 = 0.0176$$

b) Der Maximum-Likelihood-Schätzer für a ist

$$A^* = (x_1 Y_1 + \ldots + x_n Y_n) / \left(\sum_{i=1}^{n} x_i^2\right)$$

Als Linearkombination unabhängiger normalverteilter Zufallsvariablen ist A^* normalverteilt, und es gilt

$$E(A^*) = (x_1 a x_1 + \ldots + x_n a x_n) / \left(\sum_{i=1}^{n} x_i^2\right) = a$$

$$Var(A^*) = (x_1^2 \sigma^2 + \ldots + x_n^2 \sigma^2) / \left(\sum_{i=1}^{n} x_i^2\right)^2 = \sigma^2 / \left(\sum_{i=1}^{n} x_i^2\right)$$

Lösung Aufgabe 185

Mit Hilfe von (76), (77) und (78) erhält man die folgenden konkreten Schätzintervalle zum Niveau 0.95:

Parameter	konkretes Schätzintervall
$-\frac{1}{RC}$	$[-0.206, -0.194]$
RC	$[4.854, 5.155]$
$\ln U_0$	$[2.001, 2.053]$
U_0	$[7.396, 7.791]$
σ^2	$[1.12 \cdot 10^{-4}, 7.04 \cdot 10^{-4}]$

Lösung Aufgabe 186

a) Durch Einsetzen der gegebenen Kennzahlen erhält man aus (79) das konkrete Prognoseintervall $[-4.47, 4.30]$ für die durchschnittliche Februartemperatur.

b) Die Zufallsvariable Y und die identisch wie Y verteilten Zufallsvariablen $Y_1, \ldots, Y_{201}$ sind unabhängig. Daraus folgt, dass die Zufallsvariablen $Y - \bar{Y}$ und SSY/σ^2 unabhängig sind. Außerdem ist die Zufallsvariable $Y - \bar{Y}$ $N(0, 202\sigma^2/201)$-verteilt und die Zufallsvariable SSY/σ^2 nach (48) χ^2_{200}-verteilt. Damit ist die Zufallsvariable

$$\frac{(Y - \bar{Y})/\sqrt{\dfrac{202\sigma^2}{201}}}{\sqrt{\dfrac{SSY}{\sigma^2}/200}} = \frac{Y - \bar{Y}}{\sqrt{\dfrac{202}{200 \cdot 201} \cdot SSY}}$$

t_{200}-verteilt. Mit

$$V = t_{200;0.95} \cdot \sqrt{\frac{202}{200 \cdot 201} \cdot SSY}$$

gilt daher

$$P(\bar{Y} - V \leq Y \leq \bar{Y} + V) = 0.9$$

Durch Einsetzen der gegebenen Kennzahlen erhält man das konkrete Prognoseintervall $[-4.59, 4.69]$.

Bemerkung: Die große empirische Standardabweichung $s_y = 2.80$ der Februardaten erlaubt keine genauere Prognose. Da der empirische Korrelationskoeffizient $r_{xy} = 0.319$ relativ klein ist, wird durch die zusätzliche Information der Januartemperatur die Genauigkeit der Prognose nicht entscheidend verbessert.

Tabellen

4.1   Verteilungsfunktion $\Phi(x)$ der N(0,1)–Verteilung

x	0	1	2	3	4	5	6	7	8	9
0.0	.5000	.5040	.5080	.5120	.5160	.5199	.5239	.5279	.5319	.5359
0.1	.5398	.5438	.5478	.5517	.5557	.5596	.5636	.5675	.5714	.5753
0.2	.5793	.5832	.5871	.5910	.5948	.5987	.6026	.6064	.6103	.6141
0.3	.6179	.6217	.6255	.6293	.6331	.6368	.6406	.6443	.6480	.6517
0.4	.6554	.6591	.6628	.6664	.6700	.6736	.6772	.6808	.6844	.6879
0.5	.6915	.6950	.6985	.7019	.7054	.7088	.7123	.7157	.7190	.7224
0.6	.7257	.7291	.7324	.7357	.7389	.7422	.7454	.7486	.7517	.7549
0.7	.7580	.7611	.7642	.7673	.7703	.7734	.7764	.7793	.7823	.7852
0.8	.7881	.7910	.7939	.7967	.7995	.8023	.8051	.8078	.8106	.8133
0.9	.8159	.8186	.8212	.8238	.8264	.8289	.8315	.8340	.8365	.8389
1.0	.8413	.8438	.8461	.8485	.8508	.8531	.8554	.8577	.8599	.8621
1.1	.8643	.8665	.8686	.8708	.8729	.8749	.8770	.8790	.8810	.8830
1.2	.8849	.8869	.8888	.8907	.8925	.8944	.8962	.8980	.8997	.9015
1.3	.9032	.9049	.9066	.9082	.9099	.9115	.9131	.9147	.9162	.9177
1.4	.9192	.9207	.9222	.9236	.9251	.9265	.9279	.9292	.9306	.9319
1.5	.9332	.9345	.9357	.9370	.9382	.9394	.9406	.9418	.9429	.9441
1.6	.9452	.9463	.9474	.9484	.9495	.9505	.9515	.9525	.9535	.9545
1.7	.9554	.9564	.9573	.9582	.9591	.9599	.9608	.9616	.9625	.9633
1.8	.9641	.9649	.9656	.9664	.9671	.9678	.9686	.9693	.9699	.9706
1.9	.9713	.9719	.9726	.9732	.9738	.9744	.9750	.9756	.9761	.9767
2.0	.9772	.9778	.9783	.9788	.9793	.9798	.9803	.9808	.9812	.9817
2.1	.9821	.9826	.9830	.9834	.9838	.9842	.9846	.9850	.9854	.9857
2.2	.9861	.9864	.9868	.9871	.9875	.9878	.9881	.9884	.9887	.9890
2.3	.9893	.9896	.9898	.9901	.9904	.9906	.9909	.9911	.9913	.9916
2.4	.9918	.9920	.9922	.9925	.9927	.9929	.9931	.9932	.9934	.9936
2.5	.9938	.9940	.9941	.9943	.9945	.9946	.9948	.9949	.9951	.9952
2.6	.9953	.9955	.9956	.9957	.9959	.9960	.9961	.9962	.9963	.9964
2.7	.9965	.9966	.9967	.9968	.9969	.9970	.9971	.9972	.9973	.9974
2.8	.9974	.9975	.9976	.9977	.9977	.9978	.9979	.9979	.9980	.9981
2.9	.9981	.9982	.9982	.9983	.9984	.9984	.9985	.9985	.9986	.9986

4.2   Quantile u_p der N(0,1)–Verteilung

p	0.750	0.800	0.850	0.900	0.950	0.975	0.990	0.995	0.999	0.9995
u_p	0.674	0.842	1.036	1.282	1.645	1.960	2.326	2.576	3.090	3.290

4.3   Quantile $t_{n,p}$ der t_n-Verteilungen

p / n	0.750	0.800	0.850	0.900	0.950	0.975	0.990	0.995
1	1.0000	1.3764	1.9626	3.0777	6.3138	12.7062	31.8206	63.6572
2	0.8165	1.0607	1.3862	1.8856	2.9200	4.3027	6.9646	9.9249
3	0.7649	0.9785	1.2498	1.6377	2.3534	3.1825	4.5407	5.8409
4	0.7407	0.9410	1.1896	1.5332	2.1318	2.7763	3.7470	4.6041
5	0.7267	0.9195	1.1558	1.4759	2.0150	2.5706	3.3648	4.0322
6	0.7176	0.9057	1.1342	1.4398	1.9432	2.4469	3.1426	3.7074
7	0.7111	0.8960	1.1192	1.4149	1.8946	2.3646	2.9979	3.4995
8	0.7064	0.8889	1.1081	1.3968	1.8595	2.3060	2.8965	3.3554
9	0.7027	0.8834	1.0997	1.3830	1.8331	2.2622	2.8214	3.2498
10	0.6998	0.8791	1.0931	1.3722	1.8125	2.2281	2.7638	3.1693
11	0.6974	0.8755	1.0877	1.3634	1.7959	2.2010	2.7181	3.1058
12	0.6955	0.8726	1.0832	1.3562	1.7823	2.1788	2.6810	3.0545
13	0.6938	0.8702	1.0795	1.3502	1.7709	2.1604	2.6503	3.0123
14	0.6924	0.8681	1.0763	1.3450	1.7613	2.1448	2.6245	2.9768
15	0.6912	0.8662	1.0735	1.3406	1.7530	2.1314	2.6025	2.9467
16	0.6901	0.8647	1.0711	1.3368	1.7459	2.1199	2.5835	2.9208
17	0.6892	0.8633	1.0690	1.3334	1.7396	2.1098	2.5669	2.8982
18	0.6884	0.8620	1.0672	1.3304	1.7341	2.1009	2.5524	2.8784
19	0.6876	0.8610	1.0655	1.3277	1.7291	2.0930	2.5395	2.8609
20	0.6870	0.8600	1.0640	1.3253	1.7247	2.0860	2.5280	2.8453
21	0.6864	0.8591	1.0627	1.3232	1.7207	2.0796	2.5176	2.8314
22	0.6858	0.8583	1.0614	1.3212	1.7171	2.0739	2.5083	2.8188
23	0.6853	0.8575	1.0603	1.3195	1.7139	2.0687	2.4999	2.8073
24	0.6848	0.8569	1.0593	1.3178	1.7109	2.0639	2.4922	2.7969
25	0.6844	0.8562	1.0584	1.3163	1.7081	2.0595	2.4851	2.7874
26	0.6840	0.8557	1.0575	1.3150	1.7056	2.0555	2.4786	2.7787
27	0.6837	0.8551	1.0567	1.3137	1.7033	2.0518	2.4727	2.7707
28	0.6834	0.8546	1.0560	1.3125	1.7011	2.0484	2.4671	2.7633
29	0.6830	0.8542	1.0553	1.3114	1.6991	2.0452	2.4620	2.7564
30	0.6828	0.8538	1.0547	1.3104	1.6973	2.0423	2.4573	2.7500
31	0.6825	0.8534	1.0541	1.3095	1.6955	2.0395	2.4528	2.7440
32	0.6822	0.8530	1.0535	1.3086	1.6939	2.0369	2.4487	2.7385
33	0.6820	0.8526	1.0530	1.3077	1.6924	2.0345	2.4448	2.7333
34	0.6818	0.8523	1.0525	1.3070	1.6909	2.0322	2.4412	2.7284
35	0.6816	0.8520	1.0520	1.3062	1.6896	2.0301	2.4377	2.7238
36	0.6814	0.8517	1.0516	1.3055	1.6883	2.0281	2.4345	2.7195
37	0.6812	0.8514	1.0512	1.3049	1.6871	2.0262	2.4314	2.7154
38	0.6810	0.8512	1.0508	1.3042	1.6860	2.0244	2.4286	2.7116
39	0.6808	0.8509	1.0504	1.3036	1.6849	2.0227	2.4258	2.7079
40	0.6807	0.8507	1.0500	1.3031	1.6839	2.0211	2.4233	2.7045

Quantile $t_{n,p}$ der t_n-Verteilungen

p n	0.750	0.800	0.850	0.900	0.950	0.975	0.990	0.995
41	0.6805	0.8505	1.0497	1.3025	1.6829	2.0195	2.4208	2.7012
42	0.6804	0.8503	1.0494	1.3020	1.6820	2.0181	2.4185	2.6981
43	0.6802	0.8501	1.0491	1.3016	1.6811	2.0167	2.4163	2.6951
44	0.6801	0.8499	1.0488	1.3011	1.6802	2.0154	2.4141	2.6923
45	0.6800	0.8497	1.0485	1.3006	1.6794	2.0141	2.4121	2.6896
46	0.6799	0.8495	1.0483	1.3002	1.6787	2.0129	2.4102	2.6870
47	0.6797	0.8493	1.0480	1.2998	1.6779	2.0117	2.4083	2.6846
48	0.6796	0.8492	1.0478	1.2994	1.6772	2.0106	2.4066	2.6822
49	0.6795	0.8490	1.0475	1.2991	1.6766	2.0096	2.4049	2.6800
50	0.6794	0.8489	1.0473	1.2987	1.6759	2.0086	2.4033	2.6778
51	0.6793	0.8487	1.0471	1.2984	1.6753	2.0076	2.4017	2.6757
52	0.6792	0.8486	1.0469	1.2980	1.6747	2.0066	2.4002	2.6737
53	0.6791	0.8485	1.0467	1.2977	1.6741	2.0057	2.3988	2.6718
54	0.6791	0.8483	1.0465	1.2974	1.6736	2.0049	2.3974	2.6700
55	0.6790	0.8482	1.0463	1.2971	1.6730	2.0040	2.3961	2.6682
56	0.6789	0.8481	1.0461	1.2969	1.6725	2.0032	2.3948	2.6665
57	0.6788	0.8480	1.0459	1.2966	1.6720	2.0025	2.3936	2.6649
58	0.6787	0.8479	1.0458	1.2963	1.6716	2.0017	2.3924	2.6633
59	0.6787	0.8478	1.0456	1.2961	1.6711	2.0010	2.3912	2.6618
60	0.6786	0.8477	1.0455	1.2958	1.6706	2.0003	2.3901	2.6603
61	0.6785	0.8476	1.0453	1.2956	1.6702	1.9996	2.3890	2.6589
62	0.6785	0.8475	1.0452	1.2954	1.6698	1.9990	2.3880	2.6575
63	0.6784	0.8474	1.0450	1.2951	1.6694	1.9983	2.3870	2.6561
64	0.6783	0.8473	1.0449	1.2949	1.6690	1.9977	2.3860	2.6549
65	0.6783	0.8472	1.0448	1.2947	1.6686	1.9971	2.3851	2.6536
66	0.6782	0.8471	1.0446	1.2945	1.6683	1.9966	2.3842	2.6524
67	0.6782	0.8470	1.0445	1.2943	1.6679	1.9960	2.3833	2.6512
68	0.6781	0.8469	1.0444	1.2941	1.6676	1.9955	2.3824	2.6501
69	0.6781	0.8469	1.0443	1.2939	1.6672	1.9949	2.3816	2.6490
70	0.6780	0.8468	1.0442	1.2938	1.6669	1.9944	2.3808	2.6479
71	0.6780	0.8467	1.0441	1.2936	1.6666	1.9939	2.3800	2.6469
72	0.6779	0.8466	1.0440	1.2934	1.6663	1.9935	2.3793	2.6459
73	0.6779	0.8466	1.0438	1.2933	1.6660	1.9930	2.3785	2.6449
74	0.6778	0.8465	1.0437	1.2931	1.6657	1.9925	2.3778	2.6439
75	0.6778	0.8464	1.0436	1.2929	1.6654	1.9921	2.3771	2.6430
76	0.6777	0.8464	1.0436	1.2928	1.6652	1.9917	2.3764	2.6421
77	0.6777	0.8463	1.0435	1.2926	1.6649	1.9913	2.3758	2.6412
78	0.6776	0.8463	1.0434	1.2925	1.6646	1.9908	2.3751	2.6403
79	0.6776	0.8462	1.0433	1.2924	1.6644	1.9905	2.3745	2.6395
80	0.6776	0.8461	1.0432	1.2922	1.6641	1.9901	2.3739	2.6387

Quantile $t_{n,p}$ der t_n-Verteilungen

p \ n	0.750	0.800	0.850	0.900	0.950	0.975	0.990	0.995
81	0.6775	0.8461	1.0431	1.2921	1.6639	1.9897	2.3733	2.6379
82	0.6775	0.8460	1.0430	1.2920	1.6636	1.9893	2.3727	2.6371
83	0.6775	0.8460	1.0429	1.2918	1.6634	1.9890	2.3721	2.6364
84	0.6774	0.8459	1.0429	1.2917	1.6632	1.9886	2.3716	2.6356
85	0.6774	0.8459	1.0428	1.2916	1.6630	1.9883	2.3710	2.6349
86	0.6774	0.8458	1.0427	1.2915	1.6628	1.9879	2.3705	2.6342
87	0.6773	0.8458	1.0426	1.2914	1.6626	1.9876	2.3700	2.6335
88	0.6773	0.8457	1.0426	1.2912	1.6624	1.9873	2.3695	2.6329
89	0.6773	0.8457	1.0425	1.2911	1.6622	1.9870	2.3690	2.6322
90	0.6772	0.8456	1.0424	1.2910	1.6620	1.9867	2.3685	2.6316
91	0.6772	0.8456	1.0424	1.2909	1.6618	1.9864	2.3680	2.6309
92	0.6772	0.8455	1.0423	1.2908	1.6616	1.9861	2.3676	2.6303
93	0.6771	0.8455	1.0422	1.2907	1.6614	1.9858	2.3671	2.6297
94	0.6771	0.8455	1.0422	1.2906	1.6612	1.9855	2.3667	2.6291
95	0.6771	0.8454	1.0421	1.2905	1.6611	1.9853	2.3662	2.6286
96	0.6771	0.8454	1.0421	1.2904	1.6609	1.9850	2.3658	2.6280
97	0.6770	0.8453	1.0420	1.2903	1.6607	1.9847	2.3654	2.6275
98	0.6770	0.8453	1.0419	1.2902	1.6606	1.9845	2.3650	2.6269
99	0.6770	0.8453	1.0419	1.2902	1.6604	1.9842	2.3646	2.6264
100	0.6770	0.8452	1.0418	1.2901	1.6602	1.9840	2.3642	2.6259
105	0.6768	0.8451	1.0416	1.2897	1.6595	1.9828	2.3624	2.6235
110	0.6767	0.8449	1.0413	1.2893	1.6588	1.9818	2.3607	2.6213
115	0.6766	0.8448	1.0411	1.2890	1.6582	1.9808	2.3592	2.6193
120	0.6765	0.8446	1.0409	1.2886	1.6576	1.9799	2.3578	2.6174
125	0.6765	0.8445	1.0408	1.2884	1.6571	1.9791	2.3566	2.6157
130	0.6764	0.8444	1.0406	1.2881	1.6567	1.9784	2.3554	2.6142
135	0.6763	0.8443	1.0404	1.2879	1.6562	1.9777	2.3543	2.6127
140	0.6762	0.8442	1.0403	1.2876	1.6558	1.9771	2.3533	2.6114
145	0.6762	0.8441	1.0402	1.2874	1.6554	1.9765	2.3523	2.6102
150	0.6761	0.8440	1.0400	1.2872	1.6551	1.9759	2.3515	2.6090
155	0.6761	0.8439	1.0399	1.2870	1.6547	1.9754	2.3506	2.6079
160	0.6760	0.8439	1.0398	1.2869	1.6544	1.9749	2.3499	2.6069
165	0.6760	0.8438	1.0397	1.2867	1.6541	1.9744	2.3492	2.6060
170	0.6759	0.8437	1.0396	1.2866	1.6539	1.9740	2.3485	2.6051
175	0.6759	0.8437	1.0395	1.2864	1.6536	1.9736	2.3478	2.6042
180	0.6759	0.8436	1.0394	1.2863	1.6534	1.9732	2.3472	2.6034
185	0.6758	0.8436	1.0393	1.2861	1.6531	1.9729	2.3467	2.6027
190	0.6758	0.8435	1.0393	1.2860	1.6529	1.9725	2.3461	2.6020
195	0.6757	0.8435	1.0392	1.2859	1.6527	1.9722	2.3456	2.6013
200	0.6757	0.8434	1.0391	1.2858	1.6525	1.9719	2.3451	2.6006

Quantile $t_{n,p}$ der t_n-Verteilungen

p \ n	0.750	0.800	0.850	0.900	0.950	0.975	0.990	0.995
205	0.6757	0.8434	1.0391	1.2857	1.6523	1.9716	2.3447	2.6000
210	0.6757	0.8433	1.0390	1.2856	1.6521	1.9713	2.3442	2.5994
215	0.6756	0.8433	1.0389	1.2855	1.6520	1.9711	2.3438	2.5989
220	0.6756	0.8433	1.0389	1.2854	1.6518	1.9708	2.3434	2.5984
225	0.6756	0.8432	1.0388	1.2853	1.6517	1.9706	2.3430	2.5979
230	0.6756	0.8432	1.0388	1.2852	1.6515	1.9703	2.3427	2.5974
235	0.6755	0.8432	1.0387	1.2852	1.6514	1.9701	2.3423	2.5969
240	0.6755	0.8431	1.0387	1.2851	1.6512	1.9699	2.3420	2.5965
245	0.6755	0.8431	1.0386	1.2850	1.6511	1.9697	2.3417	2.5960
250	0.6755	0.8431	1.0386	1.2849	1.6510	1.9695	2.3414	2.5956
255	0.6755	0.8430	1.0385	1.2849	1.6509	1.9693	2.3411	2.5952
260	0.6754	0.8430	1.0385	1.2848	1.6507	1.9691	2.3408	2.5949
265	0.6754	0.8430	1.0385	1.2848	1.6506	1.9690	2.3405	2.5945
270	0.6754	0.8430	1.0384	1.2847	1.6505	1.9688	2.3402	2.5942
275	0.6754	0.8429	1.0384	1.2846	1.6504	1.9686	2.3400	2.5938
280	0.6754	0.8429	1.0384	1.2846	1.6503	1.9685	2.3397	2.5935
285	0.6754	0.8429	1.0383	1.2845	1.6502	1.9683	2.3395	2.5932
290	0.6753	0.8429	1.0383	1.2845	1.6501	1.9682	2.3393	2.5929
295	0.6753	0.8428	1.0383	1.2844	1.6500	1.9680	2.3391	2.5926
300	0.6753	0.8428	1.0382	1.2844	1.6499	1.9679	2.3388	2.5923
400	0.6751	0.8425	1.0378	1.2837	1.6487	1.9659	2.3357	2.5882
500	0.6750	0.8423	1.0375	1.2832	1.6479	1.9647	2.3338	2.5857
600	0.6749	0.8422	1.0373	1.2830	1.6474	1.9639	2.3326	2.5841
700	0.6748	0.8421	1.0372	1.2828	1.6470	1.9634	2.3317	2.5829
800	0.6748	0.8421	1.0371	1.2826	1.6468	1.9629	2.3310	2.5820
900	0.6748	0.8420	1.0370	1.2825	1.6465	1.9626	2.3305	2.5813
1000	0.6747	0.8420	1.0370	1.2824	1.6464	1.9623	2.3301	2.5808

4.4 Quantile $\chi^2_{n;p}$ der χ^2_n-Verteilungen

p / n	0.005	0.010	0.025	0.050	0.100	0.250
1	0.000	0.000	0.001	0.004	0.016	0.102
2	0.010	0.020	0.051	0.103	0.211	0.575
3	0.072	0.115	0.216	0.352	0.584	1.213
4	0.207	0.297	0.484	0.711	1.064	1.923
5	0.412	0.554	0.831	1.145	1.610	2.675
6	0.676	0.872	1.237	1.635	2.204	3.455
7	0.989	1.239	1.690	2.167	2.833	4.255
8	1.344	1.646	2.180	2.733	3.490	5.071
9	1.735	2.088	2.700	3.325	4.168	5.899
10	2.156	2.558	3.247	3.940	4.865	6.737
11	2.603	3.053	3.816	4.575	5.578	7.584
12	3.074	3.571	4.404	5.226	6.304	8.438
13	3.565	4.107	5.009	5.892	7.042	9.299
14	4.075	4.660	5.629	6.571	7.790	10.165
15	4.601	5.229	6.262	7.261	8.547	11.037
16	5.142	5.812	6.908	7.962	9.312	11.912
17	5.697	6.408	7.564	8.672	10.085	12.792
18	6.265	7.015	8.231	9.390	10.865	13.675
19	6.844	7.633	8.907	10.117	11.651	14.562
20	7.434	8.260	9.591	10.851	12.443	15.452
21	8.034	8.897	10.283	11.591	13.240	16.344
22	8.643	9.542	10.982	12.338	14.041	17.240
23	9.260	10.196	11.689	13.091	14.848	18.137
24	9.886	10.856	12.401	13.848	15.659	19.037
25	10.520	11.524	13.120	14.611	16.473	19.939
26	11.160	12.198	13.844	15.379	17.292	20.843
27	11.808	12.879	14.573	16.151	18.114	21.749
28	12.461	13.565	15.308	16.928	18.939	22.657
29	13.121	14.256	16.047	17.708	19.768	23.567
30	13.787	14.953	16.791	18.493	20.599	24.478
31	14.458	15.655	17.539	19.281	21.434	25.390
32	15.134	16.362	18.291	20.072	22.271	26.304
33	15.815	17.074	19.047	20.867	23.110	27.219
34	16.501	17.789	19.806	21.664	23.952	28.136
35	17.192	18.509	20.569	22.465	24.797	29.054
36	17.887	19.233	21.336	23.269	25.643	29.973
37	18.586	19.960	22.106	24.075	26.492	30.893
38	19.289	20.691	22.878	24.884	27.343	31.815
39	19.996	21.426	23.654	25.695	28.196	32.737
40	20.707	22.164	24.433	26.509	29.051	33.660

Quantile $\chi^2_{n;p}$ der χ^2_n-Verteilungen

p / n	0.005	0.010	0.025	0.050	0.100	0.250
41	21.421	22.906	25.215	27.326	29.907	34.585
42	22.138	23.650	25.999	28.144	30.765	35.510
43	22.859	24.398	26.785	28.965	31.625	36.436
44	23.584	25.148	27.575	29.787	32.487	37.363
45	24.311	25.901	28.366	30.612	33.350	38.291
46	25.041	26.657	29.160	31.439	34.215	39.220
47	25.775	27.416	29.956	32.268	35.081	40.149
48	26.511	28.177	30.755	33.098	35.949	41.079
49	27.249	28.941	31.555	33.930	36.818	42.010
50	27.991	29.707	32.357	34.764	37.689	42.942
51	28.735	30.475	33.162	35.600	38.560	43.874
52	29.481	31.246	33.968	36.437	39.433	44.807
53	30.230	32.018	34.776	37.276	40.308	45.741
54	30.981	32.793	35.586	38.116	41.183	46.676
55	31.735	33.570	36.398	38.958	42.060	47.610
56	32.490	34.350	37.212	39.801	42.937	48.546
57	33.248	35.131	38.027	40.646	43.816	49.482
58	34.008	35.913	38.844	41.492	44.696	50.419
59	34.770	36.698	39.662	42.339	45.577	51.356
60	35.534	37.485	40.482	43.188	46.459	52.294
61	36.300	38.273	41.303	44.038	47.342	53.232
62	37.068	39.063	42.126	44.889	48.226	54.171
63	37.838	39.855	42.950	45.741	49.111	55.110
64	38.610	40.649	43.776	46.595	49.996	56.050
65	39.383	41.444	44.603	47.450	50.883	56.990
66	40.158	42.240	45.431	48.305	51.770	57.931
67	40.935	43.038	46.261	49.162	52.659	58.872
68	41.713	43.838	47.092	50.020	53.548	59.814
69	42.494	44.639	47.924	50.879	54.438	60.756
70	43.275	45.442	48.758	51.739	55.329	61.698
71	44.058	46.246	49.592	52.600	56.221	62.641
72	44.843	47.051	50.428	53.462	57.113	63.585
73	45.629	47.858	51.265	54.325	58.006	64.528
74	46.417	48.666	52.103	55.189	58.900	65.472
75	47.206	49.475	52.942	56.054	59.795	66.417
76	47.997	50.286	53.782	56.920	60.690	67.362
77	48.788	51.097	54.623	57.786	61.586	68.307
78	49.582	51.910	55.466	58.654	62.483	69.252
79	50.376	52.725	56.309	59.522	63.380	70.198
80	51.172	53.540	57.153	60.391	64.278	71.145

Quantile $\chi_{n;p}^2$ der χ_n^2-Verteilungen

p / n	0.005	0.010	0.025	0.050	0.100	0.250
81	51.969	54.357	57.998	61.261	65.176	72.091
82	52.767	55.174	58.845	62.132	66.076	73.038
83	53.567	55.993	59.692	63.004	66.976	73.985
84	54.368	56.813	60.540	63.876	67.876	74.933
85	55.170	57.634	61.389	64.749	68.777	75.881
86	55.973	58.456	62.239	65.623	69.679	76.829
87	56.777	59.279	63.089	66.498	70.581	77.777
88	57.582	60.103	63.941	67.373	71.484	78.726
89	58.389	60.928	64.793	68.249	72.387	79.675
90	59.196	61.754	65.647	69.126	73.291	80.625
91	60.005	62.581	66.501	70.003	74.196	81.574
92	60.815	63.409	67.356	70.882	75.100	82.524
93	61.625	64.238	68.211	71.760	76.006	83.474
94	62.437	65.068	69.068	72.640	76.912	84.425
95	63.250	65.898	69.925	73.520	77.818	85.376
96	64.063	66.730	70.783	74.401	78.725	86.327
97	64.878	67.562	71.642	75.282	79.633	87.278
98	65.694	68.396	72.501	76.164	80.541	88.229
99	66.510	69.230	73.361	77.046	81.449	89.181
100	67.328	70.065	74.222	77.929	82.358	90.133
105	71.428	74.252	78.536	82.354	86.909	94.897
110	75.550	78.458	82.867	86.792	91.471	99.666
115	79.692	82.682	87.213	91.242	96.043	104.440
120	83.829	86.909	91.568	95.705	100.627	109.224
125	88.007	91.166	95.941	100.178	105.217	114.008
130	92.201	95.437	100.326	104.662	109.814	118.796
135	96.410	99.723	104.724	109.156	114.420	123.588
140	100.634	104.021	109.132	113.659	119.032	128.384
145	104.872	108.332	113.551	118.172	123.652	133.184
150	109.122	112.655	117.980	122.692	128.278	137.987
155	113.385	116.989	122.418	127.220	132.911	142.793
160	117.660	121.333	126.866	131.756	137.549	147.602
165	121.946	125.688	131.322	136.299	142.193	152.415
170	126.243	130.053	135.786	140.849	146.842	157.230
175	130.549	134.426	140.258	145.406	151.496	162.048
180	134.866	138.809	144.737	149.969	156.156	166.869
185	139.192	143.200	149.224	154.538	160.820	171.692
190	143.528	147.599	153.717	159.113	165.488	176.517
195	147.871	152.006	158.218	163.693	170.161	181.345
200	152.224	156.421	162.724	168.279	174.838	186.175

Quantile $\chi^2_{n;p}$ der χ^2_n–Verteilungen

p / n	0.005	0.010	0.025	0.050	0.100	0.250
205	156.584	160.843	167.237	172.870	179.519	191.007
210	160.952	165.272	171.756	177.465	184.204	195.841
215	165.327	169.708	176.280	182.066	188.893	200.677
220	169.710	174.150	180.810	186.671	193.585	205.515
225	174.100	178.599	185.345	191.281	198.281	210.355
230	178.496	183.053	189.885	195.895	202.980	215.197
235	182.899	187.514	194.430	200.513	207.683	220.040
240	187.308	191.980	198.980	205.136	212.388	224.885
245	191.724	196.452	203.535	209.762	217.097	229.731
250	196.145	200.929	208.094	214.392	221.808	234.580
255	200.572	205.411	212.658	219.026	226.523	239.429
260	205.005	209.899	217.226	223.663	231.240	244.280
265	209.443	214.391	221.798	228.304	235.960	249.133
270	213.886	218.888	226.374	232.948	240.683	253.987
275	218.335	223.390	230.954	237.595	245.408	258.842
280	222.788	227.896	235.538	242.246	250.136	263.699
285	227.246	232.407	240.126	246.899	254.866	268.557
290	231.709	236.922	244.717	251.556	259.598	273.416
295	236.177	241.441	249.311	256.216	264.333	278.276
300	240.649	245.964	253.909	260.878	269.070	283.138
400	330.890	337.148	346.479	354.641	364.209	380.579
500	422.292	429.381	439.934	449.147	459.928	478.325
600	514.519	522.359	534.016	544.180	556.058	576.288
700	607.370	615.902	628.575	639.613	652.499	674.414
800	700.716	709.891	723.511	735.363	749.187	772.671
900	794.467	804.247	818.754	831.370	846.076	871.033
1000	888.556	898.907	914.256	927.594	943.134	969.485

Quantile $\chi_{n;p}^2$ der χ_n^2–Verteilungen

p	0.750	0.900	0.950	0.975	0.990	0.995
n						
1	1.323	2.706	3.841	5.024	6.635	7.879
2	2.773	4.605	5.991	7.378	9.210	10.597
3	4.108	6.251	7.815	9.348	11.345	12.838
4	5.385	7.779	9.488	11.143	13.277	14.860
5	6.626	9.236	11.070	12.833	15.086	16.750
6	7.841	10.645	12.592	14.449	16.812	18.548
7	9.037	12.017	14.067	16.013	18.475	20.278
8	10.219	13.362	15.507	17.535	20.090	21.955
9	11.389	14.684	16.919	19.023	21.666	23.589
10	12.549	15.987	18.307	20.483	23.209	25.188
11	13.701	17.275	19.675	21.920	24.725	26.757
12	14.845	18.549	21.026	23.337	26.217	28.300
13	15.984	19.812	22.362	24.736	27.688	29.819
14	17.117	21.064	23.685	26.119	29.141	31.319
15	18.245	22.307	24.996	27.488	30.578	32.801
16	19.369	23.542	26.296	28.845	32.000	34.267
17	20.489	24.769	27.587	30.191	33.409	35.718
18	21.605	25.989	28.869	31.526	34.805	37.156
19	22.718	27.204	30.144	32.852	36.191	38.582
20	23.828	28.412	31.410	34.170	37.566	39.997
21	24.935	29.615	32.671	35.479	38.932	41.401
22	26.039	30.813	33.924	36.781	40.289	42.796
23	27.141	32.007	35.172	38.076	41.638	44.181
24	28.241	33.196	36.415	39.364	42.980	45.559
25	29.339	34.382	37.652	40.646	44.314	46.928
26	30.435	35.563	38.885	41.923	45.642	48.290
27	31.528	36.741	40.113	43.195	46.963	49.645
28	32.620	37.916	41.337	44.461	48.278	50.993
29	33.711	39.087	42.557	45.722	49.588	52.336
30	34.800	40.256	43.773	46.979	50.892	53.672
31	35.887	41.422	44.985	48.232	52.191	55.003
32	36.973	42.585	46.194	49.480	53.486	56.328
33	38.058	43.745	47.400	50.725	54.776	57.648
34	39.141	44.903	48.602	51.966	56.061	58.964
35	40.223	46.059	49.802	53.203	57.342	60.275
36	41.304	47.212	50.998	54.437	58.619	61.581
37	42.383	48.363	52.192	55.668	59.892	62.883
38	43.462	49.513	53.384	56.896	61.162	64.181
39	44.539	50.660	54.572	58.120	62.428	65.476
40	45.616	51.805	55.758	59.342	63.691	66.766

Quantile $\chi^2_{n;p}$ der χ^2_n-Verteilungen

p / n	0.750	0.900	0.950	0.975	0.990	0.995
41	46.692	52.949	56.942	60.561	64.950	68.053
42	47.766	54.090	58.124	61.777	66.206	69.336
43	48.840	55.230	59.303	62.990	67.459	70.616
44	49.913	56.369	60.481	64.201	68.710	71.893
45	50.985	57.505	61.656	65.410	69.957	73.166
46	52.056	58.641	62.830	66.617	71.201	74.437
47	53.127	59.774	64.001	67.821	72.443	75.704
48	54.196	60.907	65.171	69.023	73.683	76.969
49	55.265	62.038	66.339	70.222	74.919	78.231
50	56.334	63.167	67.505	71.420	76.154	79.490
51	57.401	64.295	68.669	72.616	77.386	80.747
52	58.468	65.422	69.832	73.810	78.616	82.001
53	59.534	66.548	70.993	75.002	79.843	83.253
54	60.600	67.673	72.153	76.192	81.069	84.502
55	61.665	68.796	73.311	77.380	82.292	85.749
56	62.729	69.919	74.468	78.567	83.513	86.994
57	63.793	71.040	75.624	79.752	84.733	88.236
58	64.857	72.160	76.778	80.936	85.950	89.477
59	65.919	73.279	77.931	82.117	87.166	90.715
60	66.981	74.397	79.082	83.298	88.379	91.952
61	68.043	75.514	80.232	84.476	89.591	93.186
62	69.104	76.630	81.381	85.654	90.802	94.419
63	70.165	77.745	82.529	86.830	92.010	95.649
64	71.225	78.860	83.675	88.004	93.217	96.878
65	72.285	79.973	84.821	89.177	94.422	98.105
66	73.344	81.085	85.965	90.349	95.626	99.330
67	74.403	82.197	87.108	91.519	96.828	100.554
68	75.461	83.308	88.250	92.689	98.028	101.776
69	76.519	84.418	89.391	93.856	99.228	102.996
70	77.577	85.527	90.531	95.023	100.425	104.215
71	78.634	86.635	91.670	96.189	101.621	105.432
72	79.690	87.743	92.808	97.353	102.816	106.648
73	80.747	88.850	93.945	98.516	104.010	107.862
74	81.803	89.956	95.081	99.678	105.202	109.074
75	82.858	91.061	96.217	100.839	106.393	110.286
76	83.913	92.166	97.351	101.999	107.583	111.495
77	84.968	93.270	98.484	103.158	108.771	112.704
78	86.022	94.374	99.617	104.316	109.958	113.911
79	87.077	95.476	100.749	105.473	111.144	115.117
80	88.130	96.578	101.879	106.629	112.329	116.321

Quantile $\chi_{n;p}^2$ der χ_n^2-Verteilungen

p n	0.750	0.900	0.950	0.975	0.990	0.995
81	89.184	97.680	103.010	107.783	113.512	117.524
82	90.237	98.780	104.139	108.937	114.695	118.726
83	91.289	99.880	105.267	110.090	115.876	119.927
84	92.342	100.980	106.395	111.242	117.057	121.126
85	93.394	102.079	107.522	112.393	118.236	122.325
86	94.446	103.177	108.648	113.544	119.414	123.522
87	95.497	104.275	109.773	114.693	120.591	124.718
88	96.548	105.372	110.898	115.841	121.767	125.913
89	97.599	106.469	112.022	116.989	122.942	127.106
90	98.650	107.565	113.145	118.136	124.116	128.299
91	99.700	108.661	114.268	119.282	125.289	129.491
92	100.750	109.756	115.390	120.427	126.462	130.681
93	101.800	110.850	116.511	121.571	127.633	131.871
94	102.850	111.944	117.632	122.715	128.803	133.059
95	103.899	113.038	118.752	123.858	129.973	134.247
96	104.948	114.131	119.871	125.000	131.141	135.433
97	105.997	115.223	120.990	126.141	132.309	136.619
98	107.045	116.315	122.108	127.282	133.476	137.803
99	108.093	117.407	123.225	128.422	134.642	138.987
100	109.141	118.498	124.342	129.561	135.807	140.169
105	114.378	123.947	129.918	135.247	141.620	146.070
110	119.608	129.385	135.480	140.917	147.414	151.948
115	124.834	134.813	141.030	146.571	153.191	157.808
120	130.051	140.228	146.565	152.214	158.962	163.670
125	135.267	145.638	152.092	157.841	164.706	169.493
130	140.479	151.041	157.608	163.456	170.435	175.299
135	145.687	156.435	163.114	169.059	176.150	181.090
140	150.890	161.823	168.611	174.650	181.852	186.867
145	156.091	167.203	174.099	180.232	187.541	192.630
150	161.288	172.577	179.579	185.803	193.219	198.380
155	166.481	177.945	185.050	191.365	198.885	204.117
160	171.672	183.307	190.515	196.918	204.541	209.843
165	176.859	188.663	195.972	202.462	210.186	215.557
170	182.044	194.014	201.422	207.998	215.822	221.261
175	187.226	199.359	206.865	213.526	221.449	226.954
180	192.405	204.700	212.302	219.047	227.066	232.638
185	197.582	210.036	217.733	224.560	232.675	238.312
190	202.757	215.367	223.159	230.067	238.276	243.977
195	207.929	220.695	228.578	235.567	243.869	249.633
200	213.099	226.017	233.993	241.060	249.455	255.281

Quantile $\chi^2_{n;p}$ der χ^2_n-Verteilungen

p / n	0.750	0.900	0.950	0.975	0.990	0.995
205	218.267	231.336	239.402	246.548	255.033	260.921
210	223.433	236.651	244.806	252.029	260.604	266.553
215	228.597	241.963	250.206	257.505	266.168	272.178
220	233.759	247.270	255.600	262.975	271.727	277.795
225	238.919	252.575	260.990	268.440	277.278	283.406
230	244.077	257.875	266.377	273.900	282.823	289.010
235	249.234	263.173	271.758	279.354	288.363	294.607
240	254.389	268.467	277.136	284.804	293.897	300.198
245	259.542	273.759	282.510	290.250	299.425	305.782
250	264.694	279.047	287.880	295.691	304.948	311.361
255	269.844	284.333	293.246	301.127	310.466	316.934
260	274.993	289.615	298.609	306.559	315.979	322.502
265	280.141	294.895	303.969	311.987	321.487	328.064
270	285.287	300.173	309.324	317.411	326.990	333.621
275	290.431	305.448	314.677	322.831	332.488	339.172
280	295.575	310.720	320.026	328.248	337.982	344.719
285	300.717	315.990	325.373	333.660	343.471	350.261
290	305.858	321.257	330.716	339.069	348.956	355.798
295	310.997	326.522	336.056	344.474	354.437	361.330
300	316.136	331.786	341.394	349.876	359.914	366.858
400	418.695	436.646	447.631	457.307	468.731	476.618
500	520.948	540.928	553.126	563.853	576.499	585.217
600	622.986	644.798	658.093	669.771	683.521	692.991
700	724.859	748.357	762.660	775.212	789.979	800.140
800	826.602	851.669	866.911	880.277	895.989	906.795
900	928.240	954.780	970.903	985.033	1001.634	1013.044
1000	1029.788	1057.722	1074.679	1089.532	1106.973	1118.956

4.5 Quantile $F_{m,n;p}$ der $F_{m,n}$-Verteilungen

m	n	0.500	0.900	0.950	0.975	0.990	0.995
1	1	1.0000	39.864	161.45	647.46	4051.9	16211.
1	2	.66667	8.5260	18.512	38.506	98.503	198.50
1	3	.58506	5.5382	10.128	17.443	34.113	55.551
1	4	.54863	4.5448	7.7086	12.218	21.198	31.333
1	5	.52807	4.0604	6.6079	10.007	16.258	22.785
1	6	.51489	3.7759	5.9874	8.8128	13.745	18.635
1	7	.50572	3.5893	5.5914	8.0726	12.246	16.236
1	8	.49898	3.4579	5.3176	7.5709	11.259	14.688
1	9	.49382	3.3603	5.1172	7.2093	10.561	13.614
1	10	.48974	3.2850	4.9646	6.9367	10.044	12.826
1	11	.48643	3.2252	4.8443	6.7240	9.6460	12.226
1	12	.48370	3.1765	4.7472	6.5538	9.3302	11.754
1	13	.48140	3.1362	4.6672	6.4141	9.0738	11.373
1	14	.47944	3.1022	4.6001	6.2979	8.8616	11.060
1	15	.47775	3.0732	4.5431	6.1995	8.6831	10.798
1	16	.47628	3.0481	4.4940	6.1151	8.5310	10.575
1	17	.47499	3.0262	4.4513	6.0420	8.3997	10.384
1	18	.47384	3.0070	4.4139	5.9781	8.2854	10.218
1	19	.47282	2.9899	4.3807	5.9216	8.1850	10.073
1	20	.47171	2.9747	4.3512	5.8715	8.0957	9.9439
2	1	1.5000	49.500	199.50	799.50	4999.5	20000.
2	2	1.0000	9.0000	19.000	39.000	99.000	199.00
2	3	.88110	5.4624	9.5521	16.044	30.817	49.800
2	4	.82843	4.3246	6.9442	10.649	18.000	26.284
2	5	.79877	3.7797	5.7861	8.4336	13.274	18.314
2	6	.77976	3.4633	5.1433	7.2598	10.925	14.544
2	7	.76655	3.2574	4.7373	6.5415	9.5466	12.404
2	8	.75677	3.1131	4.4589	6.0595	8.6490	11.042
2	9	.74933	3.0065	4.2565	5.7147	8.0215	10.107
2	10	.74344	2.9245	4.1028	5.4563	7.5594	9.4268
2	11	.73867	2.8595	3.9823	5.2559	7.2057	8.9122
2	12	.73473	2.8068	3.8853	5.0959	6.9266	8.5096
2	13	.73141	2.7632	3.8056	4.9653	6.7010	8.1865
2	14	.72858	2.7265	3.7389	4.8567	6.5147	7.9217
2	15	.72614	2.6951	3.6822	4.7650	6.3588	7.7008
2	16	.72402	2.6681	3.6337	4.6867	6.2262	7.5138
2	17	.72215	2.6446	3.5915	4.6189	6.1121	7.3536
2	18	.72049	2.6238	3.5546	4.5597	6.0129	7.2148
2	19	.71902	2.6055	3.5219	4.5075	5.9259	7.0933
2	20	.71769	2.5891	3.4928	4.4613	5.8489	6.9863

Quantile $F_{m,n;p}$ der $F_{m,n}$-Verteilungen

	p	0.500	0.900	0.950	0.975	0.990	0.995
m	n						
3	1	1.7092	53.593	215.82	864.28	5403.5	21615.
3	2	1.1349	9.1618	19.164	39.166	99.166	199.33
3	3	1.0000	5.3904	9.2766	15.439	29.456	47.462
3	4	.94053	4.1909	6.5914	9.9792	16.694	24.258
3	5	.90715	3.6195	5.4094	7.7636	12.060	16.529
3	6	.88578	3.2888	4.7571	6.5988	9.7795	12.916
3	7	.87094	3.0741	4.3468	5.8898	8.4512	10.882
3	8	.86004	2.9238	4.0662	5.4160	7.5909	9.5963
3	9	.85168	2.8129	3.8625	5.0781	6.9919	8.7169
3	10	.84508	2.7277	3.7083	4.8256	6.5523	8.0806
3	11	.83973	2.6602	3.5874	4.6300	6.2167	7.6003
3	12	.83531	2.6055	3.4903	4.4742	5.9525	7.2256
3	13	.83159	2.5603	3.4105	4.3472	5.7393	6.9256
3	14	.82842	2.5222	3.3439	4.2417	5.5638	6.6802
3	15	.82568	2.4898	3.2874	4.1528	5.4169	6.4759
3	16	.82330	2.4618	3.2388	4.0768	5.2921	6.3032
3	17	.82121	2.4374	3.1967	4.0111	5.1849	6.1555
3	18	.81935	2.4160	3.1599	3.9538	5.0918	6.0276
3	19	.81770	2.3970	3.1273	3.9034	5.0102	5.9159
3	20	.81621	2.3801	3.0983	3.8586	4.9381	5.8175
4	1	1.8227	55.833	224.75	899.75	5624.8	22500.
4	2	1.2071	9.2436	19.247	39.248	99.250	199.50
4	3	1.0632	5.3426	9.1172	15.101	28.709	46.191
4	4	1.0000	4.1072	6.3882	9.6045	15.977	23.154
4	5	.96455	3.5201	5.1922	7.3879	11.392	15.556
4	6	.94189	3.1808	4.5337	6.2272	9.1483	12.028
4	7	.92619	2.9605	4.1203	5.5226	7.8466	10.051
4	8	.91465	2.8064	3.8379	5.0526	7.0061	8.8051
4	9	.90580	2.6927	3.6331	4.7181	6.4221	7.9559
4	10	.89882	2.6053	3.4780	4.4683	5.9943	7.3428
4	11	.89316	2.5362	3.3567	4.2751	5.6683	6.8809
4	12	.88848	2.4801	3.2592	4.1212	5.4120	6.5211
4	13	.88455	2.4337	3.1791	3.9959	5.2053	6.2335
4	14	.88119	2.3947	3.1122	3.8919	5.0354	5.9984
4	15	.87830	2.3614	3.0556	3.8043	4.8932	5.8029
4	16	.87579	2.3327	3.0069	3.7294	4.7726	5.6379
4	17	.87357	2.3077	2.9647	3.6648	4.6690	5.4967
4	18	.87161	2.2858	2.9277	3.6083	4.5790	5.3746
4	19	.86986	2.2663	2.8951	3.5587	4.5003	5.2681
4	20	.86829	2.2489	2.8661	3.5147	4.4307	5.1743

Quantile $F_{m,n;p}$ der $F_{m,n}$-Verteilungen

	p	0.500	0.900	0.950	0.975	0.990	0.995
m	n						
5	1	1.8937	57.240	230.36	922.05	5763.9	23056.
5	2	1.2519	9.2929	19.296	39.298	99.300	199.60
5	3	1.1024	5.3091	9.0135	14.885	28.236	45.389
5	4	1.0367	4.0505	6.2561	9.3645	15.522	22.456
5	5	1.0000	3.4530	5.0503	7.1464	10.967	14.940
5	6	.97654	3.1075	4.3871	5.9876	8.7459	11.464
5	7	.96026	2.8833	3.9714	5.2852	7.4604	9.5221
5	8	.94830	2.7264	3.6874	4.8173	6.6318	8.3018
5	9	.93915	2.6106	3.4816	4.4844	6.0569	7.4712
5	10	.93192	2.5216	3.3257	4.2359	5.6363	6.8724
5	11	.92606	2.4511	3.2038	4.0438	5.3160	6.4218
5	12	.92122	2.3939	3.1058	3.8910	5.0643	6.0711
5	13	.91715	2.3467	3.0253	3.7665	4.8616	5.7910
5	14	.91369	2.3069	2.9582	3.6634	4.6950	5.5623
5	15	.91070	2.2730	2.9013	3.5764	4.5556	5.3721
5	16	.90809	2.2438	2.8524	3.5021	4.4374	5.2117
5	17	.90580	2.2183	2.8100	3.4379	4.3359	5.0746
5	18	.90377	2.1958	2.7729	3.3820	4.2479	4.9560
5	19	.90197	2.1760	2.7401	3.3327	4.1708	4.8526
5	20	.90034	2.1582	2.7109	3.2891	4.1027	4.7616
6	1	1.9422	58.205	234.21	937.34	5859.2	23438.
6	2	1.2824	9.3259	19.330	39.332	99.333	199.67
6	3	1.1289	5.2846	8.9406	14.735	27.910	44.835
6	4	1.0617	4.0097	6.1631	9.1973	15.207	21.974
6	5	1.0240	3.4045	4.9503	6.9777	10.672	14.513
6	6	1.0000	3.0545	4.2837	5.8198	8.4661	11.073
6	7	.98334	2.8274	3.8659	5.1186	7.1914	9.1554
6	8	.97111	2.6683	3.5805	4.6515	6.3707	7.9520
6	9	.96175	2.5508	3.3737	4.3196	5.8018	7.1339
6	10	.95435	2.4606	3.2172	4.0720	5.3858	6.5446
6	11	.94837	2.3891	3.0946	3.8806	5.0692	6.1016
6	12	.94342	2.3310	2.9961	3.7282	4.8204	5.7570
6	13	.93926	2.2830	2.9152	3.6042	4.6202	5.4819
6	14	.93572	2.2425	2.8477	3.5013	4.4557	5.2574
6	15	.93266	2.2081	2.7904	3.4146	4.3182	5.0708
6	16	.93000	2.1783	2.7413	3.3406	4.2015	4.9132
6	17	.92766	2.1523	2.6986	3.2766	4.1014	4.7788
6	18	.92559	2.1295	2.6613	3.2209	4.0146	4.6626
6	19	.92374	2.1093	2.6283	3.1718	3.9385	4.5612
6	20	.92208	2.0913	2.5989	3.1283	3.8714	4.4720

Quantile $F_{m,n;p}$ der $F_{m,n}$-Verteilungen

p		0.500	0.900	0.950	0.975	0.990	0.995
m	n						
7	1	1.9774	59.144	237.01	948.46	5928.6	23715.
7	2	1.3046	9.3496	19.353	39.355	99.357	199.72
7	3	1.1482	5.2660	8.8867	14.624	27.671	44.431
7	4	1.0797	3.9789	6.0942	9.0741	14.976	21.621
7	5	1.0414	3.3679	4.8759	6.8531	10.456	14.200
7	6	1.0169	3.0144	4.2064	5.6955	8.2600	10.786
7	7	1.0000	2.7849	3.7870	4.9949	6.9928	8.8854
7	8	.98757	2.6241	3.5004	4.5283	6.1776	7.6942
7	9	.97805	2.5053	3.2927	4.1969	5.6129	6.8849
7	10	.97054	2.4140	3.1355	3.9498	5.2001	6.3025
7	11	.96445	2.3416	3.0123	3.7586	4.8859	5.8648
7	12	.95943	2.2828	2.9134	3.6065	4.6394	5.5245
7	13	.95520	2.2341	2.8321	3.4826	4.4409	5.2529
7	14	.95160	2.1931	2.7642	3.3799	4.2778	5.0311
7	15	.94850	2.1582	2.7066	3.2933	4.1415	4.8471
7	16	.94580	2.1280	2.6572	3.2194	4.0259	4.6919
7	17	.94342	2.1017	2.6143	3.1556	3.9267	4.5593
7	18	.94132	2.0785	2.5767	3.0999	3.8406	4.4447
7	19	.93944	2.0580	2.5435	3.0509	3.7652	4.3448
7	20	.93775	2.0397	2.5140	3.0074	3.6987	4.2568
8	1	2.0041	59.689	239.13	956.91	5981.3	23926.
8	2	1.3213	9.3673	19.371	39.373	99.750	199.75
8	3	1.1627	5.2514	8.8452	14.540	27.488	44.122
8	4	1.0933	3.9548	6.0410	8.9796	14.799	21.352
8	5	1.0545	3.3392	4.8183	6.7572	10.289	13.961
8	6	1.0298	2.9830	4.1465	5.5996	8.1017	10.566
8	7	1.0126	2.7516	3.7256	4.8993	6.8401	8.6781
8	8	1.0000	2.5893	3.4381	4.4330	6.0289	7.4959
8	9	.99037	2.4694	3.2296	4.1018	5.4671	6.6933
8	10	.98276	2.3771	3.0716	3.8548	5.0567	6.1159
8	11	.97660	2.3040	2.9480	3.6638	4.7443	5.6821
8	12	.97151	2.2446	2.8486	3.5118	4.4992	5.3451
8	13	.96724	2.1953	2.7669	3.3880	4.3020	5.0758
8	14	.96360	2.1539	2.6987	3.2853	4.1399	4.8565
8	15	.96046	2.1185	2.6408	3.1987	4.0044	4.6742
8	16	.95772	2.0880	2.5911	3.1248	3.8895	4.5206
8	17	.95532	2.0613	2.5480	3.0610	3.7909	4.3893
8	18	.95319	2.0379	2.5102	3.0053	3.7054	4.2759
8	19	.95129	2.0171	2.4768	2.9563	3.6305	4.1770
8	20	.94959	1.9985	2.4471	2.9128	3.5644	4.0899

Quantile $F_{m,n;p}$ der $F_{m,n}$-Verteilungen

p		0.500	0.900	0.950	0.975	0.990	0.995
m	n						
9	1	2.0250	60.117	240.80	963.55	6022.8	24092.
9	2	1.3344	9.3812	19.385	39.387	99.778	199.78
9	3	1.1741	5.2397	8.8123	14.473	27.344	43.879
9	4	1.1040	3.9355	5.9988	8.9047	14.659	21.139
9	5	1.0648	3.3162	4.7725	6.6811	10.158	13.772
9	6	1.0398	2.9577	4.0987	5.5234	7.9761	10.392
9	7	1.0224	2.7247	3.6766	4.8232	6.7188	8.5138
9	8	1.0097	2.5612	3.3881	4.3570	5.9106	7.3386
9	9	1.0000	2.4403	3.1789	4.0259	5.3511	6.5411
9	10	.99232	2.3473	3.0204	3.7789	4.9424	5.9676
9	11	.98610	2.2735	2.8962	3.5879	4.6313	5.5368
9	12	.98097	2.2135	2.7964	3.4358	4.3874	5.2018
9	13	.97665	2.1638	2.7144	3.3120	4.1910	4.9349
9	14	.97298	2.1220	2.6458	3.2093	4.0296	4.7171
9	15	.96981	2.0862	2.5876	3.1227	3.8947	4.5363
9	16	.96705	2.0553	2.5377	3.0487	3.7804	4.3838
9	17	.96462	2.0284	2.4943	2.9849	3.6822	4.2535
9	18	.96247	2.0047	2.4563	2.9291	3.5971	4.1409
9	19	.96056	1.9836	2.4227	2.8800	3.5225	4.0428
9	20	.95884	1.9649	2.3928	2.8365	3.4567	3.9564
10	1	2.0419	60.462	242.15	968.90	6056.1	24225.
10	2	1.3450	9.3923	19.396	39.398	99.800	199.80
10	3	1.1833	5.2300	8.7855	14.419	27.228	43.682
10	4	1.1126	3.9197	5.9644	8.8439	14.546	20.966
10	5	1.0731	3.2973	4.7351	6.6192	10.051	13.618
10	6	1.0478	2.9369	4.0596	5.4613	7.8741	10.250
10	7	1.0304	2.7025	3.6364	4.7611	6.6201	8.3803
10	8	1.0175	2.5380	3.3471	4.2948	5.8143	7.2106
10	9	1.0077	2.4163	3.1373	3.9637	5.2565	6.4172
10	10	1.0000	2.3226	2.9782	3.7167	4.8491	5.8467
10	11	.99374	2.2482	2.8536	3.5256	4.5391	5.4183
10	12	.98856	2.1878	2.7534	3.3735	4.2959	5.0852
10	13	.98421	2.1376	2.6710	3.2497	4.1002	4.8197
10	14	.98051	2.0954	2.6022	3.1469	3.9393	4.6032
10	15	.97732	2.0593	2.5437	3.0602	3.8049	4.4234
10	16	.97454	2.0281	2.4935	2.9862	3.6909	4.2718
10	17	.97209	2.0009	2.4499	2.9222	3.5930	4.1423
10	18	.96993	1.9770	2.4117	2.8664	3.5081	4.0304
10	19	.96800	1.9557	2.3779	2.8172	3.4338	3.9328
10	20	.96626	1.9367	2.3479	2.7737	3.3682	3.8470

Quantile $F_{m,n;p}$ der $F_{m,n}$-Verteilungen

p		0.500	0.900	0.950	0.975	0.990	0.995
m	n						
11	1	2.0558	60.746	243.26	973.30	6083.6	24335.
11	2	1.3537	9.4013	19.405	39.407	99.818	199.82
11	3	1.1909	5.2220	8.7633	14.374	27.132	43.520
11	4	1.1196	3.9065	5.9358	8.7935	14.452	20.824
11	5	1.0798	3.2815	4.7040	6.5678	9.9626	13.491
11	6	1.0544	2.9195	4.0274	5.4098	7.7896	10.133
11	7	1.0369	2.6839	3.6029	4.7095	6.5382	8.2697
11	8	1.0240	2.5186	3.3129	4.2431	5.7343	7.1045
11	9	1.0141	2.3961	3.1025	3.9119	5.1779	6.3143
11	10	1.0063	2.3018	2.9429	3.6648	4.7715	5.7462
11	11	1.0000	2.2269	2.8179	3.4737	4.4622	5.3197
11	12	.99479	2.1660	2.7173	3.3215	4.2197	4.9881
11	13	.99042	2.1155	2.6346	3.1975	4.0244	4.7238
11	14	.98669	2.0729	2.5655	3.0946	3.8640	4.5083
11	15	.98348	2.0366	2.5068	3.0078	3.7299	4.3294
11	16	.98068	2.0051	2.4564	2.9337	3.6161	4.1784
11	17	.97822	1.9777	2.4126	2.8696	3.5185	4.0495
11	18	.97605	1.9535	2.3742	2.8137	3.4338	3.9381
11	19	.97410	1.9321	2.3402	2.7645	3.3596	3.8410
11	20	.97236	1.9129	2.3100	2.7209	3.2941	3.7555
12	1	2.0674	60.983	244.18	976.99	6106.6	24427.
12	2	1.3610	9.4089	19.413	39.415	99.834	199.83
12	3	1.1972	5.2151	8.7446	14.337	27.051	43.384
12	4	1.1255	3.8953	5.9117	8.7512	14.373	20.704
12	5	1.0855	3.2681	4.6777	6.5246	9.8883	13.384
12	6	1.0600	2.9047	3.9999	5.3662	7.7183	10.034
12	7	1.0423	2.6681	3.5745	4.6658	6.4691	8.1764
12	8	1.0293	2.5020	3.2839	4.1997	5.6667	7.0149
12	9	1.0194	2.3789	3.0729	3.8680	5.1114	6.2274
12	10	1.0116	2.2841	2.9130	3.6208	4.7059	5.6613
12	11	1.0052	2.2087	2.7876	3.4296	4.3972	5.2363
12	12	1.0000	2.1474	2.6866	3.2772	4.1551	4.9059
12	13	.99560	2.0966	2.6037	3.1532	3.9602	4.6427
12	14	.99186	2.0537	2.5342	3.0501	3.8001	4.4280
12	15	.98863	2.0171	2.4753	2.9633	3.6662	4.2496
12	16	.98582	1.9854	2.4247	2.8890	3.5527	4.0993
12	17	.98335	1.9577	2.3807	2.8249	3.4552	3.9708
12	18	.98116	1.9333	2.3421	2.7689	3.3706	3.8598
12	19	.97920	1.9117	2.3080	2.7196	3.2965	3.7630
12	20	.97745	1.8924	2.2776	2.6758	3.2311	3.6779

Quantile $F_{m,n;p}$ der $F_{m,n}$-Verteilungen

p	0.500	0.900	0.950	0.975	0.990	0.995
m	n					
13	1	2.0773	61.185	244.97	980.12	6126.2	24505.
13	2	1.3671	9.4153	19.419	39.421	99.846	199.85
13	3	1.2025	5.2092	8.7287	14.304	26.982	43.268
13	4	1.1305	3.8856	5.8911	8.7150	14.306	20.602
13	5	1.0903	3.2566	4.6552	6.4876	9.8248	13.293
13	6	1.0647	2.8919	3.9764	5.3290	7.6575	9.9501
13	7	1.0469	2.6545	3.5501	4.6285	6.4100	8.0968
13	8	1.0339	2.4876	3.2589	4.1622	5.6089	6.9384
13	9	1.0239	2.3640	3.0475	3.8304	5.0545	6.1530
13	10	1.0160	2.2687	2.8872	3.5831	4.6496	5.5887
13	11	1.0097	2.1929	2.7614	3.3917	4.3414	5.1649
13	12	1.0044	2.1313	2.6602	3.2392	4.0997	4.8355
13	13	1.0000	2.0802	2.5769	3.1150	3.9051	4.5731
13	14	.99624	2.0370	2.5073	3.0119	3.7452	4.3590
13	15	.99300	2.0001	2.4481	2.9249	3.6115	4.1812
13	16	.99017	1.9682	2.3973	2.8506	3.4981	4.0313
13	17	.98769	1.9404	2.3531	2.7863	3.4007	3.9032
13	18	.98549	1.9158	2.3143	2.7302	3.3162	3.7925
13	19	.98353	1.8940	2.2800	2.6808	3.2422	3.6960
13	20	.98177	1.8745	2.2496	2.6369	3.1768	3.6111
14	1	2.0864	61.359	245.65	982.82	6143.0	24572.
14	2	1.3724	9.4208	19.425	39.427	99.857	199.86
14	3	1.2071	5.2042	8.7149	14.277	26.923	43.168
14	4	1.1348	3.8773	5.8733	8.6838	14.249	20.514
14	5	1.0945	3.2466	4.6358	6.4556	9.7700	13.215
14	6	1.0687	2.8809	3.9559	5.2968	7.6049	9.8774
14	7	1.0509	2.6426	3.5290	4.5961	6.3590	8.0279
14	8	1.0378	2.4752	3.2373	4.1297	5.5589	6.8721
14	9	1.0278	2.3510	3.0254	3.7977	5.0052	6.0887
14	10	1.0199	2.2553	2.8647	3.5503	4.6008	5.5257
14	11	1.0135	2.1792	2.7386	3.3587	4.2930	5.1031
14	12	1.0082	2.1173	2.6371	3.2062	4.0516	4.7745
14	13	1.0038	2.0658	2.5536	3.0818	3.8572	4.5127
14	14	1.0000	2.0224	2.4837	2.9786	3.6975	4.2991
14	15	.99674	1.9853	2.4244	2.8915	3.5639	4.1218
14	16	.99391	1.9532	2.3733	2.8170	3.4506	3.9722
14	17	.99142	1.9252	2.3290	2.7526	3.3533	3.8444
14	18	.98921	1.9004	2.2900	2.6964	3.2689	3.7340
14	19	.98725	1.8785	2.2556	2.6469	3.1949	3.6377
14	20	.98548	1.8588	2.2250	2.6030	3.1296	3.5530

Quantile $F_{m,n;p}$ der $F_{m,n}$-Verteilungen

p		0.500	0.900	0.950	0.975	0.990	0.995
m	n						
15	1	2.0938	61.510	246.24	985.16	6157.6	24631.
15	2	1.3771	9.4256	19.429	39.431	99.867	199.87
15	3	1.2111	5.1997	8.7029	14.253	26.871	43.081
15	4	1.1386	3.8700	5.8578	8.6565	14.198	20.438
15	5	1.0981	3.2379	4.6188	6.4277	9.7222	13.146
15	6	1.0722	2.8712	3.9381	5.2687	7.5590	9.8140
15	7	1.0543	2.6322	3.5105	4.5678	6.3143	7.9678
15	8	1.0412	2.4642	3.2183	4.1012	5.5151	6.8143
15	9	1.0311	2.3396	3.0060	3.7691	4.9621	6.0325
15	10	1.0232	2.2435	2.8450	3.5215	4.5581	5.4707
15	11	1.0168	2.1671	2.7186	3.3299	4.2506	5.0489
15	12	1.0115	2.1049	2.6168	3.1772	4.0095	4.7210
15	13	1.0071	2.0532	2.5331	3.0527	3.8153	4.4598
15	14	1.0033	2.0095	2.4630	2.9493	3.6556	4.2467
15	15	1.0000	1.9722	2.4034	2.8621	3.5221	4.0697
15	16	.99716	1.9399	2.3522	2.7875	3.4089	3.9204
15	17	.99466	1.9117	2.3077	2.7230	3.3117	3.7929
15	18	.99244	1.8868	2.2686	2.6667	3.2273	3.6827
15	19	.99047	1.8647	2.2341	2.6171	3.1533	3.5865
15	20	.98870	1.8449	2.2033	2.5731	3.0880	3.5019
16	1	2.1002	61.642	246.76	987.21	6170.4	24682.
16	2	1.3811	9.4297	19.434	39.436	99.875	199.88
16	3	1.2146	5.1958	8.6923	14.231	26.826	43.005
16	4	1.1418	3.8636	5.8441	8.6326	14.154	20.371
16	5	1.1012	3.2301	4.6038	6.4032	9.6802	13.086
16	6	1.0753	2.8626	3.9223	5.2439	7.5186	9.7582
16	7	1.0573	2.6230	3.4941	4.5428	6.2750	7.9148
16	8	1.0441	2.4545	3.2015	4.0761	5.4766	6.7633
16	9	1.0341	2.3295	2.9889	3.7438	4.9240	5.9829
16	10	1.0261	2.2330	2.8275	3.4961	4.5205	5.4221
16	11	1.0197	2.1563	2.7009	3.3043	4.2132	5.0011
16	12	1.0144	2.0938	2.5989	3.1515	3.9722	4.6738
16	13	1.0099	2.0419	2.5149	3.0269	3.7781	4.4130
16	14	1.0061	1.9981	2.4446	2.9234	3.6186	4.2003
16	15	1.0029	1.9605	2.3849	2.8360	3.4852	4.0236
16	16	1.0000	1.9281	2.3335	2.7614	3.3720	3.8746
16	17	.99749	1.8997	2.2888	2.6968	3.2748	3.7472
16	18	.99527	1.8747	2.2496	2.6403	3.1904	3.6372
16	19	.99329	1.8524	2.2149	2.5907	3.1165	3.5412
16	20	.99152	1.8325	2.1840	2.5465	3.0512	3.4567

Quantile $F_{m,n;p}$ der $F_{m,n}$-Verteilungen

p		0.500	0.900	0.950	0.975	0.990	0.995
m	n						
17	1	2.1059	61.759	247.21	989.03	6181.8	24727.
17	2	1.3847	9.4334	19.437	39.439	99.883	199.88
17	3	1.2177	5.1922	8.6829	14.213	26.786	42.937
17	4	1.1447	3.8578	5.8320	8.6113	14.114	20.311
17	5	1.1040	3.2232	4.5904	6.3814	9.6429	13.033
17	6	1.0780	2.8549	3.9083	5.2218	7.4827	9.7086
17	7	1.0600	2.6148	3.4796	4.5206	6.2401	7.8678
17	8	1.0468	2.4458	3.1866	4.0538	5.4423	6.7180
17	9	1.0367	2.3205	2.9736	3.7214	4.8902	5.9388
17	10	1.0287	2.2237	2.8120	3.4735	4.4869	5.3789
17	11	1.0223	2.1467	2.6851	3.2816	4.1798	4.9586
17	12	1.0169	2.0839	2.5828	3.1286	3.9390	4.6318
17	13	1.0125	2.0318	2.4987	3.0039	3.7451	4.3714
17	14	1.0087	1.9878	2.4282	2.9002	3.5856	4.1590
17	15	1.0054	1.9501	2.3683	2.8128	3.4523	3.9826
17	16	1.0025	1.9175	2.3167	2.7380	3.3391	3.8337
17	17	1.0000	1.8889	2.2719	2.6733	3.2419	3.7066
17	18	.99777	1.8638	2.2325	2.6168	3.1575	3.5967
17	19	.99579	1.8414	2.1977	2.5670	3.0836	3.5008
17	20	.99401	1.8214	2.1667	2.5228	3.0183	3.4164
18	1	2.1110	61.863	247.62	990.65	6191.9	24768.
18	2	1.3879	9.4367	19.440	39.442	99.889	199.89
18	3	1.2205	5.1891	8.6745	14.196	26.750	42.877
18	4	1.1473	3.8527	5.8211	8.5924	14.079	20.258
18	5	1.1065	3.2171	4.5785	6.3619	9.6096	12.985
18	6	1.0804	2.8480	3.8957	5.2021	7.4507	9.6644
18	7	1.0623	2.6074	3.4666	4.5008	6.2089	7.8258
18	8	1.0491	2.4380	3.1732	4.0338	5.4116	6.6775
18	9	1.0390	2.3123	2.9599	3.7012	4.8599	5.8994
18	10	1.0310	2.2153	2.7980	3.4532	4.4569	5.3403
18	11	1.0245	2.1380	2.6709	3.2611	4.1500	4.9205
18	12	1.0192	2.0750	2.5684	3.1080	3.9093	4.5942
18	13	1.0147	2.0227	2.4841	2.9832	3.7154	4.3341
18	14	1.0109	1.9785	2.4134	2.8795	3.5560	4.1220
18	15	1.0076	1.9407	2.3533	2.7919	3.4227	3.9458
18	16	1.0047	1.9079	2.3016	2.7170	3.3096	3.7971
18	17	1.0022	1.8792	2.2567	2.6522	3.2124	3.6701
18	18	1.0000	1.8539	2.2172	2.5956	3.1280	3.5603
18	19	.99801	1.8314	2.1823	2.5457	3.0540	3.4645
18	20	.99623	1.8113	2.1511	2.5014	2.9887	3.3802

Quantile $F_{m,n;p}$ der $F_{m,n}$-Verteilungen

p		0.500	0.900	0.950	0.975	0.990	0.995
m	n						
19	1	2.1156	61.957	247.98	992.10	6200.9	24804.
19	2	1.3907	9.4396	19.443	39.445	99.895	199.90
19	3	1.2229	5.1863	8.6670	14.181	26.718	42.823
19	4	1.1496	3.8481	5.8114	8.5753	14.048	20.210
19	5	1.1087	3.2115	4.5678	6.3444	9.5797	12.942
19	6	1.0826	2.8419	3.8844	5.1844	7.4219	9.6247
19	7	1.0645	2.6007	3.4548	4.4829	6.1808	7.7881
19	8	1.0512	2.4310	3.1611	4.0158	5.3840	6.6411
19	9	1.0411	2.3050	2.9476	3.6830	4.8327	5.8639
19	10	1.0331	2.2077	2.7854	3.4349	4.4299	5.3055
19	11	1.0266	2.1302	2.6581	3.2427	4.1231	4.8863
19	12	1.0212	2.0670	2.5554	3.0895	3.8825	4.5603
19	13	1.0167	2.0145	2.4709	2.9646	3.6887	4.3005
19	14	1.0129	1.9701	2.4000	2.8607	3.5293	4.0886
19	15	1.0096	1.9321	2.3398	2.7730	3.3960	3.9126
19	16	1.0068	1.8992	2.2880	2.6980	3.2829	3.7640
19	17	1.0042	1.8704	2.2429	2.6331	3.1857	3.6371
19	18	1.0020	1.8450	2.2033	2.5764	3.1013	3.5274
19	19	1.0000	1.8224	2.1683	2.5264	3.0273	3.4317
19	20	.99821	1.8022	2.1370	2.4821	2.9620	3.3475
20	1	2.1197	62.041	248.31	993.41	6209.1	24837.
20	2	1.3933	9.4423	19.446	39.448	99.900	199.90
20	3	1.2252	5.1837	8.6602	14.167	26.689	42.774
20	4	1.1517	3.8439	5.8025	8.5599	14.019	20.167
20	5	1.1107	3.2064	4.5581	6.3286	9.5526	12.903
20	6	1.0845	2.8362	3.8742	5.1684	7.3958	9.5888
20	7	1.0664	2.5947	3.4442	4.4667	6.1554	7.7540
20	8	1.0531	2.4246	3.1502	3.9995	5.3591	6.6082
20	9	1.0429	2.2983	2.9364	3.6666	4.8080	5.8319
20	10	1.0349	2.2007	2.7740	3.4184	4.4054	5.2740
20	11	1.0284	2.1230	2.6464	3.2260	4.0987	4.8552
20	12	1.0231	2.0597	2.5436	3.0727	3.8582	4.5296
20	13	1.0186	2.0070	2.4589	2.9476	3.6645	4.2701
20	14	1.0147	1.9624	2.3879	2.8437	3.5051	4.0584
20	15	1.0114	1.9243	2.3275	2.7559	3.3718	3.8825
20	16	1.0086	1.8913	2.2756	2.6808	3.2587	3.7341
20	17	1.0060	1.8624	2.2304	2.6158	3.1615	3.6072
20	18	1.0038	1.8368	2.1906	2.5590	3.0771	3.4976
20	19	1.0018	1.8142	2.1555	2.5089	3.0031	3.4020
20	20	1.0000	1.7938	2.1242	2.4645	2.9377	3.3178

4.6 Kolmogoroffsche Verteilungsfunktion $K(y)$

y	0	1	2	3	4	5	6	7	8	9
0.4	.0028	.0040	.0055	.0074	.0097	.0126	.0160	.0200	.0247	.0300
0.5	.0361	.0428	.0503	.0585	.0675	.0772	.0876	.0987	.1104	.1228
0.6	.1357	.1492	.1633	.1778	.1927	.2080	.2236	.2396	.2558	.2722
0.7	.2888	.3055	.3223	.3391	.3560	.3728	.3896	.4064	.4230	.4395
0.8	.4559	.4720	.4880	.5038	.5194	.5347	.5497	.5645	.5791	.5933
0.9	.6073	.6209	.6343	.6473	.6601	.6725	.6846	.6964	.7079	.7191
1.0	.7300	.7406	.7508	.7608	.7704	.7798	.7889	.7976	.8061	.8143
1.1	.8223	.8299	.8374	.8445	.8514	.8580	.8644	.8706	.8765	.8823
1.2	.8878	.8930	.8981	.9030	.9076	.9121	.9164	.9206	.9245	.9283
1.3	.9319	.9354	.9387	.9418	.9449	.9478	.9505	.9531	.9557	.9580
1.4	.9603	.9625	.9646	.9665	.9684	.9702	.9718	.9734	.9750	.9764
1.5	.9778	.9791	.9803	.9815	.9826	.9836	.9846	.9855	.9864	.9873
1.6	.9880	.9888	.9895	.9902	.9908	.9914	.9919	.9924	.9929	.9934
1.7	.9938	.9942	.9946	.9950	.9953	.9956	.9959	.9962	.9965	.9967
1.8	.9969	.9971	.9973	.9975	.9977	.9979	.9980	.9982	.9983	.9984
1.9	.9985	.9986	.9987	.9988	.9989	.9990	.9991	.9991	.9992	.9993

4.7 Verteilungsfunktion der $B(n, \frac{1}{2})$–Verteilung

n \ i	5	6	7	8	9	10	11	12	13	14	15	16
0	.031	.016	.008	.004	.002	.001	0+	0+	0+	0+	0+	0+
1	.188	.109	.063	.035	.020	.011	.006	.003	.002	.001	0+	0+
2	.500	.344	.227	.145	.090	.055	.033	.019	.011	.006	.004	.002
3	.812	.656	.500	.363	.254	.172	.113	.073	.046	.029	.018	.011
4	.969	.891	.773	.637	.500	.377	.274	.194	.133	.090	.059	.038
5	1	.984	.938	.855	.746	.623	.500	.387	.291	.212	.151	.105
6		1	.992	.965	.910	.828	.726	.613	.500	.395	.304	.227
7			1	.996	.980	.945	.887	.806	.709	.605	.500	.402
8				1	.998	.989	.967	.927	.867	.788	.696	.598
9					1	.999	.994	.981	.954	.910	.849	.773
10						1	1-	.997	.989	.971	.941	.895
11							1	1-	.998	.994	.982	.962
12								1	1-	.999	.996	.989
13									1	1-	1-	.998

n \ i	17	18	19	20	21	22	23	24	25	26	27	28
2	.001	.001	0+	0+	0+	0+	0+	0+	0+	0+	0+	0+
3	.006	.004	.002	.001	.001	0+	0+	0+	0+	0+	0+	0+
4	.025	.015	.010	.006	.004	.002	.001	.001	0+	0+	0+	0+
5	.072	.048	.032	.021	.013	.008	.005	.003	.002	.001	.001	0+
6	.166	.119	.084	.058	.039	.026	.017	.011	.007	.005	.003	.002
7	.315	.240	.180	.132	.095	.067	.047	.032	.022	.014	.010	.006
8	.500	.407	.324	.252	.192	.143	.105	.076	.054	.038	.026	.018
9	.685	.593	.500	.412	.332	.262	.202	.154	.115	.084	.061	.044
10	.834	.760	.676	.588	.500	.416	.339	.271	.212	.163	.124	.092
11	.928	.881	.820	.748	.668	.584	.500	.419	.345	.279	.221	.172
12	.975	.952	.916	.868	.808	.738	.661	.581	.500	.423	.351	.286
13	.994	.985	.968	.942	.905	.857	.798	.729	.655	.577	.500	.425
14	.999	.996	.990	.979	.961	.933	.895	.846	.788	.721	.649	.575
15	1-	.999	.998	.994	.987	.974	.953	.924	.885	.837	.779	.714
16	1-	1-	1-	.999	.996	.992	.983	.968	.946	.916	.876	.828
17	1	1-	1-	1-	.999	.998	.995	.989	.978	.962	.939	.908
18		1	1-	1-	1-	1-	.999	.997	.993	.986	.974	.956
19			1	1-	1-	1-	1-	.999	.998	.995	.990	.982
20				1	1-	1-	1-	1-	1-	.999	.997	.994
21					1	1-	1-	1-	1-	1-	.999	.998

Verteilungsfunktion der $B(n, \frac{1}{2})$-Verteilung

n i	29	30	31	32	33	34	35	36	37	38	39	40
5	0+	0+	0+	0+	0+	0+	0+	0+	0+	0+	0+	0+
6	.001	.001	0+	0+	0+	0+	0+	0+	0+	0+	0+	0+
7	.004	.003	.002	.001	.001	0+	0+	0+	0+	0+	0+	0+
8	.012	.008	.005	.004	.002	.001	.001	.001	0+	0+	0+	0+
9	.031	.021	.015	.010	.007	.005	.003	.002	.001	.001	.001	0+
10	.068	.049	.035	.025	.018	.012	.008	.006	.004	.003	.002	.001
11	.132	.100	.075	.055	.040	.029	.020	.014	.010	.007	.005	.003
12	.229	.181	.141	.108	.081	.061	.045	.033	.024	.017	.012	.008
13	.356	.292	.237	.189	.148	.115	.088	.066	.049	.036	.027	.019
14	.500	.428	.360	.298	.243	.196	.155	.121	.094	.072	.054	.040
15	.644	.572	.500	.430	.364	.304	.250	.203	.162	.128	.100	.077
16	.771	.708	.640	.570	.500	.432	.368	.309	.256	.209	.168	.134
17	.868	.819	.763	.702	.636	.568	.500	.434	.371	.314	.261	.215
18	.932	.900	.859	.811	.757	.696	.632	.566	.500	.436	.375	.318
19	.969	.951	.925	.892	.852	.804	.750	.691	.629	.564	.500	.437
20	.988	.979	.965	.945	.919	.885	.845	.797	.744	.686	.625	.563
21	.996	.992	.985	.975	.960	.939	.912	.879	.838	.791	.739	.682
22	.999	.997	.995	.990	.982	.971	.955	.934	.906	.872	.832	.785
23	1-	.999	.998	.996	.993	.988	.980	.967	.951	.928	.900	.866
24	1-	1-	1-	.999	.998	.995	.992	.986	.976	.964	.946	.923
25	1-	1-	1-	1-	.999	.999	.997	.994	.990	.983	.973	.960
26	1-	1-	1-	1-	1-	1-	.999	.998	.996	.993	.988	.981
27	1-	1-	1-	1-	1-	1-	1-	.999	.999	.997	.995	.992
28	1-	1-	1-	1-	1-	1-	1-	1-	1-	.999	.998	.997

n i	41	42	43	44	45	46	47	48	49	50	51	52
12	.006	.004	.003	.002	.001	.001	.001	0+	0+	0+	0+	0+
13	.014	.010	.007	.005	.003	.002	.002	.001	.001	0+	0+	0+
14	.030	.022	.016	.011	.008	.006	.004	.003	.002	.001	.001	.001
15	.059	.044	.033	.024	.018	.013	.009	.007	.005	.003	.002	.002
16	.106	.082	.063	.048	.036	.027	.020	.015	.011	.008	.005	.004
17	.174	.140	.111	.087	.068	.052	.039	.030	.022	.016	.012	.009
18	.266	.220	.180	.146	.116	.092	.072	.056	.043	.032	.024	.018
19	.378	.322	.271	.226	.186	.151	.121	.097	.076	.059	.046	.035
20	.500	.439	.380	.326	.276	.231	.191	.156	.126	.101	.080	.063
21	.622	.561	.500	.440	.383	.329	.280	.235	.196	.161	.131	.106
22	.734	.678	.620	.560	.500	.441	.385	.333	.284	.240	.201	.166
23	.826	.780	.729	.674	.617	.559	.500	.443	.388	.336	.288	.244
24	.894	.860	.820	.774	.724	.671	.615	.557	.500	.444	.390	.339
25	.941	.918	.889	.854	.814	.769	.720	.667	.612	.556	.500	.445

Verteilungsfunktion der $B(n, \frac{1}{2})$-Verteilung

n / i	53	54	55	56	57	58	59	60	61	62	63	64
26	.970	.956	.937	.913	.884	.849	.809	.765	.716	.664	.610	.555
27	.986	.978	.967	.952	.932	.908	.879	.844	.804	.760	.712	.661
28	.994	.990	.984	.976	.964	.948	.928	.903	.874	.839	.799	.756
29	.998	.996	.993	.989	.982	.973	.961	.944	.924	.899	.869	.834
30	.999	.999	.997	.995	.992	.987	.980	.970	.957	.941	.920	.894
31	1-	1-	.999	.998	.997	.994	.991	.985	.978	.968	.954	.937
32	1-	1-	1-	.999	.999	.998	.996	.993	.989	.984	.976	.965
33	1-	1-	1-	1-	1-	.999	.998	.997	.995	.992	.988	.982
34	1-	1-	1-	1-	1-	1-	.999	.999	.998	.997	.995	.991
35	1-	1-	1-	1-	1-	1-	1-	1-	.999	.999	.998	.996

4.8 Verteilungsfunktion der Testgröße beim U–Test

m	3	3	3	3	3	3	3	3	4	4	4	4
n	3	4	5	6	7	8	9	10	4	5	6	7
x												
0	.050	.029	.018	.012	.008	.006	.005	.003	.014	.008	.005	.003
1	.100	.057	.036	.024	.017	.012	.009	.007	.029	.016	.010	.006
2	.200	.114	.071	.048	.033	.024	.018	.014	.057	.032	.019	.012
3	.350	.200	.125	.083	.058	.042	.032	.024	.100	.056	.033	.021
4	.500	.314	.196	.131	.092	.067	.050	.038	.171	.095	.057	.036
5	.650	.429	.286	.190	.133	.097	.073	.056	.243	.143	.086	.055
6	.800	.571	.393	.274	.192	.139	.105	.080	.343	.206	.129	.082
7	.900	.686	.500	.357	.258	.188	.141	.108	.443	.278	.176	.115
8	.950	.800	.607	.452	.333	.248	.186	.143	.557	.365	.238	.158
9	1	.886	.714	.548	.417	.315	.241	.185	.657	.452	.305	.206
10		.943	.804	.643	.500	.388	.300	.234	.757	.548	.381	.264
11		.971	.875	.726	.583	.461	.364	.287	.829	.635	.457	.324
12		1	.929	.810	.667	.539	.432	.346	.900	.722	.543	.394
13			.964	.869	.742	.612	.500	.406	.943	.794	.619	.464
14			.982	.917	.808	.685	.568	.469	.971	.857	.695	.536
15			1	.952	.867	.752	.636	.531	.986	.905	.762	.606

m	4	4	4	4	5	5	5	5	5	5	5	5
n	8	9	10	11	5	6	7	8	9	10	11	12
x												
0	.002	.001	.001	.001	.004	.002	.001	.001	0+	0+	0+	0+
1	.004	.003	.002	.001	.008	.004	.003	.002	.001	.001	0+	0+
2	.008	.006	.004	.003	.016	.009	.005	.003	.002	.001	.001	.001
3	.014	.010	.007	.005	.028	.015	.009	.005	.003	.002	.002	.001
4	.024	.017	.012	.009	.048	.026	.015	.009	.006	.004	.003	.002
5	.036	.025	.018	.013	.075	.041	.024	.015	.009	.006	.004	.003
6	.055	.038	.027	.020	.111	.063	.037	.023	.014	.010	.007	.005
7	.077	.053	.038	.028	.155	.089	.053	.033	.021	.014	.010	.007
8	.107	.074	.053	.039	.210	.123	.074	.047	.030	.020	.014	.010
9	.141	.099	.071	.052	.274	.165	.101	.064	.041	.028	.019	.013
10	.184	.130	.094	.069	.345	.214	.134	.085	.056	.038	.026	.018
11	.230	.165	.120	.089	.421	.268	.172	.111	.073	.050	.034	.024
12	.285	.207	.152	.113	.500	.331	.216	.142	.095	.065	.045	.032
13	.341	.252	.187	.140	.579	.396	.265	.177	.120	.082	.057	.041
14	.404	.302	.227	.171	.655	.465	.319	.218	.149	.103	.073	.052
15	.467	.355	.270	.206	.726	.535	.378	.262	.182	.127	.090	.065
16	.533	.413	.318	.245	.790	.604	.438	.311	.219	.155	.111	.080
17	.596	.470	.367	.286	.845	.669	.500	.362	.259	.185	.134	.097
18	.659	.530	.420	.330	.889	.732	.562	.416	.303	.220	.160	.117

Verteilungsfunktion der Testgröße beim U–Test

m	6	6	6	6	6	6	6	6	7	7	7	7
n	6	7	8	9	10	11	12	13	7	8	9	10
x												
3	.008	.004	.002	.001	.001	.001	0+	0+	.002	.001	.001	0+
4	.013	.007	.004	.002	.001	.001	.001	0+	.003	.002	.001	.001
5	.021	.011	.006	.004	.002	.002	.001	.001	.006	.003	.002	.001
6	.032	.017	.010	.006	.004	.002	.002	.001	.009	.005	.003	.002
7	.047	.026	.015	.009	.005	.004	.002	.002	.013	.007	.004	.002
8	.066	.037	.021	.013	.008	.005	.003	.002	.019	.010	.006	.003
9	.090	.051	.030	.018	.011	.007	.005	.003	.027	.014	.008	.005
10	.120	.069	.041	.025	.016	.010	.007	.005	.036	.020	.011	.007
11	.155	.090	.054	.033	.021	.014	.009	.006	.049	.027	.016	.009
12	.197	.117	.071	.044	.028	.018	.012	.008	.064	.036	.021	.012
13	.242	.147	.091	.057	.036	.024	.016	.011	.082	.047	.027	.017
14	.294	.183	.114	.072	.047	.031	.021	.014	.104	.060	.036	.022
15	.350	.223	.141	.091	.059	.039	.026	.018	.130	.076	.045	.028
16	.409	.267	.172	.112	.074	.049	.033	.023	.159	.095	.057	.035
17	.469	.314	.207	.136	.090	.061	.042	.029	.191	.116	.071	.044
18	.531	.365	.245	.164	.110	.074	.051	.036	.228	.140	.087	.054
19	.591	.418	.286	.194	.132	.090	.062	.044	.267	.168	.105	.067
20	.650	.473	.331	.228	.157	.108	.075	.053	.310	.198	.126	.081
21	.706	.527	.377	.264	.184	.128	.090	.064	.355	.232	.150	.097
22	.758	.582	.426	.303	.214	.151	.106	.076	.402	.268	.176	.115
23	.803	.635	.475	.344	.246	.175	.125	.090	.451	.306	.204	.135
24	.845	.686	.525	.388	.281	.202	.145	.105	.500	.347	.235	.157

m	7	7	7	7	8	8	8	8	8	8	8	8
n	11	12	13	14	8	9	10	11	12	13	14	15
x												
8	.002	.001	.001	.001	.005	.003	.002	.001	.001	0+	0+	0+
9	.003	.002	.001	.001	.007	.004	.002	.001	.001	0+	0+	0+
10	.004	.003	.002	.001	.010	.006	.003	.002	.001	.001	0+	0+
11	.006	.004	.002	.002	.014	.008	.004	.002	.001	.001	.001	0+
12	.008	.005	.003	.002	.019	.010	.006	.003	.002	.001	.001	.001
13	.010	.006	.004	.003	.025	.014	.008	.005	.003	.002	.001	.001
14	.013	.009	.006	.004	.032	.018	.010	.006	.004	.002	.001	.001
15	.017	.011	.007	.005	.041	.023	.013	.008	.005	.003	.002	.001
16	.022	.014	.009	.006	.052	.030	.017	.010	.006	.004	.002	.002
17	.028	.018	.012	.008	.065	.037	.022	.013	.008	.005	.003	.002
18	.035	.022	.015	.010	.080	.046	.027	.016	.010	.006	.004	.003
19	.043	.028	.018	.012	.097	.057	.034	.020	.013	.008	.005	.003
20	.052	.034	.023	.015	.117	.069	.042	.025	.016	.010	.006	.004

Verteilungsfunktion der Testgröße beim U–Test

m	7	7	7	7	8	8	8	8	8	8	8	8
n	11	12	13	14	8	9	10	11	12	13	14	15
x												
21	.063	.042	.028	.019	.139	.084	.051	.031	.019	.012	.008	.005
22	.075	.050	.034	.023	.164	.100	.061	.038	.024	.015	.010	.006
23	.090	.060	.041	.028	.191	.118	.073	.045	.029	.018	.012	.008
24	.105	.071	.048	.033	.221	.138	.086	.054	.035	.022	.015	.010
25	.123	.084	.057	.040	.253	.161	.102	.064	.041	.027	.018	.012
26	.143	.098	.067	.047	.287	.185	.118	.076	.049	.032	.021	.014
27	.164	.113	.079	.055	.323	.212	.137	.089	.058	.038	.025	.017
28	.187	.131	.091	.064	.360	.240	.158	.103	.067	.045	.030	.020
29	.213	.150	.105	.074	.399	.271	.180	.119	.078	.052	.035	.024
30	.239	.170	.121	.086	.439	.303	.204	.136	.091	.061	.041	.028
31	.268	.192	.137	.098	.480	.336	.230	.155	.104	.070	.048	.032
32	.298	.216	.156	.112	.520	.371	.257	.176	.119	.081	.055	.038
33	.329	.241	.175	.127	.561	.407	.286	.198	.135	.092	.063	.044
34	.362	.268	.196	.144	.601	.444	.317	.221	.153	.105	.073	.050
35	.396	.296	.219	.161	.640	.481	.348	.246	.172	.119	.083	.058
36	.430	.325	.243	.180	.677	.519	.381	.272	.192	.134	.094	.066
37	.465	.355	.268	.200	.713	.556	.414	.300	.213	.151	.106	.075
38	.500	.387	.294	.221	.747	.593	.448	.329	.236	.168	.119	.084
39	.535	.418	.321	.244	.779	.629	.483	.358	.260	.187	.133	.095
40	.570	.451	.350	.268	.809	.664	.517	.389	.286	.207	.149	.107

m	9	9	9	9	9	9	9	9	10	10	10	10
n	9	10	11	12	13	14	15	16	10	11	12	13
x												
12	.005	.003	.002	.001	.001	0+	0+	0+	.001	.001	0+	0+
13	.007	.004	.002	.001	.001	0+	0+	0+	.002	.001	.001	0+
14	.009	.005	.003	.002	.001	.001	0+	0+	.003	.001	.001	0+
15	.012	.007	.004	.002	.001	.001	0+	0+	.003	.002	.001	.001
16	.016	.009	.005	.003	.002	.001	.001	0+	.004	.002	.001	.001
17	.020	.011	.006	.004	.002	.001	.001	.001	.006	.003	.002	.001
18	.025	.014	.008	.005	.003	.002	.001	.001	.007	.004	.002	.001
19	.031	.017	.010	.006	.004	.002	.001	.001	.009	.005	.003	.002
20	.039	.022	.013	.007	.004	.003	.002	.001	.012	.006	.004	.002
21	.047	.027	.016	.009	.006	.003	.002	.001	.014	.008	.004	.003
22	.057	.033	.019	.011	.007	.004	.003	.002	.018	.010	.006	.003
23	.068	.039	.023	.014	.008	.005	.003	.002	.022	.012	.007	.004
24	.081	.047	.028	.017	.010	.006	.004	.003	.026	.015	.008	.005
25	.095	.056	.034	.020	.013	.008	.005	.003	.032	.018	.010	.006

Verteilungsfunktion der Testgröße beim U–Test

m	9	9	9	9	9	9	9	9	10	10	10	10
n	9	10	11	12	13	14	15	16	10	11	12	13
x												
26	.111	.067	.040	.025	.015	.010	.006	.004	.038	.021	.012	.007
27	.129	.078	.048	.029	.018	.012	.007	.005	.045	.026	.015	.009
28	.149	.091	.056	.035	.022	.014	.009	.006	.053	.031	.018	.011
29	.170	.106	.065	.041	.026	.016	.011	.007	.062	.036	.021	.013
30	.193	.121	.076	.048	.030	.019	.013	.008	.072	.042	.025	.015
31	.218	.139	.088	.056	.035	.023	.015	.010	.083	.049	.030	.018
32	.245	.158	.101	.064	.041	.027	.017	.012	.095	.057	.035	.021
33	.273	.178	.115	.074	.048	.031	.020	.014	.109	.066	.040	.025
34	.302	.200	.130	.085	.055	.036	.024	.016	.124	.076	.047	.029
35	.333	.223	.147	.097	.063	.042	.028	.018	.140	.087	.054	.033
36	.365	.248	.166	.109	.072	.048	.032	.021	.157	.099	.061	.038
37	.398	.274	.185	.123	.082	.055	.037	.025	.176	.112	.070	.044
38	.432	.302	.206	.139	.093	.062	.042	.028	.197	.126	.080	.051
39	.466	.330	.228	.155	.105	.071	.048	.032	.218	.141	.090	.058
40	.500	.360	.251	.173	.117	.080	.054	.037	.241	.157	.101	.065
41	.534	.390	.276	.191	.131	.090	.061	.042	.264	.175	.114	.074
42	.568	.421	.301	.211	.146	.101	.069	.048	.289	.193	.127	.083
43	.602	.452	.328	.232	.162	.112	.078	.054	.315	.213	.141	.093
44	.635	.484	.355	.254	.179	.125	.087	.061	.342	.234	.157	.104
45	.667	.516	.383	.277	.197	.138	.097	.068	.370	.256	.173	.116
46	.698	.548	.412	.301	.216	.153	.108	.076	.398	.279	.190	.128
47	.727	.579	.441	.326	.235	.168	.119	.084	.427	.302	.209	.142
48	.755	.610	.470	.351	.256	.184	.132	.094	.456	.327	.228	.156
49	.782	.640	.500	.377	.278	.201	.145	.104	.485	.352	.248	.172

m	10	10	10	10	11	11	11	11	11	11	11	11
n	14	15	16	17	11	12	13	14	15	16	17	18
x												
22	.002	.001	.001	0+	.005	.003	.002	.001	.001	0+	0+	0+
23	.002	.001	.001	.001	.006	.003	.002	.001	.001	0+	0+	0+
24	.003	.002	.001	.001	.008	.004	.002	.001	.001	0+	0+	0+
25	.004	.002	.001	.001	.010	.005	.003	.002	.001	.001	0+	0+
26	.004	.003	.002	.001	.012	.006	.004	.002	.001	.001	0+	0+
27	.005	.003	.002	.001	.014	.008	.004	.003	.002	.001	.001	0+
28	.006	.004	.003	.002	.017	.009	.005	.003	.002	.001	.001	0+
29	.008	.005	.003	.002	.020	.011	.006	.004	.002	.001	.001	.001
30	.009	.006	.004	.002	.024	.013	.008	.005	.003	.002	.001	.001
31	.011	.007	.004	.003	.028	.016	.009	.005	.003	.002	.001	.001
32	.013	.008	.005	.003	.033	.019	.011	.006	.004	.002	.001	.001

Verteilungsfunktion der Testgröße beim U–Test

| m | 10 | 10 | 10 | 10 | 11 | 11 | 11 | 11 | 11 | 11 | 11 | 11 |
| n | 14 | 15 | 16 | 17 | 11 | 12 | 13 | 14 | 15 | 16 | 17 | 18 |
x												
33	.015	.010	.006	.004	.038	.022	.013	.008	.005	.003	.002	.001
34	.018	.011	.007	.005	.044	.026	.015	.009	.005	.003	.002	.001
35	.021	.013	.008	.005	.051	.030	.018	.011	.006	.004	.002	.002
36	.024	.015	.010	.006	.058	.034	.020	.012	.007	.005	.003	.002
37	.028	.018	.012	.008	.066	.040	.024	.014	.009	.005	.003	.002
38	.032	.021	.013	.009	.076	.045	.027	.017	.010	.006	.004	.003
39	.037	.024	.015	.010	.086	.052	.031	.019	.012	.007	.005	.003
40	.042	.027	.018	.012	.097	.059	.036	.022	.014	.009	.005	.003
41	.048	.031	.020	.014	.108	.067	.041	.025	.016	.010	.006	.004
42	.054	.035	.023	.016	.121	.075	.047	.029	.018	.011	.007	.005
43	.061	.040	.027	.018	.135	.085	.053	.033	.021	.013	.008	.005
44	.069	.045	.030	.020	.150	.095	.060	.037	.024	.015	.010	.006
45	.077	.051	.034	.023	.166	.106	.067	.042	.027	.017	.011	.007
46	.086	.058	.039	.026	.183	.118	.075	.048	.030	.020	.013	.008
47	.096	.064	.043	.029	.200	.130	.084	.054	.034	.022	.014	.009
48	.106	.072	.049	.033	.219	.144	.093	.060	.039	.025	.016	.011
49	.117	.080	.054	.037	.239	.158	.103	.067	.043	.028	.018	.012
50	.130	.089	.061	.042	.260	.173	.114	.075	.049	.032	.021	.014
51	.142	.098	.067	.046	.281	.190	.126	.083	.054	.036	.023	.016
52	.156	.108	.075	.052	.303	.207	.138	.092	.060	.040	.026	.018
53	.170	.119	.083	.057	.326	.225	.152	.101	.067	.044	.030	.020
54	.186	.130	.091	.064	.350	.243	.166	.111	.074	.049	.033	.022
55	.202	.143	.100	.070	.374	.263	.180	.122	.082	.055	.037	.025
56	.218	.156	.110	.077	.398	.283	.196	.134	.090	.061	.041	.028
57	.236	.169	.120	.085	.423	.304	.212	.146	.099	.067	.045	.031
58	.254	.183	.131	.093	.449	.325	.229	.159	.109	.074	.050	.034
59	.273	.198	.143	.102	.474	.347	.247	.172	.119	.081	.055	.038
60	.292	.214	.155	.112	.500	.370	.265	.187	.129	.089	.061	.042
61	.313	.231	.168	.121	.526	.393	.285	.201	.141	.097	.067	.046
62	.333	.248	.182	.132	.551	.416	.304	.217	.153	.106	.073	.051
63	.354	.265	.196	.143	.577	.440	.324	.233	.165	.116	.080	.056
64	.376	.284	.210	.155	.602	.464	.345	.250	.178	.125	.088	.061
65	.398	.302	.226	.167	.626	.488	.366	.268	.192	.136	.096	.067
66	.420	.322	.242	.180	.650	.512	.388	.286	.206	.147	.104	.073
67	.443	.341	.258	.193	.674	.536	.410	.305	.222	.159	.113	.080
68	.466	.362	.276	.207	.697	.560	.432	.324	.237	.171	.122	.087
69	.489	.382	.293	.222	.719	.584	.455	.343	.253	.184	.132	.094
70	.511	.403	.311	.237	.740	.607	.477	.363	.270	.197	.142	.102

4.9 Verteilungsfunktion der Testgröße beim Run-Test

m	3	3	3	3	3	3	3	3	4	4	4	4
n	3	4	5	6	7	8	9	10	4	5	6	7
x												
2	.100	.057	.036	.024	.017	.012	.009	.007	.029	.016	.010	.006
3	.300	.200	.143	.107	.083	.067	.055	.045	.114	.071	.048	.033
4	.700	.543	.429	.345	.283	.236	.200	.171	.371	.262	.190	.142
5	.900	.800	.714	.643	.583	.533	.491	.455	.629	.500	.405	.333
6	1-	.971	.929	.881	.833	.788	.745	.706	.886	.786	.690	.606
7	1	1	1	1	1	1	1	1	.971	.929	.881	.833
8									1-	.992	.976	.955
9									1	1	1	1

m	4	4	4	4	5	5	5	5	5	5	5	5
n	8	9	10	11	5	6	7	8	9	10	11	12
x												
2	.004	.003	.002	.001	.008	.004	.003	.002	.001	.001	0+	0+
3	.024	.018	.014	.011	.040	.024	.015	.010	.007	.005	.004	.003
4	.109	.085	.068	.055	.167	.110	.076	.054	.039	.029	.022	.017
5	.279	.236	.203	.176	.357	.262	.197	.152	.119	.095	.077	.063
6	.533	.471	.419	.374	.643	.522	.424	.347	.287	.239	.201	.170
7	.788	.745	.706	.670	.833	.738	.652	.576	.510	.455	.407	.365
8	.929	.902	.874	.846	.960	.911	.854	.793	.734	.678	.626	.579
9	1	1	1	1	.992	.976	.955	.929	.902	.874	.846	.819
10					1-	.998	.992	.984	.972	.958	.942	.925
11					1	1	1	1	1	1	1	1

m	6	6	6	6	6	6	6	6	7	7	7	7
n	6	7	8	9	10	11	12	13	7	8	9	10
x												
2	.002	.001	.001	0+	0+	0+	0+	0+	.001	0+	0+	0+
3	.013	.008	.005	.003	.002	.001	.001	.001	.004	.002	.001	.001
4	.067	.043	.028	.019	.013	.009	.007	.005	.025	.015	.010	.006
5	.175	.121	.086	.063	.047	.036	.028	.022	.078	.051	.035	.024
6	.392	.296	.226	.175	.137	.108	.087	.070	.209	.149	.108	.080
7	.608	.500	.413	.343	.287	.242	.205	.176	.383	.296	.231	.182
8	.825	.733	.646	.566	.497	.436	.383	.338	.617	.514	.427	.355
9	.933	.879	.821	.762	.706	.654	.605	.561	.791	.704	.622	.549
10	.987	.966	.937	.902	.864	.824	.783	.743	.922	.867	.806	.743
11	.998	.992	.984	.972	.958	.942	.925	.908	.975	.949	.916	.879
12	1-	.999	.998	.994	.990	.983	.975	.966	.996	.988	.975	.957
13	1	1	1	1	1	1	1	1	.999	.998	.994	.990
14									1-	1-	.999	.998
15									1	1	1	1

Verteilungsfunktion der Testgröße beim Run-Test

m	7	7	7	7	8	8	8	8	8	8	8	8
n	11	12	13	14	8	9	10	11	12	13	14	15
x												
3	.001	0+	0+	0+	.001	.001	0+	0+	0+	0+	0+	0+
4	.004	.003	.002	.002	.009	.005	.003	.002	.001	.001	.001	0+
5	.018	.013	.010	.007	.032	.020	.013	.009	.006	.004	.003	.002
6	.060	.046	.035	.027	.100	.069	.048	.034	.025	.018	.013	.010
7	.145	.117	.095	.078	.214	.157	.117	.088	.067	.052	.041	.032
8	.296	.247	.208	.176	.405	.319	.251	.199	.159	.128	.103	.084
9	.484	.428	.378	.336	.595	.500	.419	.352	.297	.251	.213	.182
10	.682	.624	.570	.520	.786	.702	.621	.547	.480	.421	.369	.325
11	.840	.801	.762	.723	.900	.843	.782	.722	.663	.608	.557	.510
12	.936	.911	.884	.856	.968	.939	.903	.862	.817	.772	.726	.682
13	.983	.975	.966	.956	.991	.980	.964	.943	.920	.894	.867	.839
14	.996	.993	.990	.985	.999	.996	.990	.982	.971	.958	.942	.925
15	1	1	1	1	1-	.999	.998	.996	.993	.990	.985	.980
16					1-	1-	1-	.999	.999	.998	.996	.994
17					1	1	1	1	1	1	1	1

m	9	9	9	9	9	9	9	9	10	10	10	10
n	9	10	11	12	13	14	15	16	10	11	12	13
x												
4	.003	.002	.001	.001	0+	0+	0+	0+	.001	.001	0+	0+
5	.012	.008	.005	.003	.002	.001	.001	.001	.004	.003	.002	.001
6	.044	.029	.020	.014	.010	.007	.005	.004	.019	.012	.008	.005
7	.109	.077	.055	.040	.029	.022	.017	.013	.051	.035	.024	.017
8	.238	.179	.135	.103	.079	.061	.048	.038	.128	.092	.067	.049
9	.399	.319	.255	.205	.166	.135	.110	.091	.242	.185	.142	.110
10	.601	.510	.430	.362	.305	.257	.217	.184	.414	.335	.271	.219
11	.762	.681	.605	.535	.472	.416	.367	.325	.586	.500	.425	.361
12	.891	.834	.773	.711	.650	.593	.539	.489	.758	.680	.605	.535
13	.956	.923	.885	.843	.799	.754	.710	.668	.872	.815	.755	.695
14	.988	.974	.955	.931	.903	.872	.839	.805	.949	.915	.875	.831
15	.997	.992	.985	.975	.963	.948	.931	.913	.981	.965	.944	.918
16	1-	.999	.997	.993	.988	.981	.973	.963	.996	.990	.980	.968
17	1-	1-	.999	.999	.998	.996	.994	.991	.999	.997	.994	.990
18	1-	1-	1- ·	1-	1-	.999	.998	.998	1-	1-	.999	.997

Verteilungsfunktion der Testgröße beim Run-Test

m	10	10	10	10	11	11	11	11	11	11	11	11
n	14	15	16	17	11	12	13	14	15	16	17	18
x												
5	.001	0+	0+	0+	.002	.001	.001	0+	0+	0+	0+	0+
6	.004	.002	.002	.001	.007	.005	.003	.002	.001	.001	.001	0+
7	.012	.009	.007	.005	.023	.015	.010	.007	.005	.003	.002	.002
8	.037	.028	.021	.016	.063	.044	.031	.022	.016	.012	.009	.006
9	.086	.067	.053	.042	.135	.099	.074	.055	.042	.032	.024	.019
10	.178	.144	.118	.097	.260	.202	.157	.122	.096	.076	.060	.048
11	.306	.260	.222	.189	.410	.335	.273	.223	.183	.150	.124	.103
12	.472	.415	.364	.320	.590	.507	.433	.369	.314	.266	.227	.193
13	.637	.582	.530	.483	.740	.665	.593	.527	.466	.412	.363	.321
14	.784	.736	.689	.642	.865	.809	.749	.688	.629	.573	.520	.471
15	.889	.857	.824	.790	.937	.901	.860	.815	.769	.723	.676	.632
16	.952	.933	.912	.888	.977	.959	.936	.908	.876	.841	.804	.767
17	.983	.976	.966	.955	.993	.985	.974	.960	.942	.922	.900	.876
18	.995	.992	.988	.983	.998	.996	.992	.986	.977	.967	.954	.939
19	.999	.998	.998	.996	1-	.999	.998	.996	.993	.989	.984	.978
20	1-	1-	.999	.999	1-	1-	1-	.999	.998	.997	.995	.992
21	1	1	1	1	1-	1-	1-	1-	1-	.999	.999	.999
22					1-	1-	1-	1-	1-	1-	1-	1-
23					1	1	1	1	1	1	1	1

m	12	12	12	12	12	12	12	12	13	13	13	13
n	12	13	14	15	16	17	18	19	13	14	15	16
x												
7	.009	.006	.004	.003	.002	.001	.001	.001	.004	.002	.002	.001
8	.030	.020	.014	.010	.007	.005	.003	.003	.013	.009	.006	.004
9	.070	.050	.036	.026	.019	.014	.011	.008	.034	.024	.017	.012
10	.150	.113	.085	.064	.049	.037	.029	.022	.081	.059	.043	.032
11	.263	.207	.163	.129	.102	.081	.065	.052	.157	.119	.091	.069
12	.421	.348	.286	.235	.193	.159	.131	.108	.277	.221	.175	.140
13	.579	.500	.430	.368	.315	.269	.230	.197	.418	.348	.288	.239
14	.737	.664	.594	.528	.467	.412	.363	.319	.582	.506	.436	.375
15	.850	.793	.735	.676	.619	.565	.514	.466	.723	.652	.585	.521
16	.930	.894	.852	.806	.759	.710	.662	.615	.843	.788	.730	.671
17	.970	.950	.925	.896	.863	.828	.792	.755	.919	.881	.839	.793
18	.991	.982	.969	.953	.933	.910	.885	.857	.966	.945	.918	.887
19	.997	.994	.989	.981	.972	.960	.947	.931	.987	.976	.962	.945
20	.999	.999	.997	.994	.990	.984	.977	.969	.996	.992	.986	.977
21	1-	1-	.999	.998	.997	.995	.993	.990	.999	.998	.995	.992

Verteilungsfunktion der Testgröße beim Run-Test

m	13	13	13	13	14	14	14	14	14	14	14	14
n	17	18	19	20	14	15	16	17	18	19	20	21
x												
8	.003	.002	.001	.001	.006	.004	.002	.002	.001	.001	.001	0+
9	.008	.006	.004	.003	.016	.011	.007	.005	.004	.003	.002	.001
10	.023	.018	.013	.010	.041	.029	.021	.015	.011	.008	.006	.004
11	.054	.042	.032	.025	.087	.064	.048	.035	.027	.020	.015	.012
12	.111	.089	.071	.058	.170	.131	.101	.078	.060	.047	.037	.029
13	.198	.164	.137	.114	.280	.225	.180	.145	.117	.094	.076	.062
14	.322	.275	.235	.201	.427	.358	.299	.249	.207	.172	.143	.119
15	.463	.410	.362	.320	.573	.500	.434	.374	.323	.278	.239	.205
16	.614	.559	.507	.459	.720	.652	.585	.523	.464	.411	.363	.320
17	.746	.699	.653	.607	.830	.775	.718	.661	.606	.553	.503	.456
18	.853	.816	.777	.738	.913	.875	.832	.786	.739	.690	.642	.596
19	.924	.900	.874	.847	.959	.936	.908	.877	.842	.805	.767	.728
20	.966	.952	.936	.917	.984	.973	.957	.938	.916	.890	.862	.831
21	.987	.981	.973	.964	.994	.989	.982	.972	.960	.945	.928	.909
22	.996	.993	.989	.985	.999	.997	.994	.989	.983	.976	.966	.955
23	.999	.998	.997	.995	1-	.999	.998	.996	.994	.991	.987	.982
24	1-	1-	.999	.999	1-	1-	1-	.999	.998	.997	.995	.993
25	1-	1-	1-	1-	1-	1-	1-	1-	1-	.999	.999	.998

m	15	15	15	15	15	15	15	15	16	16	16	16
n	15	16	17	18	19	20	21	22	16	17	18	19
x												
8	.002	.001	.001	.001	0+	0+	0+	0+	.001	.001	0+	0+
9	.007	.005	.003	.002	.001	.001	.001	.001	.003	.002	.001	.001
10	.020	.014	.010	.007	.005	.003	.002	.002	.009	.006	.004	.003
11	.046	.033	.024	.017	.013	.009	.007	.005	.023	.016	.011	.008
12	.097	.073	.055	.041	.031	.024	.018	.014	.053	.038	.028	.021
13	.175	.136	.106	.083	.065	.051	.040	.032	.103	.078	.059	.045
14	.291	.236	.191	.155	.125	.101	.082	.067	.186	.147	.115	.091
15	.424	.358	.300	.252	.211	.177	.148	.124	.293	.240	.196	.159
16	.576	.505	.439	.381	.329	.283	.244	.209	.431	.366	.309	.260
17	.709	.642	.578	.517	.461	.410	.363	.321	.569	.500	.437	.380
18	.825	.771	.715	.658	.603	.549	.499	.452	.707	.642	.579	.519
19	.903	.864	.821	.775	.729	.681	.635	.589	.814	.760	.705	.650
20	.954	.931	.902	.869	.833	.795	.756	.715	.897	.858	.815	.770
21	.980	.967	.951	.930	.907	.881	.852	.822	.947	.922	.893	.860
22	.993	.987	.979	.968	.954	.938	.919	.897	.977	.963	.946	.924
23	.998	.995	.992	.987	.980	.971	.961	.949	.991	.984	.975	.963
24	.999	.999	.997	.995	.992	.988	.983	.976	.997	.994	.990	.984
25	1-	1-	.999	.999	.997	.996	.994	.991	.999	.998	.996	.994
26	1-	1-	1-	1-	.999	.999	.998	.997	1-	.999	.999	.998

Verteilungsfunktion der Testgröße beim Run-Test

m	16	16	16	16	17	17	17	17	17	17	17	17
n	20	21	22	23	17	18	19	20	21	22	23	24
x												
10	.002	.001	.001	.001	.004	.003	.002	.001	.001	.001	0+	0+
11	.006	.004	.003	.002	.011	.007	.005	.004	.003	.002	.001	.001
12	.015	.011	.009	.006	.027	.019	.014	.010	.007	.005	.004	.003
13	.034	.026	.020	.016	.057	.042	.031	.023	.017	.013	.010	.008
14	.072	.057	.045	.036	.112	.086	.066	.051	.039	.030	.023	.018
15	.130	.106	.087	.071	.191	.151	.120	.096	.076	.061	.048	.039
16	.219	.184	.154	.129	.303	.249	.205	.168	.138	.113	.092	.076
17	.330	.285	.247	.213	.429	.366	.311	.263	.222	.188	.158	.134
18	.463	.411	.364	.322	.571	.504	.442	.385	.335	.290	.251	.217
19	.596	.544	.495	.449	.697	.634	.573	.515	.460	.410	.364	.323
20	.722	.675	.627	.581	.809	.757	.702	.647	.594	.542	.493	.447
21	.824	.786	.747	.707	.888	.849	.806	.760	.714	.667	.621	.576
22	.900	.872	.842	.810	.943	.917	.887	.853	.817	.778	.738	.697
23	.948	.931	.911	.889	.973	.958	.939	.917	.891	.863	.833	.801
24	.976	.966	.954	.940	.989	.982	.971	.958	.942	.924	.903	.879
25	.990	.986	.980	.972	.996	.993	.988	.981	.972	.962	.949	.935
26	.997	.994	.992	.988	.999	.998	.995	.992	.988	.983	.976	.967
27	.999	.998	.997	.996	1-	.999	.998	.997	.995	.993	.990	.986
28	1-	.999	.999	.999	1-	1-	1-	.999	.998	.997	.996	.994
29	1-	1-	1-	1-	1-	1-	1-	1-	1-	.999	.999	.998